RECUEIL

ARTICLES RELATIFS A L'AGRICULTURE

Publiés dans le bulletin du Comice agricole d'Amiens

Par M. ROUSSEL

Ex-agriculteur, ancien président du Comice agricole de Doullens

1868

AMIENS,

IMPRIMERIE DE E. YVERT, RUE DES TROIS-CAILLOUX, 64

1868

(C.)

L'AVENIR EST RÉSERVÉ AUX TERRAINS MÉDIOCRES.

Rappel de procédés confirmant cette prédiction, suivis, il y a trente ans, sur un domaine de médiocre qualité, par un agriculteur des plus distingués de l'arrondissement d'Amiens, M. Racine, cultivateur au Bois-Riquier, près de Flixecourt (canton de Picquigny).

Opportunité d'imiter aujourd'hui les exemples si rationnels qu'il a donnés sur les terres de cette nature, en présence de la difficulté de se procurer des ouvriers, de l'augmentation progressive du prix de la viande de boucherie et de celle des animaux domestiques en général.

M. Lecouteux, un de nos agronomes les plus distingués, disait, en même temps que M. Racine, qui fut, il y a trente ans, un cultivateur non moins recommandable de l'arrondissement d'Amiens, que l'avenir était réservé aux terrains médiocres. Tous deux s'exprimaient ainsi parce qu'ils remarquaient à cette époque, comme aujourd'hui encore, que l'on s'occupait trop des bons sols et pas assez des médiocres et que l'on avait adopté un mode vicieux d'assolement dans la culture de ces derniers.

MM. Lecouteux et Racine étaient tout particulièrement fondés à espérer une amélioration dans les procédés en usage. Les succès merveilleux qu'ils avaient obtenus dans des cultures regardées jusques l'époque où ils les entreprirent comme étant complètement improductives, attendu que les fermiers qui les y avaient précédés s'y étaient tous ruinés, leur permettaient de préjuger qu'un jour viendrait où on les suivrait dans les voies qu'ils avaient tracées.

1

Ces exemples sont restés infructueux, car le revirement qui se déclare est déterminé par l'aggravation des charges, lesquelles contraignent les cultivateurs à envisager plus sainement les mesures particulières que réclame la position qui leur est faite soit par la qualité de l'exploitation qu'ils cultivent, soit par la difficulté de se procurer suffisamment de bras.

Les entraves qu'ils rencontrent de toutes parts, pour poursuivre le cours de leurs habitudes traditionnelles, m'ont fait penser que l'examen rétrospectif des moyens qui furent mis en œuvre par un agriculteur qui leur fut connu, leur offrirait un grand intérêt et les engagerait à suivre les enseignements que sa pratique aurait dû répandre autour de lui. Je veux parler de M Racine ; mais avant d'entrer dans l'analyse de son système, il me paraît très-à-propos de répondre aux objections que me fait pressentir sa qualité de propriétaire et d'agriculteur d'un mérite exceptionnel.

Ainsi, objectera-t-on, M. Racine n'avait pas de fermage à payer ; il avait en main un capital suffisant pour attendre le retour des avances qu'il répandait sur ses terres. J'admets complètement ces objections ; mais je les combattrai en leur opposant ces faits: Peut-on contester que cet agriculteur a accru considérablement sa fortune à l'aide de l'exploitation de sa propriété et que sa fortune patrimoniale lors de son arrivée à Bois-Riquier était très modeste ? Evidemment non ; donc il a cultivé comme doit le faire tout fermier, il a mesuré l'étendue de son entreprise sur celle de ses ressources ; il a dû, pour présenter le résultat final qu'il a laissé à sa mort, spéculer et cultiver habilement ; la fin de sa carrière agricole à justifié, en un mot, les moyens dont il a usé.

Comme le succès d'une entreprise quelconque et surtout celle d'une culture est subordonné à l'importance du capital, tout fermier, grand et petit, désirant réussir, doit se renfermer strictement dans l'observation de cette règle essentielle : circonscrire son entreprise dans les limites de ses moyens d'action.

Qu'arrive-t-il ordinairement quand un fermier prend une ferme et qu'il ne possède pas en réserve comme fonds de roulement, un capital égal à la valeur du mobilier? Le moindre incident le dérange dans ses projets. A plus forte raison court-il de grands risques lorsque la température ou d'autres circonstances fortuites lui font subir des pertes importantes.

Le capital est nécessaire dans toutes les situations possibles, mais il l'est davantage encore dans celles où l'on est exposé à attendre longtemps les intérêts et l'amortissement des avances déboursées en améliorations. Telle était celle de M. Racine, c'est pourquoi il prit des dispositions en conséquence de son capital, de manière à pouvoir, sans danger, traverser les vicissitudes diverses qui surviendraient, à poursuivre, quand même, les améliorations en voie d'exécution et acquitter, chaque année, les charges inévitables incombant à son faire-valoir. Les insuccès de ses prédécesseurs lui inspirèrent l'emploi d'une base d'opérations méthodiques, et la pensée de préjuger ses chances et ses besoins. Il n'embrassa, suivant une expression vulgaire, que ce qu'il présuma, après de mûres réflexions, pouvoir étreindre.

Maintenant que j'ai fait connaître les aptitudes morales de M. Racine et les mesures préalables qu'il prit tout d'abord pour préparer sa marche ultérieure, je vais mettre en lumière les procédés de culture à l'aide desquels la propriété du Bois-Riquier atteignit, dans une période de dix années, une fertilité surprenante.

M. Racine a fait comme la goutte d'huile tombée au milieu d'une pièce d'étoffe. Ainsi il a fécondé à l'excès, la première année de son entrée en jouissance, les terres dont la qualité moins médiocre que partout ailleurs, lui faisait espérer plus de récoltes. Quant aux autres terres, il les laissa en friche provisoirement, en attendant le moment où il lui serait possible de les améliorer également d'une manière aussi convenable que celles auxquelles il avait accordé la préférence. Cette préférence et les soins dont il les rendit l'objet étaient motivés par cette considération qu'il avait l'intention de semer l'année suivante sur ces terrains labourés et fécondés profondément, du sainfoin dans les avoines. Or, se disait-il, plus les produits du sainfoin seront abondants et durables, plus ils me fourniront de moyens d'améliorer d'autres terres à côté et de limiter mes frais ; car les sainfoins bien réussis ne réclament plus de culture et la culture des terres comporte une infinité de dépenses de tout genre dont l'on ne retrouve jamais la compensation lorsqu'elles sont surtout calcaires et ne sont pas fortement fertilisées.

L'expérience nous démontre très-souvent la justesse de ce raisonnement à l'occasion du plus ou moins de durée et de vigueur des prairies artificielles permanentes. Elle nous apprend que l'on n'obtient l'une et l'autre qu'autant que le sol est parfaitement expurgé de parasites, qu'il est profondément défoncé et fertilisé préalablement. Elle nous apprend encore que l'amélioration progressive d'une exploitation arrive en raison de l'augmentation également progressive des fourrages ou légumes destinés aux bestiaux.

Telle fut la base d'opérations que M. Racine adopta dès son début dans l'entreprise du Bois-Riquier et qu'il s'appliqua à élargir chaque année avec une persévérance inébranlable, jusqu'au moment où toute l'étendue de ce domaine eut reçu les mêmes soins méthodiques.

La goutte d'huile à laquelle j'ai fait allusion mit dix ans pour occuper la pièce entière jusqu'aux lisières. La longueur de cette période ne doit pas surprendre ceux qui connaissent la propriété du Bois-Riquier, car ils savent que presque toutes les terres qui la composent appartiennent aux troisième et quatrième classes.

Evidemment les résultats ressortant de cette culture présentèrent un déficit lorsqu'elle parvint la dixième année au terme des avances nécessaires. Cependant je puis affirmer que le passif ne dépassait pas de beaucoup l'actif trouvé à l'inventaire que fit M. Racine aussitôt qu'il eut atteint le but qu'il poursuivait. Sa comptabilité était parfaitement tenue et le revenu de sa propriété fut évalué à un tiers au-dessus de celui que payait le fermier qui l'avait précédé. On doit comprendre aisément que les pertes annuelles allaient en s'amoindrissant chaque année, au fur et à mesure que la fertilité du sol gagnait de plus en plus de terrain. Or, pendant les quinze années qui suivirent les dix premières, est-il possible de mettre en doute que ces pertes furent remboursées avec des intérêts usuraires ? Peut-on contester que, pendant cette dernière période, M. Racine augmenta énormément sa fortune et qu'il laissa à sa mort une position très-nette et trois fois supérieure à celle qu'il possédait vingt-cinq ans auparavant ?

Maintenant pour fixer le degré de richesse productive qu'a atteint le Bois-Riquier, il suffit de mentionner que ce domaine fut affermé par M. Racine, lorsqu'il abandonna la carrière agricole, à un prix huit fois plus élevé que celui du fermier auquel il succéda. On peut ajouter encore que tous ses précédesseurs se ruinèrent tandis que son successeur immédiat réalisa de belles économies quoique subissant un fermage beaucoup plus important.

Ce qu'il importe surtout de bien reconnaître dans l'exemple frappant que je cite, exemple qui démontre ostensiblement que tant vaut l'homme tant vaut la terre, c'est que l'agriculteur que je mets en évidence géra rigoureusement sa propriété comme s'il en eût été le locataire.

Ainsi, si l'on vient m'objecter que ses dix premières années se traduisirent par une perte de 20,000 fr.. fermage compris, toutefois, selon l'évaluation supérieure d'un tiers qu'il lui avait donnée, je puis observer avec raison que tout autre cultivateur possesseur d'une trentaine de mille francs disponibles, aurait abouti aux mêmes fins, en recourant au même système dans une ferme louée pour 27 ans.

Les résultats si brillants ressortant de ce système de culture aussi rationnel que méthodique, me font un devoir, puisque j'en préconise l'efficacité , de mettre en vue l'issue favorable vers laquelle il doit inévitablement conduire le cultivateur préoccupé comme M. Racine de ne pas s'épuiser en efforts stériles.

La culture ou légumineuse ou fourragère, progressivement étendue sur une exploitation entière, livre à la consommation, pour les animaux domestiques, une quantité de plus en plus grande d'aliments. Or, ces aliments servent, sous forme de de déjections, de fumiers, à engraisser dans les mêmes proportions les terres qui les produisent.

Donc la fertilité donnée au domaine du Bois-Riquier par M. Racine et qui parut prodigieuse, il y a 25 ans , aurait été bien plus étonnante encore s'il s'était attaché exclusivement à faire consommer entièrement ses foins par ses bestiaux. Il vendait, chaque année, une quantité considérable de foins. A la vérité, il réalisa de la sorte des bénéfices plus certains qu'en les vendant sous forme de graisse et de laines ; mais son système aurait fini avec le temps par manquer dans ses mains. Il y a tout lieu de penser que s'il avait continué ces ventes 15 ans de plus, ces terres si médiocres, dont il s'énorgueillissait à juste titre d'avoir changé la nature, ces terres qui étaient imposées à 50 c. l'hectare seulement, par rapport à leur aridité, seraient retombées dans le néant duquel il les avait tirées.

Les considérations dans lesquelles je suis entré, toujours intéressantes à suivre, même dans les meilleurs terrains , l'aggravation des charges diverses qui pèsent sur l'agriculture , les avantages à recueillir d'un système de culture dans lequel la réparation du sol peut , si l'on veut , dépasser sa déperdition en éléments nutritifs , la surélévation progressive du prix de la viande de boucherie et des animaux domestiques, sont des motifs très-déterminants pour engager les cultivateurs à s'engager avec plus d'empressement dans l'usage de procédés plus rationnels que ceux qu'ils suivent.

L'étude des faits sur lesquels j'ai appelé leur attention et leur expérience, les mettent à même d'apprécier qu'ils ne sortiront d'embarras, qu'ils ne transformeront heureusement la situation précaire dont ils se plaignent avec raison, qu'en suivant fidèlement les préceptes retirés de la pratique de quelques agriculteurs ayant donné, comme M. Racine, des preuves manifestes d'une rare intelligence des besoins qu'éprouvait leur faire-valoir, et de ceux qui se faisaient sentir dans la population par rapport à l'insuffisance des denrées indispensables.

Conseils sur la culture des terrains calcaires de l'arrondissement d'Amiens.

Causes de l'infertilité des terrains calcaires ; défauts de l'assolement triennal ; nécessité de créer, avec les pièces de terre à proximité de chemins, une sole spéciale destinée à fertiliser l'exploitation entière.

La médiocrité des récoltes remarquée chaque année sur les terres à base de chaux et de *tuf*, qui environnent Amiens, m'engage à soumettre à l'appréciation des agriculteurs quelques opinions personnelles sur les causes déterminantes de cet état déplorable et sur les moyens qui me paraissent de nature à l'améliorer.

La cause principale de leur effritement est due assurément à l'assolement triennal, au retour régulier de deux céréales dans l'espace de trois ans. Cette rotation, jugée depuis long-temps très-nuisible aux meilleurs sols, devrait être rigoureusement exclue des terrains calcaires et légers. Leur perméabilité excessive, laquelle facilite trop l'infiltration des eaux et l'évaporation de l'humidité si nécessaires à la végétation, le peu d'épaisseur de la couche de terre végétale, l'épuisement que lui causent les céréales au moyen de leurs racines fibreuses, en la dépouillant de tous les éléments nutritifs indispensables pour constituer leur graine, sont tous des moyens certains de les rendre bientôt complètement improductifs. A plus forte raison leur ruine devient-elle plus rapide encore lorsque l'on y laisse multiplier les semences des sanves, des coquelicots, des bleuets et de la brunette. Ces herbes parasites sont plus épuisantes que les plantes utiles, car elles sont plus rustiques et elles sont pourvues de racines pivotantes et fibreuses à la fois.

L'indifférence que les cultivateurs en général me semblent éprouver envers ces causes de leur ruine ou de leur malaise, envers les exigences impérieuses des terrains médiocres, m'impose le devoir de rappeler leur attention sur les théories ressortant de l'étude de la végétation.

Une plante quelconque ne développe vigoureusement sa charpente qu'autant que ses racines sont très-prolongées ; que ces racines trouvent en surabondance dans le milieu où elles se ramifient, s'il est perméable et humide, les substances dont elles ont besoin. Les sels minéraux, les gaz, la chaleur et l'eau sont les agents qui servent à élaborer les substances renfermées dans l'humus et à les transformer en sève. Comme les détritus organiques leur donnent naissance, il importe donc de prendre des mesures, telles qu'il devienne possible d'en gratifier le sol en raison de sa médiocrité. Ce sont précisément ces mesures que je vais essayer de mettre en lumière.

Le premier moyen serait d'affranchir les terrains légers des causes naturelles de leur infertilité, en leur donnant, avec les instruments aratoires, la consistance qui leur manque ; en les débarrassant des parasites qui affament les céréales, en y introduisant davantage de plantes sarclées; en éloignant le plus possible le retour des céréales, en les alternant avec les plantes légumineuses.

Le second moyen serait de faire arriver en abondance les détritus organiques, du fumier en un mot. Pour y parvenir il serait absolument nécessaire de détacher de l'assolement triennal, s'il n'est pas possible d'en adopter un autre plus rationnel par rapport aux enclaves , toutes les terres situées près des chemins et de composer, avec ces terres accessibles en toute saison, une sole spéciale.Cette sole aurait pour objet d'alimenter le plus de bestiaux possible et de fertiliser avec leurs déjections, exclusivement, le reste de l'exploitation, assujetti forcément à l'assolement triennal.

L'alternat de cette sole divisée en deux sections, dont l'une serait occupée en totalité par des fourrages et l'autre par des pommes de terre, serait réglé, pendant les quatre premières années, de manière à ce que les légumes succèdent aux fourrages et que cette rotation se répète deux fois. La cinquième année , après des pommes de terre, on mettrait de l'avoine avec sainfoin ou luzerne, suivant le degré de fertilité et de profondeur que l'on aurait fait gagner à la couche de terre végétale. Quant à la section jugée la plus médiocre, on ferait revenir une troisième fois des pommes de terre, ce qui donnerait l'occasion de l'améliorer une fois de plus que l'autre et d'y augmenter l'épaisseur de la couche arable; puis on l'ensemencerait également la sixième année en avoine et prairies artificielles permanentes.

On doit entrevoir déjà le but que je recherche, celui de continuer la fertilisation progressive du sol à l'aide des bestiaux, mais plus économiquement que pendant les cinq premières années. Comme je crée une sole spéciale dans l'hypothèse que l'exploitation qu'il s'agit de fertiliser est composée entièrement de mauvaises terres, comme ces terres ne donneraient que des sainfoins ou des luzernes maigres et de courte durée, il est facile de s'expliquer la raison qui me fait adopter un point de départ semblable, malgré les frais et la main-d'œuvre qu'il exige.

Examinons maintenant les motifs pour lesquels je recommande la plantation d'une aussi grande quantité de pommes de terre et la semaille d'autant de fourrages. Après cet exposé il restera encore à reconnaître les moyens de fertiliser la base d'opération sur laquelle je fonde l'avenir de ce système de culture, sans rien distraire du fumier confectionné par les animaux domestiques.

La culture en grand des pommes de terre, dans les terrains calcaires, permet de les expurger sans beaucoup de frais des semences des parasites que j'ai désignés ; elle donne, en outre, la facilité d'engraisser les bestiaux de rebut et d'associer avec avantage à ce légume cuit à la vapeur des tourteaux et des moutures de bas grain.

Les fourrages intercalés entre la reproduction des pommes de terre et récoltés lors de l'apparition des premières fleurs empêcheront de nouveau les semences des parasites échappés l'année précédente aux sarclages, de venir à maturité. Et puis si l'on sème aussitôt que le terrain sera devenu libre du buccaille ou du colza, ces produits pourront servir à le féconder en les enfouissant avec la charrue aux approches de l'hiver.

Pour ce qui regarde les moyens de fumer convenablement les pommes de terre et les terres destinées aux fourrages, je demanderai que l'on creuse, dans un endroit près de la ferme, une fosse très-large mais profonde de 1^{m}50 au plus. Cette fosse sera remplie par des couches uniformes d'une épaisseur de 50 à 40 c. de déchets de laine recueillis dans les peigneries et les filatures, de vase et de boues ramassées dans la cour de la ferme, de balles de céréales, de celles de trèfle et minette, de tourbes de première qualité réduites en poussière, de terreaux, de gazons, de grandes herbes, de fientes tirées du colombier et du poulailler, enfin de cendres déposées sous les litières des vaches et des moutons pour absorber les urines. En arrosant ces couches au fur et à mesure qu'elles seront superposées avec les eaux qui se trouveront en surabondance près de la fosse à fumier, en variant la composition de ces couches, l'humidité entretenue dans la masse donnera naissance à une fermentation active, laquelle fera combiner entr'eux les éléments appartenant à chacune de ces matières hétérogènes. Au mois de mars on videra la fosse qui les contiendra et on les mélangera en les amoncelant en un seul tas de manière à ce qu'elles forment un composé homogène.

Ces engrais offriront aux terrains calcaires et particulièrement aux pommes de terre les éléments qu'ils réclament : beaucoup d'humus, d'ammoniaque et de potasse.

Quant à la section de cette sole mise en fourrage, le parcours du troupeau en été, son parcage dans les terres dépouillées de leur récolte ou trop peu garnies pour en permettre le fauchage, les récoltes enfouies, le reste des détritus des *composts* employés lors de la plantation des pommes de terre suffiront pour faire pousser ces fourrages qui ne demandent après tout au sol que très-peu de substances nutritives, puisqu'elles disparaissent au moment où elles doivent désormais s'alimenter à ses dépens. Le plus difficile à obtenir c'est de provoquer la germination complète de leurs semences et leur développement pendant la première phase de leur végétation.

On y parvient, cependant, en prenant ces soins, en ensemençant ces terres le plus tôt possible, afin que le feuillage puisse abriter le sol à l'époque des chaleurs ; ensuite en semant, en même temps que les graines, du plâtre en petite quantité et beaucoup de bonnes cendres. Ces engrais minéraux favorisent étonnamment les plantes légumineuses, surtout depuis leur germination jusque la formation de leur grain.

Il ne me reste plus qu'à discuter les objections que je pense devoir m'être adressées contre l'adoption du système de culture que je cherche à faire prévaloir en faveur des terrains calcaires. Ainsi l'on dira : que fera-t-on de cinq ou quinze hectares de pommes de terre, et quel remède préventif mettra-t-on en œuvre pour éviter la maladie qui les frappe depuis longtemps ?

Je répondrai à ces objections : que la culture de la pomme de terre dans les terrains calcaires doit y occuper autant d'espace que la betterave dans les terres de première qualité, et que les prairies artificielles permanentes dans les sols intermédiaires.

Le but poursuivi par l'agriculteur, qui fait prédominer dans son exploitation l'une ou l'autre de ces légumineuses, c'est de créer avec elles beaucoup d'engrais. N'est-il pas logique, en conséquence, du principe qui le fait agir, de faire prédominer également dans les terrains calcaires la pomme de terre, puisqu'elle parait s'y complaire beaucoup mieux que dans les terres de qualité supérieure et qu'elle y contracte moins facilement la maladie? D'un autre côté, la culture de cette plante sarclée procure également l'avantage de nourrir beaucoup de bestiaux, et les nombreuses façons, puis les labours profonds qu'elle exige, donnent toute facilité pour faire disparaître de ces sols les causes de l'improductivité que j'ai énumérées et pour leur faire concevoir plus d'aptitudes.

Comme la crainte qu'inspire la maladie qui affecte les pommes de terre depuis plusieurs années pourrait faire hésiter quelques cultivateurs à en étendre la plantation, je vais faire connaître un traitement préventif qui m'a toujours réussi. On fait fondre dans un grand cuvier contenant de cinq à six hectolitres de purin, un hectolitre de chaux vive avec un kilogramme de fleur de soufre; on fait tremper pendant quelques minutes dans cette eau alcaline les morceaux de pommes de terre destinés à servir de semence, en les mettant dans une manne de deux ou trois décalitres; puis quand cette manne est égouttée on en fait un tas comme quand on chaule du blé.

J'arrive à l'emploi que l'on devra faire d'une masse énorme de pommes de terre. On montera un appareil assez grand pour faire cuire à la vapeur plusieurs hectolitres à la fois. La valeur qu'ont atteinte les porcs depuis plusieurs années, et celle qu'acquièrent de plus en plus les bestiaux gras, m'autorisent à avancer que ces légumes donneront dans l'avenir, sous forme de graisse et d'engrais, un produit bien supérieur à leur prix de revient.

Au surplus, ce système de culture, qui paraîtra tout d'abord si effrayant, ne serait, je le répète, que transitoire, l'usage ne s'en prolongerait que jusqu'à la cinquième année, jusqu'au moment ou la sole des légumes et fourrages serait reconnue en parfait état de culture et d'engrais. Ces conditions sont rigoureusement indispensables pour rendre durables et long-temps abondantes les prairies artificielles permanentes.

La perspective de pouvoir remplacer la première base d'opérations si dispendieuse, par une autre non moins sûre, non moins propre à continuer l'amélioration progressive de l'exploitation entière, mais plus uniforme, plus simple et plus exempte de soins, de déboursés et de précautions, cette perspective, dis-je, doit engager les cultivateurs à attendre patiemment la seconde et à ne ménager ni les peines ni l'argent pour consolider la première, celle qui assurera la prospérité et la durée de sa subordonnée.

Toutes les théories et les déductions que je viens de produire pour faire mieux comprendre l'économie et la valeur du système de culture à suivre dans les terrains calcaires, se résument dans cette proposition : créer à l'aide d'avances d'autant plus fortes que le terrain est plus faible, dans les terres médiocres que l'on peut distraire de l'assolement en usage, par rapport à leur proximité des chemins, une production en légumes et fourrages égale à celle des récoltes portant graine ; faire consommer complètement la première par des bestiaux de rapport ; tirer en majeure partie du dehors les engrais jugés aptes à la favoriser, afin de pouvoir accorder aux récoltes épuisantes deux fois plus d'engrais que par le passé.

L'observation exacte des règles trouvées dans la solution de cette proposition conduira infailliblement au progrès. Or la définition du progrès en agriculture se traduit en ces termes : obtenir sur la même surface de plus en plus de produits, tout en diminuant davantage la somme des frais qui les préparent.

Stabulation d'été des bêtes à cornes au piquet au milieu des prairies artificielles.

Aussitôt que les luzernes et sainfoins ont atteint une hauteur de 8 à 10 centimètres, les cultivateurs désirant simplifier leur besogne et réduire leurs frais de culture, devraient fixer d'une manière permanente, comme en Normandie, leurs bêtes à cornes sur ces prairies. Les Normands les y conservent jour et nuit pendant les six à sept mois que dure la bonne saison, parce que, disent-ils, plus les prairies sont tendres, plus elles contiennent de sucs nutritifs assimilables ; ensuite parce que les bestiaux préfèrent l'herbe chargée de rosée.

Mon expérience personnelle m'autorise à émettre la même opinion et à déclarer que la température froide ou humide des mois d'avril et octobre ne présente guère d'inconvénients, car les bestiaux s'habituent très-vite à ses variations et l'épaisseur de leur peau garnie elle-même d'une fourrure épaisse, les protège suffisamment contre l'intempérie des saisons. Il est facile, d'ailleurs, d'abriter complètement les vaches fraichement vêlées, les poulains et les chevaux ayant un poil ras et fin, en les couvrant d'un sac de deux mètres carrés renfermant un paillasson d'une dimension égale. Ce sac est assujetti par une sangle sur le dos de l'animal à l'aide d'une sangle.

Le moyen de fixer solidement des chevaux et des bêtes à cornes, au milieu des prairies, consiste à les entraver avec une chaîne, un collier et un piquet. Cette chaîne, semblable à celles dont on se sert pour atteler les chevaux de labour, a trois mètres de longueur. On l'assujettit, d'un côté, par un piquet planté dans le sol et engagé dans un anneau rattaché à la dernière maille ; de l'autre, par un collier bouclé autour d'une des jambes du cheval. Le piquet doit avoir 50 cent. de longueur ; ses deux extrémités sont terminées l'une par une pointe et l'autre par une tête ayant un diamètre de trois centimètres de plus que l'anneau qu'il traverse. On l'enfonce en terre avec un maillet de bûcheron à une profondeur de 40 cent. A l'autre bout de la chaîne se trouve également un anneau assez large pour y engager un collier en cuir très-solide. Ce collier, muni d'une boucle, enserre le canon de la jambe gauche du devant de l'animal.

Voici pourquoi je préfère ce point d'attache à tout autre : Le collier enserrant le canon ne le comprime qu'autant que la vache entravée tire dessus ; car il varie librement entre le genou et le boulet. Dès lors aucune lésion n'est à craindre, et les souffrances qu'elle se cause momentanément, se calment aussitôt qu'elle a reconnu que c'est en vain qu'elle cherche à se dégager. Si on l'attachait par la tête, elle enleverait fréquemment le piquet en le tirant de bas en haut à la suite des secousses qu'elle lui imprime au début de sa stabulation, et surtout lorsque la terre serait ramollie par les pluies ou que les mouches surexciteraient son impatience.

En ceignant le paturon avec le collier, ce lien échaufferait cette partie de la jambe composée de tendons et dénudée presque de poils entre le fanon et la fourchette. Sa compression déterminerait de l'inflammation dans cet organe délicat, de vives douleurs et parfois des plaies très-dangereuses. Quant à l'objection que l'on pourrait faire : que le collier relié au tour du canon est dans le cas d'occasionner des écarts de l'épaule à la suite de soubresauts, j'ai à lui opposer ce fait : je ne conteste pas la possibilité de cet accident, mais depuis 28 ans mes fermiers et moi n'en n'avons jamais eu d'exemple, pas plus avec des chevaux qu'avec des vaches.

Il me reste à parler d'un troisième anneau existant dans le milieu de la chaîne, non moins nécessaire que les deux autres. Cet anneau réunit entr'elles les deux fractions de 1ᵐ 50 de la chaîne que j'ai dit devoir mesurer trois mètres de longueur au total, au moyen de deux clous tournants. Ces clous empêchent la chaîne de s'enrouler sur elle-même pendant les évolutions de la vache autour du piquet. L'anneau du milieu sert non seulement à restreindre ses emportements en y fixant le piquet, mais il sert encore à circonscrire, dans un cercle très-étroit, les dégâts qu'elle commet lorsqu'elle entame une nouvelle prairie haute en taille et abondante.

Cet inconvénient disparaît aussitôt que le premier rayon est convenablement brouté; alors on remet le piquet dans l'anneau terminal, puis on l'avance suivant que la prairie est plus ou moins bien garnie. Le règlement de la distance à observer entre le trou fait par le piquet et celui à faire en l'implantant plus loin, est du ressort de la femme préposée à la garde des bestiaux ; cependant le chef de maison doit lui faire contracter la bonne habitude de faire consommer le pâturage uniformément et économiquement.

Cette surveillante a plus de temps qu'il ne lui en faut pour préméditer sa besogne, car elle n'a, après tout, pendant les longues journées de l'été, qu'à avancer plusieurs fois 50 à 80 piquets : à répartir les bouses tandis qu'elles sont liquides avec un large ratissoir, et à aider le petit charretier à abreuver les vaches deux fois par jour. Cet employé est chargé d'amener de l'eau soir et matin avec un tonneau de 700 litres placé sur un camion muni d'une pompe. Il fait suivre au cheval qui y est attelé la ligne des vaches ; il remplit la cuvette au fur et à mesure qu'elle est devenue vide et il la présente avec la femme de service à chaque animal. Une heure suffit pour étancher complètement la soif de soixante têtes de gros bétail.

Je trouve très-utile de verser dans un tonneau de cette capacité un seau d'eau dans laquelle on a fait dissoudre 5 kilogrammes du sel que l'on se procure à prix réduit dans les entrepôts du gouvernement. Comme l'eau est, la plupart du temps, saumâtre et même insalubre, ce condiment l'améliore et redonne du ton aux organes internes des bestiaux qu'une nourriture aqueuse, la chaleur et une boisson échauffée ont pu débiliter. Son influence bienfaisante sur la santé et dans l'assimilation des substances nutritives doit engager les cultivateurs à solliciter, près du Ministre de l'Agriculture, la faveur d'autoriser dans chaque chef-lieu d'arrondissement un dépôt de sel à l'usage des animaux domestiques. Une digression à son sujet serait donc hors de propos.

Examinons plutôt le parti que l'on pourrait tirer de la distribution de l'eau avec des cuvettes. En délayant dans l'eau légèrement salée versée dans la cuvette tantôt du reflet ou de la moûture de bas grain ou de légumineuses, tantôt des tourteaux de lin concassés, cette nourriture liquide substantielle et digestive, à la fois complèterait par de la graisse l'état avancé de chair des bestiaux dont la conservation serait préjudiciable par rapport à l'écoulement de leurs produits, ou par rapport à quelques tares qui en ont déprécié la valeur. En associant à ces boissons composées, distribuées au moins trois fois par jour, un pâturage tendre et de première qualité, l'engraissement serait rapide. Mais il est bon que j'observe à ceux qui pressentent devoir entrer dans cette voie spéculative, qu'il est nécessaire de se prémunir d'un nombre de cuvettes proportionné à celui des bestiaux à engraisser ; d'avoir sous la main suffisamment d'eau dans un grand baquet et de couvrir les bestiaux chaque fois qu'il y aura lieu de craindre que la température n'interrompe trop longtemps le cours de leur transpiration. Cette mesure de précaution n'est pas moins indispensable que les farineux et les boissons mucilagineuses dans l'engraissement d'un animal quelconque. La chaleur entretenue constamment vers la peau, facilite son extension et l'exsudation hors des organes internes des excrétions dont la nature tend à se débarrasser par l'enveloppe cutanée.

On ne doit pas oublier surtout, tout en appliquant aux animaux domestiques en général un régime de vie hygiénique et substantiel, que l'alimentation, lorsqu'elle dépasse les limites de l'entretien de la chair, les prédispose aux congestions, aux *coups de sang*, suivant l'expression vulgaire. La plénitude des vaisseaux et la chaleur sont les causes déter-

minantes de ces graves indispositions. L'engorgement des
des veines sous-cutanées toujours plus ou moins apparentes,
la coloration en rouge écarlate des veines de l'œil, en sont
très-souvent les signes avant-coureurs. Aussi, tout cultivateur, propriétaire d'une grande quantité de bestiaux, doit-il
s'habituer à exercer sur eux une surveillance assidue afin de
découvrir dans leur attitude les dangers qui les menacent. En
puisant dans de bons ouvrages des notions sur les symptômes
précurseurs des maladies, sur les moyens préventifs et
curatifs à leur opposer, les remarques que sa surveillance
journalière lui donne occasion de faire sont mises à profit.
Il lui devient plus facile qu'à tout autre de prodiguer lui
même les premiers soins et de faire avorter par une saignée,
par une ponction dans le rumen, par des lavements, des indispositions qui eussent été suivies de mort s'il eût attendu l'intervention du vétérinaire. Cette initiative de la part du
cultivateur est obligatoire par cette raison qu'il est à même
de reconnaître chaque jour que les atermoiements causent
plus de pertes que l'ignorance des véritables moyens de
traiter la plupart des maladies résultant d'une alimentation
surabondante.

Telle sont les mesures et les soins multiples à prendre
pendant la stabulation d'été. Les détails dans lesquels je suis
entré seraient, à mon sens, incomplets si je ne les faisais
suivre de quelques recommandations concernant la manière
de créer des prairies et de ne perdre aucune parcelle de celles
livrées au pâturage. Je réclamerai à leur égard une sollicitude égale, par la raison qu'il est tout aussi intéressant de
sauvegarder l'existence des végétaux que des animaux qui
s'en repaissent.

Les vieilles prairies parcourues par les vaches ou les chevaux sont ordinairement parsemées de touffes restées presque intactes. La répulsion dont elles furent l'objet de la part
de ces bestiaux est due à ce qu'ils les ont salies avec leurs
déjections ou piétinées outre mesure. Un quart ou un tiers

de la prairie serait donc perdue si on la laissait ainsi, et elle repousserait par suite d'une manière inégale. Comme les moutons s'accommodent très-bien du pâturage délaissé par le gros bétail, on doit le leur faire ronger chaque jour uniformément, mais en prenant la précaution de ne pas les y laisser séjourner trop longtemps. Cette réserve est commandée par ce fait : que les bêtes à laine rasent l'herbe de très-près et qu'en les conservant hors de propos à la même place elles détruiraient les appendices régnant autour de la couronne des luzernes et sainfoins. Leur destruction entraîne celle du pivot et son remplacement par des herbes parasites.

Lorsqu'il s'agit de créer de nouvelles prairies, il importe essentiellement de n'ensemencer la terre avec leur graine, qu'autant qu'elle a été précédemment défoncée et fertilisée profondément, et qu'elle ne contient plus de parasites vivaces, tels que le chiendent et le pas d'âne. Il n'est pas moins intéressant de faire respecter les jeunes luzernes et sainfoins par les vaches et notamment par le troupeau jusqu'au mois d'avril de la seconde année. Le fourrage que ces prairies donnent, soit en vert ou à l'état sec, dans cet intervalle, sert, avec les pailles et les légumes, à alimenter tous les animaux domestiques pendant l'hiver et à fertiliser, avec les fumiers qui en proviennent, le reste de l'exploitation conservé en culture.

L'exclusion des bestiaux que je réclame pendant deux ans hors des jeunes prairies est motivée par ces considérations : Le pivot des racines si grêle la première année demande à ne pas être troublé dans son prolongement vers le sous-sol et dans l'expansion des petites racines latérales qui en ressortent de tous côtés. Ce laps de temps lui sert à se fortifier, à étendre les racines et bifurcations qui s'en échappent et à faire épanouir à son sommet la couronne qui le termine hors de terre. La dent des vaches et surtout des moutons ébranlerait ce pivot ; elle le soulèverait et le ferait périr en détruisant ses attaches ; elle empêcherait la couronne de se ramifier; en un mot, elle éclaircirait plus ou moins le plant et compromettrait son épaisseur et et sa durée.

Maintenant que j'ai mis en évidence tous les avantages résultant de la stabulation d'été et les moyens de prévenir l'accès des incidents de nature à amoindrir la somme de bénéfice de tout genre que ce mode d'alimentation comporte, les cultivateurs qui se sont rendu un compte exact de son économie, peuvent facilement préjuger en même temps combien ces avantages sont susceptibles d'être accrus. Ils doivent reconnaître que s'ils ne possèdent pas dans leur voisinage de fabrique de sucre, de la pulpe en quantité pour nourrir beaucoup de bestiaux et faire des fumiers, les prairies artificielles permanentes leur présentent absolument les mêmes ressources alimentaires, mais à bien meilleur marché que la betterave.

En effet, en faisant occuper le quart, le tiers ou la moitié de l'exploitation entière par des luzernes et du sainfoin, en prolongeant leur durée à l'aide des soins préalables et des précautions que j'ai fait connaître, ne supprime-t-on pas dans des proportions relatives des frais de culture considérables ? Les céréales et les plantes industrielles n'exigent-elles pas, avant de rendre leurs produits, des avances et des sommes exorbitantes ? La température ne détruit-elle pas très-souvent, la majeure partie des espérances légitimes qu'elle fait concevoir ? Les procédés que je viens d'indiquer ne ressortent-ils pas comme étant les plus aptes à grossir le courant avec lequel on améliore chaque jour davantage la fertilité du sol ? A plus forte raison ces procédés si simples, si rationnels, deviennent-ils efficaces lorsqu'on les a expérimentés et qu'on les a adaptés à son sol et aux circonstances locales au milieu desquelles on est placé.

Puisse la perspective si séduisante que je laisse entrevoir déterminer quelques cultivateurs à essayer la stabulation d'été, suivant les enseignements que j'ai donnés. L'expérience lucrative que mes fermiers en ont faite après moi me permet de leur prédire à l'avance qu'ils ne tarderont pas à partager ma conviction : que le progrès de l'agriculture et le bien-être de ceux qui en vivent sont subordonnés à l'accroissement progressif du nombre des animaux domestiques dans les fermes. L'habileté que font acquérir l'habitude et l'intelligence dans le négoce des bestiaux aidera puissamment les cultivateurs à diminuer avec la valeur de leurs produits, le prix de revient des fumiers dont ils ont impérieusement besoin pour augmenter le rendement des récoltes portant graine et par cela même très-épuisantes.

Culture de la Betterave.

Exposé des procédés à l'aide desquels on obtient de cette plante des résultats aussi avantageux au point de vue de la spéculation qu'à celui de la fertilisation du sol.

L'augmentation progressive des charges inévitables attachées à la culture des terres, le malaise résultant du prix de devient relativement trop élevé des céréales, de l'insuffisance des fumiers et par cela même des animaux domestiques, ont inspiré depuis trente ans aux agriculteurs du Nord de la France les plus à l'aise, des pensées d'association ayant pour but de fonder des fabriques de sucre à proximité de leurs fermes.

Ces mêmes pensées ont gagné depuis de proche en proche par suite des circonstances suivantes : Ainsi, les bestiaux de toute espèce bien conformés et la viande de boucherie prennent de plus en plus de valeur. L'abus que l'on a fait des prairies artificielles afin de rendre les terres plus aptes a produire de beaux lins et des orges d'hiver, ne permet plus leur reproduction dans les terrains compactes sinon après plusieurs années. La culture de la betterave a paru devoir suppléer avec avantage à l'absence du trèfle ; on a pensé avec raison qu'elle était susceptible d'accroître le rendement d'un quart et même d'un tiers en sus, par cette raison qu'elle donne d'abord de gros bénéfices par la vente de ses racines; que l'on n'en extrait pour fabriquer le sucre que les éléments qu'elle puise en majeure partie dans l'atmosphère; ensuite, que l'on nourrit, avec sa pulpe riche en substances alibites, un nombre plus considérable d'animaux domestiques. Il est permis de conclure, en conséquence, de toutes ces déductions que, puisque les produits de ces bestiaux, quelle que soit leur race, augmentent de plus en plus en valeur, parce que toute consommation dépasse leur reproduction, ces produits doivent nécessairement diminuer le prix de revient des engrais dans la même proportion.

Les succès réalisés par les actionnaires fondateurs de fabriques de sucre dirigées avec ordre et habileté, ceux obtenus avec la pulpe par les fermiers qui les avaient approvisionnées en betteraves ont contribué pour beaucoup à propager les pensées qui motivèrent leur création, et à faire regarder la culture de la betterave comme un moyen sûr de prévenir l'épuisement et l'improductivité du sol.

Ces considérations si puissantes, envisagées plus volontiers qu'autrefois par rapport à l'instruction plus répandue dans les campagnes, ont encore eu pour effet de faire reconnaitre à beaucoup de cultivateurs les dangers de convoiter sur leur jachère autant de plantes oléagineuses, et de persister dans leur routine. Elles les ont rendus plus accessibles aux conseils émanant d'agronomes éclairés par des études scientifiques et expérimentales, dont l'ardeur et le zèle étaient surexcités par le désir d'apporter quelques remèdes aux souffrances qu'ils remarquaient de toute part.

Le malaise affectant la plupart des fermiers du département de la Somme, et les aspirations qu'ils manifestent, m'ont inspiré également la pensée de les initier à la culture de la betterave, puisqu'il est prouvé par de nombreux exemples qu'elle présente des ressources infinies de toute nature.

Leur importance, au point de vue de la spéculation sur les

animaux domestiques et de la fertilisation du sol, me fait un
devoir de leur faire connaître, dans tous les détails qu'ils
comportent, les procédés à l'aide desquels on obtient à l'hectare le maximum du produit en sucre et en poids avec la
betterave.

Mais avant d'entrer en matière, j'éprouve le besoin de faire
quelques observations préalables ayant trait au sujet que je
vais traiter. Ainsi je dois prévenir mes lecteurs que j'ai cru
très-utile, tout en passant successivement en revue les procédés pratiques à employer, de mettre en lumière les raisons
pour lesquelles je leur recommande telle opération culturale.
J'ai jugé cette extension démesurée, donnée à mon sujet,
nécessaire par ce motif : que l'analyse des causes conduit à
la découverte des moyens les plus sûrs de produire l'effet que
l'on désire ; qu'elle apprend le cultivateur à raisonner les
combinaisons qu'il prend en vue d'un résultat, et à faire des
expériences dans l'espoir de s'éclairer sur ce qu'il ignore ou
lui paraît douteux.

Une autre observation a pour objet d'expliquer pourquoi
j'ai adopté la formule des demandes et des réponses dans
l'énumération des travaux divers à exécuter pendant un an.
J'ai pensé, en la présentant sous cette forme et en suivant
l'ordre des saisons, que je ferais mieux saisir les théories que
je développe pour justifier les enseignements pratiques.

Je ferais observer enfin que je ne rapporte que mes im-
pressions personnelles à l'égard de mes observations pendant
le cours de ma carrière agricole. Or, s'il arrive que certaines
théories émises paraissent controversables, je prie mes
lecteurs de soumettre à de nouvelles analyses, en les expérimentant, celles qui leur paraîtront douteuses, plutôt que de
les rejeter au loin, sans plus ample examen. Ils saisiront de
la sorte, en recherchant avec persévérance les causes réelles
des faits remarqués, les moyens d'atteindre le but final que
tout industriel convoite, une connaissance approfondie de sa
profession et la prospérité.

D. Quels sont les terrains dans lesquels la betterave donne le plus de sucre et de poids ?

R. Ceux dont la couche de terre végétale atteint une profondeur de 40 à 50 cent. et dans la constitution de laquelle se trouvent, dans des proportions suffisantes : de la silice en d'autres termes du sable, de *la potasse*, du phosphate de chaux et des engrais organiques azotés, du fumier.

La betterave se complaît surtout dans les sols argilo-siliceux conservant une humidité moyenne, attendu qu'ils sont plus perméables que d'autres, et qu'ils se prêtent, par cette raison, plus facilement au développement des racines, lorsque l'humidité toutefois entretient la fluidité de la sève, et que les éléments dont cette sève se compose sont abondants. Le volume de la betterave étant en raison du concours de ces auxiliaires, on conçoit aisément pourquoi la perméabilité du sol est indispensable. En effet, les racines de cette plante ne ressemblent-elles pas à des coins ? Or, plus elles sont multipliées et volumineuses, plus elles compriment la terre en prenant du diamètre et en s'implantant Il leur faut donc absolument une double assistance, celle des éléments nutritifs tirés du sol même, et celle des façons culturales.

La perméabilité du sol est encore nécessaire à un autre point de vue, pour accroitre la quantité du sucre dans la betterave. Elle favorise la constitution du sucre dans cette plante, en faisant intervenir dans la couche arable les agents externes de la végétation, tels que les gaz, l'humidité et la chaleur. On connaît leur action puissante sur la croissance des plantes depuis longtemps, mais on ignorait que le sucre fût le résultat de la combinaison du carbone, de l'hydrogène et notamment de l'oxigène. La chimie a découvert le rôle assigné par la nature à chacun de ces coopérateurs de la végétation ; elle nous a appris, en même temps, pourquoi la culture d'entretien produisait un effet très-remarquable dans la production.

L'ameublissement superficiel du sol ne met-il pas, en effet, les agents externes précités en rapport avec ceux existant dans les fumiers et dans la couche de terre végétale ? Leur introduction dans cette couche ne se fait-t-elle pas sentir par ces faits ? en y provoquant la dissolution des éléments organiques et inorganiques qu'elle renferme, puis une nouvelle combinaison entr'eux et leur assimilation aux plantes. Enfin plus la terre est perméable, mieux l'oxigène la pénètre, plus il en chasse l'excès d'hydrogène, plus il élabore la sève en limitant sa dilution suivant une proportion convenable.

L'oxigène peut être considéré comme l'épurateur et le régulateur de la sève, et, en outre, comme son véhicule le plus actif dans sa répartition dans tous les organes constituant la charpente des végétaux. Donc, quand la sève est trop diluée par l'hydrogène, comme dans les argiles, par exemple, elle donne naissance à des produits sans saveur ; puis quand c'est l'oxigène qui prédomine à l'excès, ces produits sont peu abondants, mais ils sont riches en fécule et en sucre. Comme ces faits sont acquis à la pratique, et que la science nous en a dévoilé les causes, on doit comprendre combien il est important de les déterminer par la pratique de façons culturales concordant avec les théories qui les prescrivent.

Maintenant que nous sommes éclairés sur l'utilité de la perméabilité du sol, et sur le rôle de l'oxigène, voyons quel est celui de la silice composant la couche arable dans de justes proportions. La silice, de même que l'oxigène, sert également d'agent épurateur de la sève ; elle transmet le calorique, l'oxigène à la terre cultivée. Ses molécules, incapables de former corps, entretiennent dans le sol argileux la perméabilité, elles le débarrassent, en facilitant l'infiltration dans le sous-sol des eaux pluviales, de l'excès d'humidité que l'argile dépourvue de sable conserve. La silice donc, en substituant de l'oxigène à l'hydrogène, fait naître dans le sein de la terre une fermentation active, dans les éléments hétérogènes organiques et inorganiques qu'elle contient, une décomposition, une reconstitution de substances alibiles, puis les gaz. Le produit résultant de ce travail souterrain, causé par l'action toute spéciale du sable sert enfin à alimenter ensuite les végétaux.

Je disais, il y a un instant, que la silice servait, avec l'oxigène, à épurer la sève ; voici pourquoi : les chimistes nous apprennent qu'on la retrouve en qaantité relativement plus abondante dans les racines que partout ailleurs. Ne peut-on pas conclure de ce fait que la sève, en traversant les racines, y dépose, comme dans un filtre, les matières qui en altèrent la pureté ? Ce qui confirme, en outre, cette hypothèse, comme celle qui la précède, en parlant du rôle de l'oxygène, c'est qu'après les années sèches et dans les terrains argilo-siliceux, les fruits et les légumes sont plus sucrés et plus savoureux et les céréales. de leur côté, y donnent plus de fécule et de grain que dans les terres où l'argile prédomine ; à plus forte raison remarque-t-on le même fait après les années humides.

Toutes ces théories font ressortir l'opportunité de lutter sans cesse contre la nature, afin de corriger les défauts si différents des diverses sortes de terres labourables, et de leur faire acquérir les aptitudes de celles regardées comme étant les plus productives. Les questions qui vont suivre et les solutions que je leur donnerai confirmeront, je l'espère, les assertions que je viens d'avancer.

D. Mais les terrains contenant 50 ou 40 % de silice contre 50 ou 60 % d'argile et 10 à 15 % d'éléments organiques et inorganiques sont exceptionnels. Comme nous n'avons à envisager que les terrains du département de la Somme, lesquels contiennent de 70 à 90 % d'argile, quels seraient les moyens, à défaut du sable, à mettre en œuvre pour les débar-

rasser de leur humidité excessive ; pour les rendre moins enclins à se raffermir et les amener à donner des produits plus abondants et de qualité supérieure ?

R. On ne doit pas se bercer assurément du vain espoir de les rendre aussi productifs que les terrains argilo-siliceux, à fumure égale ; cependant, les faits constatés par notre propre expérience, faits dont la chimie appliquée à l'agriculture a rendu les causes évidentes, nous mettent à même de juger qu'il est très-possible d'améliorer sensiblement la production des sols les plus compactes, de leur procurer presque tous les avantages que j'ai fait ressortir comme existant naturellement au suprême degré dans les terres argilo-siliceuses.

Ne perdons pas de vue, à cet égard, tout ce que j'ai pu dire sur l'influence des agents externes, et sur le concours si puissant qu'apporte à la végétation la perméabilité entretenue en permanence pendant les phases diverses qu'elle accomplit dans le cours de l'année.

La marne, l'emploi à haute dose de la cendre, les fumiers à peine décomposés, les labours profonds, le drainage, dans certains cas, transforment complètement la nature des argiles si rebelles aux façons, au point même de faire disparaître, après quelques années d'efforts persévérants, tous leurs défauts et de leur faire produire un tiers et souvent le double des récoltes obtenues avant l'intervention de ces utiles auxiliaires.

La Flandre et la Belgique nous fournissent des exemples frappants de l'efficacité des amendements que j'ai désignés, dans les terrains compactes à l'excès. Leur sol n'était pas moins tenace que ne l'est celui de la Somme et du Pas-de-Calais ; cependant, combien le rendement est différent entre l'un et l'autre ? Aussi, m'est-il permis d'avancer avec assurance qu'en employant simultanément les amendements et les engrais, comme dans les pays que je cite, il est hors de doute que les terres franches de la Somme, assujetties aux mêmes soins de culture, deviendront, avec le temps, non moins productives.

D. *Maintenant que nous sommes renseignés sur l'influence exercée sur le sol par les amendements et les façons aratoires; sur l'action attribuée par la chimie aux éléments constitutifs des végétaux, examinons quelle devra être la première mesure à prendre avant l'hiver à l'égard des terres à ensemencer en betteraves ?*

R. Puisque nous ne possédons, dans le département de la Somme, comme terres propres à la culture de la betterave, que des terrains argileux à l'excès et conséquemment froids et compactes, je vais me renfermer dans l'exposé des moyens aptes, suivant moi, à rompre leur adhérence et à les rendre plus actifs.

Aussitôt après la semaille des céréales d'hiver, le premier soin à prendre sera de répartir 60 à 80 mètres cubes de fumier à peine décomposé à l'hectare, de continuer ce mode de fumure pendant les trois mois qui suivront la semaille d'hiver, à l'aide des litières des bestiaux et d'enfouir les engrais au fur et à mesure qu'ils seront épandus sur le sol. Les labours devront être exécutés avec un brabant double et à une profondeur de 25 à 30 centimètres. En outre, on fera suivre la charrue en même temps dans le sillon qu'elle tracera par une fouilleuse, de manière à défoncer 15 à 20 centimètres du sous-sol, au total 40 à 50 centimètres avec ces deux instruments.

Je trouve qu'il est absolument nécessaire de terminer, si c'est possible, tous ces travaux avant les gelées, afin que les terres ainsi défoncées, ameublies et amendées, puissent s'approprier les éléments fertilisants de l'atmosphère, ou, en d'autres termes, puissent se *mûrir*. La neige, la gelée, les pluies déposent sur le sol des résidus provenant d'émanations condensées par le froid; elles l'impreignent d'humidité et des gaz contenus dans le réservoir immense au milieu duquel elle se forment. Les pluies, d'un autre côté, dissolvent, en traversant la couche arable, fes détritus organiques qu'elle renferme. Ce concours emprunté gratuitement à l'atmosphère prépare de la sorte la sève qu'achèvera de constituer la fermentation qui s'opérera dans son sein lorsqu'arriveront les chaleurs du printemps. Ces déductions si logiques démontrent donc, que plus on accordera aux agents météorologiques le temps de dissoudre et de combiner les éléments nutritifs des plantes, plus on s'assurera de chances de réussite.

D. Quelles sont les façons culturales à donner aux terres destinées aux betteraves vers l'époque de leur ensemencement? Dans quel mois est-il préférable de pratiquer cette semaille ?

R. Il serait hors de propos, à mon sens. de préciser une époque plutôt qu'une autre, par la raison qu'il est prudent de n'entreprendre l'ameublissement des terres argileuses que lorsque l'on est à peu près sûr du temps, que l'on a l'espoir fondé de rencontrer une sécheresse assez durable pour compléter la préparation du sol et son ensemencement. Cette sécheresse est indispensable pour faire évaporer l'excès d'humidité hors du terrain, au fur et à mesure qu'il reçoit un nouvel hersage. Ensuite le soleil fait entrer, pendant le cours des façons multipliées dans la couche de terre végétale, du calorique et de l'électricité. Ces deux agents, je le répète, sont souverainement nécessaires, l'un pour provoquer la fermentation et la combinaison entre les éléments alibiles, l'autre pour déterminer la germination des semences et le développement des plantes. Les observations que l'influence exercée par le calorique me suggère, et les mécomptes qui frappent les cultivateurs qui n'en font aucun cas, sont trop connus pour qu'il ne leur paraisse pas très-rationnel que je m'abstienne de leur donner des dates. Je me bornerai donc à les engager vivement à profiter des occasions favora-

bles qui leur seront offertes par la température, dans la crainte que des incidents viennent ajourner indéfiniment leurs projets.

Je leur rappellerai les effets qu'ils ont pu constater après l'exécution de leurs hersages par temps sec. Ainsi, ils ont dû remarquer que lorsque les terrains compacts sont ameublis sous un soleil rayonnant et chaud, ils conservent très-long-temps leur activité végétative et leur perméabilité ; qu'ils sont moins sujets à se crevasser et à perdre par ces bouches béantes l'humidité dont ils ont besoin pour traverser les sécheresses prolongées. Quand la superficie du champ est en poussière, cette poussière absorbe les rosées, elle transmet l'eau qu'elle perçoit aux couches inférieures tout en restant sèche ; enfin elle se raffermit moins aisément après les pluies, et les herbes parasites qui s'y développent en sont extirpées avec plus de facilité avec une herse spéciale ou avec les houes à main et à cheval.

Dans la terre échauffée et légèrement humide, la semence de la betterave germe très-vite ; elle y projette ensuite rapi-ment un long filet. Ce filet est le point de départ de sa végétation, il constitue son pivot. Peu après une quantité innombrable de petites racines s'échappent de ce pivot ; ce sont autant de spongioles, de suçoirs destinés à lui faire acquérir du volume. Il importe donc de multiplier les façons d'entretien, de pourvoir le sol de matières alibiles, afin que ces petites racines foisonnent autour du pivot et y fassent affluer une quantité de sève plus grande.

Ces réflexions m'amènent à l'explication de la cause d'un fait que l'on remarque très-souvent. Ainsi, pourquoi les betteraves sortent-elles autant hors de terre dans le départe-ment de la Somme, tandis que dans le Nord on n'aperçoit que leur couronne ? Pourquoi sont-elles plus volumineuses dans ce dernier pays que dans le nôtre ? La réponse à donner à ces deux questions est la même. La végétation de la bette-rave hors de terre est anormale, et son moindre volume comme son excroissance externe sont dus à la résistance invincible qu'elle rencontre, soit pour prolonger son pivot, soit pour étendre son diamètre. Or en rendant forcément externe une partie de ce pivot, cette partie dépouillée d'organes absorbants reste étrangère à l'alimentation du centre commun. Rien d'étonnant, dès lors, que la betterave donne une quantité de kilogrammes à l'hectare, moins élevée que dans le sol profondément ameubli et fertilisé.

D. Quelle est l'influence de la semence et des façons d'entretien sur le rendement de la betterave en sucre et en poids ?

R. On a remarqué, depuis longtemps, que certaines espèces contenaient plus de sucre que d'autres. Cette remarque a engagé les fabricants de sucre à fournir eux-mêmes aux cultivateurs approvisionnant leurs usines, la graine dont ils pouvaient avoir besoin. Les chimistes s'occupent de découvrir les causes déterminantes des propriétés si diverses des semences ; les explications qu'ils en ont données jusqu'ici sont encore tellement contradictoires qu'il est préférable de s'en tenir, comme les fabricants de sucre, aux faits acquis, à n'employer comme semence que celle donnant plus de matières saccharine et à seconder les dispositions naturelles par les façons d'entretien.

L'ameublissement superficiel du sol, opéré pendant le le cours de la végétation des récoltes, quelles qu'elles soient, à l'aide des hersages ou binages, est éminemment favorable à toute espèce de production, toujours par rapport aux causes précitées. Le binage, de même que le hersage avec un extirpateur ou le labour, a pour objet de détruire, nonseulement les herbes parasites, mais encore de faire absorber à la couche arable, par les molécules divisées, les éléments externes contenus dans l'atmosphère, éléments dont j'ai précisé l'action respective. Le binage rétablit l'ameublissement de la surface du sol que les pluies battantes raffermissent

trop de temps à autre ; il revivifie, par cela même, la plante
en faisant disparaître la compression exercée sur la base de
sa tige, et en entretenant l'activité du cours de la sève.

Le moment opportun de commencer les binages est arrivé
lorsque les lignes de betteraves se dessinent. Comme elles
sont entrées dans la première phase de leur végétation, dans
celle où elles courent les plus grands dangers, on doit s'empresser de protéger la délicatesse de leur germe en retranchant les herbes parasites si disposées à les affamer et en
rompant la croûte superficielle qui entrave leur expansion.

L'importance de ce premier binage se manifeste par une
activité étonnante dans leur développement. On profite de
cette circonstance pour espacer le plant dans les lignes et
regarnir les vides qui peuvent exister. Quand le repiquage
a eu lieu, quand toutes les betteraves projettent au dehors
un feuillage de 20 centimètres de hauteur, on se trouve généralement très-bien d'un binage pratiqué avec une houe à
cheval, avec une fouilleuse, même quand les lignes sont
suffisamment distancées. Ces instruments aèrent et ameublis-
sent le sol plus profondément que la binette ; ils simplifient
la besogne en limitant les sarclages à la main autour des
betteraves, et ils facilitent merveilleusement l'élargissement
de leur diamètre en dessinant le terrain de chaque côté des
lignes à une certaine profondeur. Ce serait à tort que je fixe-
rais un nombre quelconque de façons à donner pendant la
saison d'été ; l'aspect de la récolte et l'état de propreté et de
perméabilité du champ occupé sont les seuls guides que l'on
doive consulter en pareil cas.

Je pressens l'objection qui peut m'être adressée, après
avoir fait connaître le moyen de déterminer la grosseur dans
les betteraves. On me fera observer, avec raison, que les
betteraves contiennent d'autant moins de sucre, qu'elles sont
plus volumineuses, qu'elles sont plus distantes les unes des
autres. L'exactitude de ce fait ne détruit en rien la valeur
des théories que j'ai présentées et des façons que je recom-

mande ; l'inconvénient signalé n'a pas lieu lorsque l'on rapproche les distances entre les betteraves. Mais il est bon de faire des expériences comparatives à ce sujet afin de connaître positivement quelles règles on devra adopter désormais dans ces distances. Je crois, du reste, la qualité des betteraves serait-elle même égale, qu'il vaut infiniment mieux réaliser, je suppose. un poids de 20,000 kilog. avec 20,000 betteraves qu'avec 10,000, car on a plus de chances à espérer d'un côté que de l'autre par rapport aux vicissitudes de la température.

D. Quel est le moyen à employer pour arracher les betteraves le plus promptement possible, dans la crainte que les pluies de l'automne ou des gelées hâtives n'en compromettent la récolte ?

R. Ce moyen consiste dans l'emploi d'une charrue garnie d'un coutre, d'un large fer et d'un seul versoir contourné de manière à ce qu'il dépose la betterave en ligne sur le côté du sillon et n'entrave pas la pénétration du soc de la charrue à une profondeur égale à celle qu'occupe dans la terre la partie charnue de la betterave. Il existe une charrue réunissant ces conditions à Assainvillers, près Montdidier, chez M. Triboulet ; ce cultivateur est très satisfait de son usage. Cette charrue dépose à côté de la première rangée de betteraves une autre rangée en revenant sur elle-même, de sorte qu'il ne reste plus qu'à répartir, dans les sillons creusés et restés ouverts, suffisamment d'ouvrières pour enlever la couronne, écrotter les racines avec des couteaux de bois et les jeter dans des mannes ou des tombereaux. On les transporte, aussitôt qu'elles paraissent bien ressuyées, soit dans les silos, soit dans les caves.

D. Quelles précautions doit-on prendre pour les conserver dans des silos et empêcher qu'elles n'y fermentent et n'y pourrissent ?

R. La conservation, pendant quelques mois, des betteraves en silos et en cave, dépend beaucoup de leur propreté et de leur état sec. La terre humide laissée autour de la betterave engendre la fermentation, puis la pourriture ; elle ne doit conséquemment être renfermée qu'autant qu'elle est nette et sèche surtout dans des silos. Les parois de ces silos doivent être battus et rendus lisses avec la lame de la bêche qui sert à les creuser On recouvre les betteraves qui les remplissent avec de la paille de colza et sur cette paille on met une épaisseur d'argile de 40 à 50 centimètres. Comme cette terre est le plus souvent très-humide à l'époque de l'arrachage des betteraves, il est facile de la comprimer fortement au fur et à mesure qu'on l'amoncèle avec la pelle et de la rendre imperméable à l'air et à la pluie. La paille de colza, étant naturellement creuse et spongieuse, absorbe d'une part l'humidité ressortant de l'argile. et de l'autre celle provenant du tas de betteraves, et se vaporisant sous l'action de la chaleur ambiante renfermée en même temps qu'elles, ou celle causée par une fermentation momentanée. Le moyen d'obvier aux inconvénients à redouter du côté de l'humidité et de la chaleur, dans certains cas, serait de ménager dans les silos contenant 5 à 6 mètres cubes de racines mises en tas forcément dans de mauvaises conditions, des cheminées d'appel également réparties sur leur longueur. On les établit avec de la paille de colza et l'on a le soin de leur donner à l'extérieur très-peu de diamètre, afin qu'ils offrent moins de facilité aux pluies de longue durée de s'insinuer par ce canal dans l'intérieur du silo.

J'en ai fini avec tout ce qui concerne la culture de la betterave ; je l'ai embrassée dans tous ses détails ; j'ai fait envisager les raisons pour lesquelles je prescrivais telles mesures plutôt que d'autres. Maintenant, si l'on examine de près tous ces détails, on remarquera qu'en culture il règne un enchaînement tel entre les diverses opérations indispensables avant, pendant et après la végétation d'une récolte,

qu'il est intéressant de tout mettre en vue. En effet, la moindre négligence, dans un travail qui semble secondaire,
conduit souvent vers une issue funeste les meilleures combinaisons habilement dirigées pendant les diverses phases
qu'elles ont à accomplir. J'ai laissé de côté tout ce qui avait
rapport à la pratique des hersages, roulages et ensemencements avec un semoir mécanique. Tout agriculteur connaît le
parti qu'il peut tirer de chacun de ces instruments, et, d'ailleurs, l'action qui les distingue particulièrement ne peut-être
mise en œuvre qu'en raison de la température et des circonstances du moment où il s'agit de l'appliquer.

Si ses connaissances pratiques le mettent à même d'apprécier sainement ce qu'il importe le mieux de faire sous ce
rapport, j'ai cru lui rendre un service réel en lui donnant,
d'un autre côté, à commenter les enseignements que la science agronomique a mis en lumière depuis quelques années.

Je termine les déductions si étendues que j'ai retirées des
faits palpables constatés dans les campagnes, ayant trait à la
culture de la betterare, en engageant les cultivateurs préoccupés des avantages que cette culture est de nature à leur procurer, à suivre invariablement et à étudier avec soin les principes rationnels résultant de l'analyse des causes de ces faits.
Qu'ils me permettent de reproduire en quelques mots ce que
je leur ai déjà dit au commencement de cet article : que la
betterave, en l'absence des prairies artificielles permanentes,
les pommes de terre et les fourrages légumineux , quand la
qualité des terres ne se prête nullement à sa culture, donnent
les moyens de faire de la culture spéculative par les bestiaux
et de la culture intensive par la quantité de fumiers que
leur alimentation leur remet en échange. La betterave
donne d'abord de très-beaux bénéfices en la vendant aux
fabriques de sucre ; ensuite la pulpe que ces fabriques reven
dent à un prix inférieur d'un tiers est une nourriture très-
engraissante. Qu'ils n'oublient jamais que quelle que soit
l'alimentation accordée aux animaux domestiques, le résultat

final est le même quant aux engrais dont tous les cultivateurs se plaisent à proclamer l'insuffisance ; que leur prix de
revient est subordonné à leur habileté dans le négoce des
bestiaux et aux bénéfices qu'ils savent faire rapporter par
ces machines à fumier.

---

*Arrêté du Conseil de Préfecture de la Somme, sur une demande
de dommages et intérêts soumis à sa juridiction par M.
Maille, marchand de chevaux à Amiens.*

*Ce dernier avait intenté un procès à M. Cappel, entrepre-
neur de routes, demeurant à Boves, par suite d'une
extraction de cailloux que cet entrepreneur avait fait
pratiquer sur une pièce de terre en labour de 2 hectares
50 ares dont il est le locataire.*

PRÉFECTURE DE LA SOMME.

Arrêté du Conseil de Préfecture.

Séance publique du 12 Avril 1867.

NAPOLEON, par la grâce de Dieu et la Volonté Nationale,
Empereur des Français, à tous présents et à venir, salut :

Le Conseil de Préfecture de la Somme a rendu l'arrêt
suivant dans la cause entre le sieur Maille, propriétaire, marchand de chevaux, et le sieur Cappel, entrepreneur ;

Le Conseil,

Vu de nouveau la requête dûment signifiée et enregistrée
au secrétariat, le 20 mars 1866, sous le n° 38, présentée par
le sieur Maille, marchand de chevaux et propriétaire, demeurant à Amiens, et par laquelle il conclut à ce qu'il plaise
au Conseil de Préfecture condamner le sieur Cappel-Brandi-
court, entrepreneur de routes, à Boves, à payer au requérant, à titre d'indemnité, la somme de 1200 francs pour les

dommages causés à sa propriété par suite des fouilles et extractions de cailloux pratiquées par ledit sieur Cappel dans ladite propriété, sise à Montières, ainsi que le prix des cailloux extraits :

Subsidiairement, ordonner une expertise contradictoire pour apprécier le dommage et fixer l'indemnité et condamner, en outre, Cappel aux dépens ;

Vu, à la date du 24 mars 1866, le procès-verbal de la visite et constatation des lieux faite par le sieur Helluin, arpenteur, en vertu de l'arrêté du Conseil du 20 mars 1866 ;

Vu, à la date du 26 avril 1866, l'arrêté interlocutoire par lequel le Conseil ordonne une expertise contradictoire à l'effet de constater et d'apprécier les dommages prétendus éprouvés par le requérant et d'en fixer la valeur, tant en ce qui concerne la dépréciation de la propriété, eu égard à sa valeur antérieure, comparée à celle des autres propriétés de même nature existant dans la localité, ainsi que la privation de jouissance, depuis l'époque où elle a été occupée jusqu'au jour de la remise au propriétaire ou locataire ;

Vu les deux procès-verbaux séparés de l'expertise, l'un celui de l'expert de Maille, à la date du 22 novembre 1866, et l'autre celui de l'expert de Cappel, à la date du 22 décembre suivant ;

Vu le rapport de l'ingénieur en chef, tiers expert, à la date du 5 janvier 1867 ;

Vu, sur l'expertise, la requête en date du 15 mars 1867, présenté par Mᵉ Jonchery, avoué à Amiens, au nom du sieur Maille, propriétaire, demandeur ;

Vu la requête en défense présentée par Mᵉ Poulle, avoué à Amiens, au nom du sieur Cappel, entrepreneur, défendeur ;

Vu toutes les pièces du dossier, notamment le cahier des charges de l'entreprise du sieur Cappel ;

Oui à l'audience du 5 avril 1867, M. Balson, conseiller en son rapport ;

Oui, Mᵉ Jonchery, avoué, pour le demandeur ;

Oui, M⁰ Poulle, avoué, pour le défendeur ;

Oui, à l'audience du 8 avril 1867, M. le Commissaire du Gouvernement, en ses conclusions ;

La cause mise en délibéré et renvoyée à l'audience de ce jour, 12 avril 1867, pour le prononcé du jugement ;

Le Conseil vidant son délibéré ;

Vu la loi du 28 pluviôse, an VIII ;

Celle du 16 septembre 1807 ;

Et l'arrêt du 7 septembre 1755 ;

Attendu qu'il est constant en faits, ainsi que cela résulte de l'instruction et des débats, que Maille n'est pas propriétaire, mais simplement locataire de la pièce de terre en contenance de 2 hectares 50 ares, occupée temporairement par Cappel, entrepreneur ;

Qu'ainsi les sondages, fouilles et extractions pratiquées sur cette propriété, qu'ils soient du fait de Cappel ou du fait d'autrui, ne sauraient donner ouverture à l'action en indemnité de la part de Maille, pour dépréciation de terrain et que de ce chef ses conclusions sont irrecevables ;

Qu'il doit en être de la même valeur des cailloux extraits, puisqu'ils n'étaient point la propriété du locataire, qu'il n'y avait pas carrière ouverte ou que du moins la terre n'avait pas été affermée pour cette destination ;

Mais attendu que l'indue occupation par Cappel, contrairement à son cahier des charges, de la propriété louée à Maille, pour y pratiquer des extractions et des dépôts de cailloux pendant toute une année de culture, a troublé ce dernier dans sa légitime possession et dans son exploitation et lui a causé un dommage réel et appréciable résultant de la perte d'une récolte entière en avoine pour laquelle la terre était préparée par suite des assolements en usage dans le pays, et et que de ce chef il lui est dû réparation ;

Qu'à cet égard si les estimations contraires des expertises révèlent des exagérations manifestes, il est permis d'y suppléer par les documents du dossier et par les usages de la contrée en matière de culture ;

Qu'il résulterait, en effet, des documents produits à l'enquête agricole, que dans le département de la Somme et plus spécialement dans l'arrondissement d'Amiens, où est située la culture de Maille, le rendement en avoine est par hectare de 30 hectolitres environ, ce qui ferait pour les 2 hectares 50 ares loués par Maille 75 hectolitres lesquels au prix de 9 fr. 73 c., prix moyen d'après les mercuriales de 1866, auraient produit une somme de 729 fr. 75 c., ci   729 fr. 75 c.

A quoi il faut ajouter le prix de la paille, ci.   180 »»

Total . . . . . .   909 fr. 75 c.

De laquelle somme il convient de retrancher les frais d'exploitation montant à environ. . 510 »»

Le bénéfice ou produit net serait de . . . 599 fr. 75 c.

non compris le prix du fermage, les contributions et les labours payés par Maille et qui viennent en déduction de ce produit ;

Qu'il suit de là qu'en allouant à Maille une indemnité de 600 fr. on lui rend tout ce qu'il a perdu, et que l'on reste dans les limites d'une appréciation équitable ;

Attendu, quant aux intérêts, qu'ils ne sont dus d'après l'article 1153 du Code Napoléon, que du jour de la demande en justice, et que Maille ne les a demandés, pour la première fois, que le 15 mars 1867 ;

Attendu, quant aux dépens, que Cappel n'ayant fait aucune offre, ayant provoqué par sa résistance les expertises qui ont eu lieu et ayant d'ailleurs succombé dans toutes ses conclusions, il doit supporter les dépens d'après le principe de l'article 130 du Code de procédure civile ;

Par ces motifs,

Le Conseil fixe et liquide à la somme de 600 fr. l'indemnité due à Maille pour les causes énoncées ci-dessus ;

Condamne, en conséquence, Cappel, entrepreneur, à payer audit sieur Maille, ladite somme de 600 fr. avec les intérêts légaux à partir du 15 mars 1867, jour de la demande et ce à peine d'y être contraint par toutes les voies de droit ;

Rejette le surplus des conclusions du demandeur et condamne le défendeur aux dépens de l'instance dans lesquels entreront les frais de la première visite des lieux par l'expert Helluin et liquidés à 53 fr. 30 c., ceux des deux autres experts liquidés à 59 fr. 50 c. pour chacun d'eux, les autres dépens à liquider par état et non compris les frais d'expédition et de signification du présent arrêté ;

Fait et jugé et prononcé à l'audience publique du Conseil tenu au siége de ses séances en l'hôtel de la Préfecture, à Amiens, le 12 avril 1867, où étaient présents MM. Charvet, Balson, de la Londe et Marulaz, assisté du sieur Lecointe, secrétaire-greffier, lesquels ont signé à la minute ;

Mandons et ordonnons à tous huissiers sur ce requis de mettre les présentes à exécution, à nos procureurs généraux et à nos procureurs près les tribunaux de première instance d'y tenir la main, à tous commandants et officiers de la force publique de prêter main forte lorsqu'ils en seront légalement requis ;

En foi de quoi le présent arrêté a été signifié par le président et les membres du Conseil de Préfecture présents à la séance.

Signé : Charvet, Balson, de la Londe et Marulaz.

Pour copie conforme : le Secrétaire général,
Signé : A. DE RÉVEL.

Les vexations subies dans tous les temps par les cultivateurs, en conséquence des abus de jouissance arbitrairs commis sur leurs terres en culture, par les entrepreneure de chemins, m'ont fait penser que le compte-rendu de la procédure suivie par M. Maille, contre M. Cappel, serait de nature à les intéresser vivement, aussi me suis-je fait un devoir de l'insérer dans les journaux.

L'entrepreneur Cappel avait agi à l'égard de M. Maille, suivant les usages pratiqués par ses confrères. Il s'était emparé d'une pièce de 2 hectares 50 centiares, occupée par ce cultivateur, et avait extrait, pendant l'hiver de 1865 à 1866, le plus de cailloux possible.

Comme il présumait que ce champ serait ensemencé en avoine, au mois d'avril, il s'empressa de faire combler les trous et aplanir le terrain fouillé au mois de mars.

Aucun préjudice sensible, en apparence, ne semblait à M. Cappel devoir autoriser M. Maille à lui réclamer des dommages autres que ceux applicables à l'occupation permanente de trois ares de terre sur lesquels il avait fait amonceler les cailloux extraits. Il crut donc se mettre à l'abri de toute autre prétention fondée de sa part, en lui offrant 2 fr. 50 à l'are, au total 8 fr. 75.

M. Maille, loin d'accueillir favorablement cette offre, qu'il considérait comme dérisoire, lui répondit par une demande d'une somme de 1200 francs à titre d'indemnité. Il fit valoir, à l'appui de cette prétention, ces considérations : que l'absence de culture dans son champ avant le 24 mars; que le raffermissement excessif de son terrain, déterminé par le transport des cailloux ; que la suppression dans une forte mesure de ces éléments de production, compromettai l'abondance de la récolte d'avoine à en prétendre. Il s'abstint donc d'en continuer la culture, quoiqu'il fut libre dès le 24 mars 1866. Le procès se poursuivit jusques au 12 avril 1867, jour où le Conseil de préfecture prit à son sujet une décision définitive.

Des arbitres avaient été nommés, l'un M. Caillaux, conducteur des pont-et-chaussées, par M. Cappel; l'autre, M. de Clermont-Tonnerre, par M. Maille. Ces arbitres s'attachèrent à démontrer, par des arguments relatés dans leurs rapports, la validité des chiffres posés par les parties qu'ils avaient mission de représenter.

Le désaccord ne pouvait guère cesser entre les plaideurs, puisque d'une part on demandait 1200 fr., et que de l'autre on offrait 8 fr. 75. Mais la loi de 1807 a prévu ce cas en décidant que lorsqu'il se produirait, les ingénieurs en chef serviraient de tiers arbitres et éclaireraient le Conseil de préfecture compétent dans l'espèce, sur tous les points contestés. Leurs rapports avaient, jusques au 12 avril dernier, servi sans cesse de base aux conclusions prises ultérieurement par les Conseils de préfecture, et malheureusement ces conclusions étaient trop fidèlement conformes à celles consignées dans les rapports de ces hauts fonctionnaires.

Cette uniformité dans les décisions des Conseils de préfecture et le rejet continuel des réclamations adressées à ces Conseils par les cultivateurs, avaient, tout naturellement fait penser à ces derniers que ces décisions soumises à l'appréciation de ces fonctionnaires, seraient toujours favorables aux entrepreneurs, puisque ces entrepreneurs ne sont, après tout, que des employés subalternes de leur ressort.

Les ingénieurs étaient donc, par le fait de leur intervention dans les procédures de ce genre, juges et parties. Quelles que soient leur honorabilité et leur indépendance, il faut reconnaître qu'il leur est bien difficile de ne pas favoriser les entrepreneurs, d'atténuer leurs torts, de ne pas les soutenir contre les attaques des cultivateurs justement effrayés de leur sans-gêne. Et puis la nature de leurs fonctions ne leur fait-elle pas presqu'un devoir de méconnaître l'intérêt de quelques particuliers isolés, en le sacrifiant au bien-être de la masse ?

Mais revenons à l'arrêté du Conseil de préfecture, du 12 avril. Ce Conseil, sans égard aux arguments renfermés dans les rapports de M. Caillaux et de l'ingénieur en chef, tendant tous à établir que l'offre de 8 fr. 75 était suffisante, condamna M. Cappel à payer les frais du procès et à remettre à M. Maille une somme de 600 fr. Il retrancha seulement des prétentions de ce dernier tout ce qui regardait le préjudice causé à *la nature* du sol par l'enlèvement d'un élément apte à lui conserver ses facultés productives. Le jugement fait observer, à cet égard, que cette prétention ne peut être exercée que par le propriétaire de l'immeuble.

Comme il me parait équitable, au même degré, de désintéresser le propriétaire comme son locataire, je vais expliquer, en peu de mots, pourquoi l'enlèvement des cailloux altère sensiblement la fertilité du sol et en déprécie la valeur.

Le caillou ne se trouve généralement en abondance que dans les terrains froids et compactes à l'excès. Conséquemment, en les privant de corps qui sont des réflecteurs des rayons solaires, qui servent à y entretenir la perméabilité et la chaleur, à les pourvoir de silice, on leur retire des coopérateurs nécessaires à la production du grain, et la facilité pour les racines de s'étendre et de se ramifier dans la couche arable.

Au surplus, un entrepreneur de bâtiments ne se permet jamais d'extraire d'un terrain quelconque, sans un accord préalable avec celui à qui il appartient, de la pierre à bâtir, du sable ou de l'argile. Pourquoi donc les cailloux sont-ils exclus du respect observé envers les matériaux servant aux constructions? Pourquoi ne s'empare-t-on pas de ces matériaux arbitrairement, puisqu'ils sont nuisibles au sol qui les renferme? Pourquoi enlève-t-on impunément les cailloux malgré que les agronomes et les praticiens reconnaissant unanimement qu'ils sont utiles et exercent une influence très grande sur la fertilité de la terre dans laquelle ils se forment? Pourquoi enfin les fermiers ont-ils laissé commettre sans opposition autant d'abus, même ceux que la loi réprime sévèrement ainsi que les contraventions et les délits résultant du ramassage et du transport de cailloux au milieu des récoltes?

La raison en est bien simple : les indemnités dérisoires qui leur furent accordées en échange des préjudices justifiés; les entraves et les ennuis qu'ils rencontrèrent chaque fois qu'ils eurent besoin de s'adresser à des autorités compétentes pour exposer leurs griefs, engagèrent la plupart des cultivateurs à supporter en silence les abus quels qu'ils furent. Ils s'abstinrent de redresser les torts des entrepreneurs dans la crainte de prolonger leurs procédés malveillants. D'ailleurs, ils jugeaient que le combat était inégal, et les arrêtés préfectoraux leur prouvaient, d'une manière péremptoire, qu'il valait infiniment mieux se résigner à la triste condition qui leur était faite.

Je me permettrai de terminer ce compte-rendu d'un procès dont l'issue est si favorable à la classe agricole, par quelques réflexions propres à faire ressortir l'urgence de régler définitivement la question du ramassage et de l'extraction des cailloux.

L'entretien et le ramassage des cailloux devraient être accompagnés des formalités employées lorsqu'il s'agit de toute autre expropriation pour cause d'utilité publique. Il est d'usage que le jury nommé à cet effet indemnise le propriétaire et le locataire qu'il dépossède, non seulement des dommages effectifs, mais encore de ceux présumés.

Est-il rationnel de ne pas envisager au même titre l'enlèvement hors du sol d'un élément essentiel de production, de matériaux devenus rares et par cela même très-chers, de matériaux dont souvent les cultivateurs éprouvent le plus grand besoin, soit pour améliorer leurs cours et leurs chemins particuliers, soit pour acquitter leurs prestations en nature ? Est-il logique que cette ancienne coutume féodale reste en dehors du Code Napoléon et conserve ainsi chez la majeure partie de la population, qu'il importe tant de protéger, le souvenir du règne de l'arbitraire et du bon plaisir ?

En effet, il faut remonter à l'arrêté du 7 septembre 1755 et à une ordonnance de 1781, du bureau des finances de la généralité de Paris. relative à la police des chemins dans l'étendue de cette généralité, pour trouver le droit exorbitant dont nous parlons, maintenu provisoirement par l'article 29 de la loi du 22 juillet 1791.

Dans le siècle dernier, cette législation pouvait être utile à l'Etat, sans être nuisible à l'agriculture, car l'entretien des voies de communication et la culture s'exerçaient alors dans des limites bien étroites, si on les compare au développement et à l'importance qu'ils ont acquis de nos jours, par l'impulsion de l'administration et par le travail privé.

Cette législation n'a-t-elle pas fait son temps, comme bien des choses de l'ancien régime ? La loi de 1791 l'a maintenue, il est vrai, mais provisoirement, en ces termes : « Sont également confirmés *provisoirement* les règlements qui subsistent, touchant la voirie. »

Le législateur de 1791 ne pouvait pas faire autrement; il devait conserver alors tous les éléments d'ordre existant, correspondant d'ailleurs aux besoins de l'époque. Ces besoins étant aujourd'hui profondément modifiés et considérablement agrandis, il n'y a aucune témérité à demander que le provisoire de la loi de 1791 cesse et fasse place à une loi qui réglemente cette partie si intéressante de notre législation, en tenant compte des idées nouvelles et des progrès obtenus.

Quelle différence entre 1791 et 1867 ! Les fournitures de cailloux en 1791 étaient certainement fort restreintes, on peut en juger par l'état déplorable des chemins à cette époque; et jusqu'en 1830, le ramassage des cailloux se faisait dans toute sa simplicité, avec la main et le panier, dans les terres dépouillées. Aujourd'hui les fournitures de cailloux ne constituent-elles pas une grande industrie ? La pioche, le râteau et la brouette ne sont-ils pas devenus nécessaires et ne sont-ils pas employés même dans les terres couvertes de récoltes ?

C'est un abus du droit, a-t-on dit; abus soit, mais cet abus se renouvelant, on est amené à penser que la loi l'autorise puisqu'il se reproduit.

Espérons que l'arrêté Cappel est une première initiative du Conseil de préfecture d'Amiens, et un premier pas de fait dans la voie des réformes à introduire.

Espérons que bientôt l'œuvre se complétera, en réglant du même coup les intérêts du propriétaire et du fermier, en les soumettant au droit commun.

Quoiqu'il arrive, la décision du Conseil de préfecture relèvera le moral des cultivateurs en attendant de plus larges mesures, et elle calmera le zèle souvent outré des ingénieurs en faveur de leurs subordonnés et de l'intérêt général.

L. ROUSSEL,
Ancien agriculteur.

Exposé sommaire des réflexions qu'a fait naître, dans l'esprit de plusieurs savants et agronomes très-recommandables, l'abandon dans lequel on laisse généralement les engrais humains.

Il y a longtemps que Labruyère écrivait : Les Parisiens boivent le matin ce qu'ils ont vidé le soir. Il faisait ainsi allusion aux infiltrations des déjections liquides à travers le sol et à leur mélange avec la nappe d'eau aquifère dans laquelle elles s'arrêtent.

Il est triste de penser que cette parole du grand moraliste est encore vraie. Nous avons cependant pour nous l'expérience du passé. Nous n'ignorons pas que la population d'un pays est en raison de sa production, et que l'on ne doit rien laisser perdre de ce qui peut servir à augmenter cette production et, par conséquent la population. Nous savons que les Flamands et les Chinois, ces derniers plus civilisés que nous, sous ce point de vue, emploient, de temps immémorial, les matières fécales, et que la fertilité dont leurs terres paraissent constamment jouir au même degré, est due au concours qu'apportent à leurs fumiers ces engrais auxiliaires.

M. Moll, un de nos agronomes les plus distingués, a beaucoup employé les engrais liquides à sa ferme de Vaujours, où il s'est livré à des essais comparatifs très-intéressants. Il y a constaté que les matières fécales valent en moyenne le double de leurs poids de fumier d'étable confectionné avec le plus grand soin. Il conclut de là que si les déjections humaines étaient recueillies dans toutes les villes de France qui comptent au moins 2000 habitants, on aurait annuellement 60 millions d'hectolitres d'engrais humains pouvant fournir en sus du produit actuel, 60 millions d'hectolitres de blé. Dès lors les cultivateurs bénéficieraient de cette plus-value; les villes gagneraient en salubrité, et le sol rentrerait dans une partie des forces qu'il perd dans ses enfantements successifs.

M. Moll a remarqué en outre que les graminées et les crucifères se trouvaient parfaitement des arrosages opérés pendant le cours de leur végétation avec des eaux d'égoûts ou des vidanges liquides. On pourrait, ce me semble, ajouter à cette remarque, cette hypothèse que les terrains siliceux ou calcaires, péchant par une absence trop fréquente d'humidité, ne se trouveraient pas moins bien de ces arrosages, par la raison qu'ils doubleraient leur production en les saturant d'un élément contenant des principes nutritifs, de l'élément qui leur fait défaut.

MM. Moll, le baron Rives et Seurette recommandent, comme moyen pratique de faire précipiter les matières organiques tenues en suspension dans les eaux des égoûts et les liquides surnageant au-dessus des matières solides dans les fosses d'aisances, d'y jeter de temps en temps du phosphate de soude ou de potasse provenant des fonderies de fer. Ce phosphate est, la plupart du temps, conduit dans les décharges publiques, avec la poussière et les scories de charbons retirées des fourneaux. Puisqu'il ne coûte que la peine de l'enlever hors des fonderies, et qu'il contient lui-même des éléments actifs sur la végétation, on devrait l'utiliser dans les fosses d'aisances rendues imperméables. En l'utilisant dans les égoûts ou dans des bassins destinés à recueillir les eaux chargées de débris organiques qui s'en échappent, on réaliserait, à un prix de revient convenable, un double résultat : la désinfection d'une part et l'appropriation de l'autre, à l'usage de la réparation du sol, d'une quantité énorme de matières très-fertilisantes. Ensuite, en mettant les bassins et les fosses d'aisances spacieuses en communication par un tuyau avec un égoût collecteur, on se débarrasserait, sans le moindre inconvénient pour la santé publique, des eaux surnageant au-dessus du précipité et devenues limpides et inoffensives par suite de leur mélange avec le phosphate de soude ou de potasse. Outre que la désinfection des éléments fertilisants serait complète, leur concentration aurait lieu sous un volume très-réduit.

Il ne resterait plus qu'à incorporer ce précipité, en vue de hâter sa dessication, avec d'autres résidus organiques et inorganiques doués de propriétés fécondantes particulières, tels que de la tourbe sèche, du plâtre, des cendres, etc. Ce composé, s'il était constitué suivant des proportions relatives avec tous les agents concourant, dans une certaine mesure, à l'alimentation des végétaux, pourrait le disputer, même en richesse, avec le guano, avec cet engrais dont on se plaît à proclamer l'action toute puissante malgré son prix exorbitant.

Nos voisins, les Anglais, dont l'esprit est si positif, se sont préoccupés, dans tous les temps, des engrais humains; mais comme ils en perdaient néanmoins une grande quantité dans les villes populeuses telles que Londres, Manchester, Liverpool, le Parlement fait exécuter actuellement, avec la plus grande rigueur, deux lois touchant la salubrité et l'utilisation, au profit de l'agriculture, des débris organiques. La première défend de jeter dans les égoûts des matières fécales ou fermentatives ; la seconde donne aux communes le droit de disposer des immondices humains au mieux des besoins hygiéniques et agricoles. Il serait désirable que des mesures semblables fussent prises en France, afin, suivant l'expression des Anglais, d'envoyer la pluie à la rivière et les matières fécales et putrides au sol. On déterminerait de la sorte une amélioration immense dont la population urbaine et celle des campagnes se ressentiraient également, l'une en respirant un air salubre et en payant moins cher les denrées de première nécessité : l'autre, en obtenant sans plus de frais sur la même étendue de terrain, deux fois plus de récoltes qu'avant l'intervention de ces engrais auxiliaires, retirés en dehors de la ferme.

Je termine cet exposé sommaire de la nécessité impérieuse, d'après les euseignements de la science et de l'expérience, d'utiliser les matières fécales, en reproduisant un passage tiré d'un discours remarquable prononcé par M. Crocq, professeur à l'Université de Bruxelles, à l'occasion du même sujet.

« C'est un fait incontestable, dit-il, que des contrées, autrefois florissantes, sont tombées depuis dans une décadence dont elles ne parviennent pas à se relever. Pourquoi le pays qui a possedé et nourri des villes telles que Babylone et Ninive, aussi étendues et aussi peuplées que Londres et Paris, est-il aujourd'hui frappé de stérilité et nourrit-il avec peine quelques maigres troupeaux ? N'est-ce pas parce que le Tigre et l'Euphrate ont, pendant des siècles, charrié à la mer les résidus de ces grandes capitales ?..... Pourquoi la Palestine, qui fut autrefois la terre promise, est-elle tombée au même niveau ? Pourquoi les environs de l'antique Carthage et de Rome partagent-ils le même sort ?

» Ces questions si graves, si dignes de captiver l'attention des gouvernements, ne peuvent guère être résolues qu'en assignant aux faits accusés cette même cause : qu'on laisse se perdre dans les fleuves les engrais réellement aptes à nourrir les céréales, ces produits consommés, presque en pure perte pour l'agriculture, dans les grands centres de population. »

Je borne ici ces citations ; je pourrais les multiplier à l'infini, mais d'autres témoignages seraient inutiles, car l'efficacité des engrais humains n'est mise en doute par aucun agriculteur.

J'ai voulu seulement, en rappelant des faits et le langage tenu à leur sujet par des hommes d'un grand mérite, pousser les cultivateurs à se réunir aux personnes disposées, dans les localités populeuses, à prendre l'initiative de la conversion en engrais des matières fertilisantes que l'on y perd. Leur concours aurait pour effet de surexciter le zèle de ces personnes dévouées à leurs intérêts, et de les mettre à même de leur donner des indications, afin de rendre ces engrais faciles à transporter et à épandre sur le sol. Les associations formées dans ce but devraient s'inspirer du même esprit que celui qui a présidé jusqu'ici à la fondation des fabriques de sucre. Les motifs qui engagèrent les cultivateurs du Nord à créer ces établissements au moyen d'actions furent ceux-ci : Y conduire des betteraves, se procurer des pulpes, faire plus de fumier et réaliser des bénéfices avec cette industrie accessoire. Les fabriques d'engrais, de leur côté, rapporteraient, il est permis de le croire, non moins de bénéfices aux actionnaires et en outre plus d'éléments réparateurs.

S'il en était ainsi, on obtiendrait, par une autre voie, la reconstitution dans le sol des principes nutritifs qu'on lui enlève par la vente, sur les marchés, des denrées alimentaires. Comme on ne les puise ordinairement qu'à une source unique très-insuffisante dans la cour de la ferme, il est hors de doute qu'en lui adjoignant celle provenant des matières fécales, la production deviendrait supérieure au lieu de décroître ou de rester stationnaire.

Cette seconde source, M. Crocq nous l'a dit, est plus puissante que la première, elle en dérive, elle l'épuise même ; elle conduit les habitants du pays méconnaissant la richesse des engrais humains et les ressources préventives qu'ils renferment contre l'épuisement de la terre labourable, vers la ruine.

N'oublions pas les enseignements de l'histoire rappelés par M. Crocq, lorsqu'il compare la fertilité des campagnes environnant les ruines de Ninive, de Babylone, de Carthage et de Rome, avec celle de l'époque où ces villes étaient si florissantes.

N'oublions pas enfin que si la Chine parvient à nourrir son immense population et à conserver sur son territoire une production sinon progressive du moins égale, ces résultats sont dus aux soins exceptionnels apportés par tous ses habitants à faire refluer vers le sol les éléments qui en ont été momentanément distraits sous forme de céréales, de légumes et de viande ; que la Chine, en un mot, a observé rigoureusement, dans tous les temps, les lois de l'équilibre.

Quelles sont les mesures les plus propres à assurer le bien-être général de la population, et à faire progresser rapidement l'agriculture ?

Il m'en coûte de déclarer hautement qu'autant il est facile d'indiquer les moyens de réaliser les avantages que cette question envisage, autant il est difficile de les faire mettre en pratique par la généralité des cultivateurs, parce que je les crois encore trop sous l'empire de leurs habitudes et peu disposés à prendre l'initiative de l'essai des procédés qui sont soumis à leur approbation par les agriculteurs en progrès. Les préjugés, les préventions, l'apathie, rendent le plus grand nombre d'entr'eux froids et indifférents pour ce qui modifie sensiblement ou renverse complètement leur mode d'opérer et le raisonnement qui les dirige. Ne remarquons-nous pas que presque tous persistent invariablement à obtenir, sur toute l'étendue de leur exploitation divisée en trois soles, du blé, de l'avoine et sur la jachère du lin, des colza, des betteraves et des pommes de terre; à exiger de 80 à 90 pour cent de récoltes épuisantes, sans se préoccuper assez sérieusement de l'impossibilité dans laquelle ils se mettent de réparer suffisamment l'altération qu'ils font subir, de cette manière, aux facultés productives de leur faire-valoir? Le mobile qui les pousse à persévérer dans ces voies irréfléchies, conduisant à l'épuisement du sol, prend naissance dans une fausse perspective ; ils pensent que la quantité et la valeur des hectolitres de céréales et de graines grasses et la vente de leurs lins, leur donnent de quoi acquitter toutes leurs charges. Si on leur fait observer que la production d'autant de grain ruine la fécondité de leur exploitation, exige des avances considérables, en frais d'ouvriers, de domestiques, de chevaux et d'achat d'engrais tirés du commerce; qu'ils agiraient plus rationnellement en augmentant le nombre de leurs bestiaux et en retirant de ce côté des bénéfices, parce que les animaux domestiques reconstituent du moins avec leurs déjections les éléments nutritifs enlevés à la terre, ils rejettent au loin toutes les explications qu'on veut leur donner, en répondant que les bestiaux coûtent bien plus qu'ils ne rapportent, et que plus on en possède, plus on est exposé aux pertes et aux soucis.

Je n'hésite pas à reconnaître que la plupart des prétextes qu'ils invoquent, pour justifier leur persévérance dans leur pratique habituelle, est parfaitement fondée. Cependant, je persiste à prétendre, tout en admettant les circonstances difficultueuses actuelles, que les espérances à concevoir de la part des bestiaux commandent impérieusement une autre manière d'agir Plus l'examen de ces graves questions sera exempt de passion et de partialité, plus assurément il en ressortira des considérations utiles à étudier. Commençons par l'énumération des plaintes généralement produites afin que quand nous connaîtrons le caractère du mal désigné, il devienne plus facile de préciser les moyens curatifs propres a le faire entièrement disparaître.

On se plaint amèrement, partout en France, de la surélévation du prix de la main-d'œuvre, de l'insuffisance des bras, de l'avilissement trop fréquent du prix des céréales, lesquelles reviennent à 15 fr. au moins de l'hectolitre au cultivateur. On est convaincu que l'entretien des chevaux coûte beaucoup trop cher eu égard aux travaux donnés par eux en échange, et qu'il devient de plus en plus difficile de rencontrer des charretiers pour les conduire, quoiqu'on leur donne des gages de moitié plus élevés qu'il y a dix ans. Il arrive même très-souvent que les chevaux restent à l'écurie et que des travaux aratoires sont mal exécutés par le fait de la rareté ou de l'incapacité de leurs conducteurs. On entend dire, encore avec raison, que le tiers des récoltes à grain de la ferme passe dans leur alimentation et que le fumier qui en résulte ne répare pas, à beaucoup près, l'épuisement causé au sol par ces récoltes. Ne reconnait-on pas de la sorte implicitement, en faisant entendre ces récriminations fondées, qu'il y aurait un grand avantage à s'affranchir des charges accablantes que les chevaux et les domestiques qui les soignent imposent de toute manière au fermier d'une grande exploitation ? Il importe donc : 1° de répudier les vieilles traditions et les préventions que leur pratique continuelle engendre ; 2° d'aviser aux moyens d'entretenir, au lieu et place des chevaux que l'on parviendra à supprimer, d'autres animaux aptes à rembourser, avec leurs produits et leurs engrais, la valeur de la nourriture servant à les alimenter ; 3° de diminuer l'étendue des terres en labour, en les faisant occuper par des prairies artificielles de longue durée ; 4° de remplacer, par la culture intensive, la culture extensive. Cette dernière ne donne des récoltes passables qu'autant que l'on achète une grande quantité d'engrais minéraux, des engrais qui, après tout, ne valent nullement le fumier de ferme bien fait et ne secondent efficacement la végétatiou qu'autant qu'ils trouvent dans la couche arable des engrais organiques, de l'humus, sur lesquels ils puissent exercer l'activité et l'influence qui les distinguent.

L'extension des prairies artificielles permanentes me paraît propre à opérer une utile transformation dans les procédés en usage et à favoriser le bien-être de la population entière et le progrès de l'agriculture.

En effet, en circonscrivant de plus en plus l'étendue des terres labourables, on diminue d'autant le nombre des chevaux, des domestiques et des ouvriers d'abord, et, en même temps, on s'exonère graduellement des charges dont on se plaint à juste titre. Ensuite, on est forcément amené à rechercher les moyens de récupérer par les produits des animaux, ceux que l'on a provisoirement perdus sur les terrains couverts de prairies et qui donnaient antérieurement des hectolitres de grain à vendre sur les marchés. Le bénéfice est nul, il est vrai, pendant les écoles à faire dans la spéculation sur les bestiaux. Mais lors que l'on s'est convaincu que les prairies permanentes sont dans le cas de supprimer beaucoup de frais dispendieux et de procurer, par suite, la fertilisation du domaine exploité, on doit, en vue d'entretenir la persévérance et l'espoir, en attendant les profits qu'assurent seules l'habitude des spéculations et la tension du jugement vers l'économie domestique, envisager constamment que les prairies, loin de détériorer le sol, l'améliorent d'autant plus, que leur existence est plus prolongée ; qu'il n'en coûte pas beaucoup plus à soigner son personnel animal devenu double en nombre et poids ; enfin,

que si des marchands de bestiaux parviennent à faire de
bonnes affaires dans leur négoce, à plus forte raison les cultivateurs doivent-ils rendre les leurs meilleures, eux qui ont à
disposition des nourritures en abondance pour parer leur
marchandise et lui faire gagner une plus-value. Ces marchands n'acquièrent leur habileté qu'avec le temps, en pré-
jugeant les qualités et les défauts des bestiaux qu'ils achètent
pour les besoins du commerce. Pourquoi le cultivateur, en-
touré de ressources et excité par des considérations non
moins puissantes, n'arriverait-il pas bientôt à rivaliser avec
eux en sagacité ?

La spéculation sur les bestiaux lui rapportera évidemment
des bénéfices triples de ceux obtenus jusqu'ici, mais à la
condition qu'il réformera les habitudes préjudiciables; qu'il
adoptera rigoureusement celles de n'élever que des animaux
de choix ; de toujours bien nourir, d'engraisser, aussitôt
l'écoulement de leurs produits, ceux qui ont atteint tout leur
développement. On comprend qu'un animal quelconque,
entretenu avec soin en chair, ne tarde pas à être engraissé,
et que celui qui est bien conformé et présente toute espèce
de qualité trouve des avantages en grand nombre.

L'embonpoint permanent des bestiaux offre ces ressources
et avantages ; ils sont moins sujets aux congestions sanguines, et leur état de chair permet de les engraisser promptement, de raffiner la qualité deleur viande ; de s'en débarrasser avec profit, peu de temps après que l'on s'est aperçu
qu'un accident que la suppression totale ou partielle de leurs
produits, en rendaient la conservation onéreuse. Au surplus,
il me paraît superflu d'entrer dans de plus longues explications concernant ce qu'il y a de mieux à faire à l'égard des
animàux domestiques et d'indiquer quelles sont les spéculations dont il est préférable de les rendre l'objet, car le
cultivateur est plus à même de juger toutes ces choses que
quique ce soit , puisque ces décisions sont subordonnées le
plus souvent aux circonstance locales et à celles du moment,

et que les bénéfices ne ressortent que de l'application et de l'habileté que l'on déploie en ce qui les intéresse.

Jusqu'ici l'argumentation que j'ai présentée en faveur d'un changement de système cultural, ne regarde que les agriculteurs; je vais faire remarquer que le bien-être de la population ést appelé également de son côté à en retirer des avantages non moins grands s'il se généralisait. En doublant la culture fourragère, on augmenterait, dans la même proportion, l'élevage et l'engraissement des animaux domestiques; comme la progression serait lente, aucune perturbation n'aurait lieu, soit dans la production, soit dans la consommation. La population trouvant la viande plus abondante et un peu moins chère, en userait plus largement et contracterait de la sorte insensiblement des habitudes d'existence matérielle plus confortables. Les cultivateurs, à leur tour, rencontrant plus de bestiaux de rebut à engraisser, mieux nourris et d'un prix inférieur à celui d'autrefois, gagneraient sur eux plus que lorsque la marchandise était rare et maigre. Enfin, les éleveurs devenus plus sévères dans le choix des élèves et mieux avisés en engraissant immédiatement ceux que l'on conservait en pure perte, et puis en récoltant, sur les mêmes surfaces, deux fois plus de fourrages, par la raison qu'elles seraient mieux fumées, les éleveurs, dis-je, seraient dans des conditions telles, qu'il leur serait possible de produire avec avantage beaucoup de viande à bon marché et de satisfaire, de cette manière, leurs intérêts et ceux de la population en général.

Les bestiaux de rebut, de mauvaise nature et mal conformés doivent être considérés suivant, une expression employée dans le commerce, comme des rossignols perdant chaque jour de leur valeur et tenant la place d'autres qui rapporteraient du moins des intérêts bien différents de la valeur qu'ils représentent. L'indifférence répandue si communément dans les campagnes à l'endroit des réflexions spéculatives que l'alimentation du personnel animal devrait inspirer, est la cause véritable de la répulsion qu'éprouve le cultivateur pour en augmenter le nombre.

Plus j'examine de près les misères et le malaise qui affectent depuis quelques années l'agriculture, plus je me confirme dans cette opinion : que le moyen de l'en affranchir se trouve du côté de la multiplication de diverses races d'animaux domestiques. J'ai fait connaitre toutes les conséquences favorables attachées à l'extension des prairies et du nombre des bestiaux, c'est aux cultivateurs qu'il appartient maintenant de peser ces conséquences et de juger comment ils adapteront ce système de culture si différent à leurs terres enclavées et morcelées. Surtout que les obstacles à rencontrer du côté des enclaves ne les effraient pas plus que de raison; une volonté énergique trouve toujours le moyen, sinon de les franchir directement, du moins de les contourner de manière à réaliser à peu près les projets que l'on a en vue. En observant les mêmes précautions et soins de culture envers leurs terres destinées aux fourrages et aux prairies artificielles permanentes, qu'euvers celles sur lesquelles ils convoitent de beaux lins et de belles œillettes, ils favoriseront davantage la source chargée de réparer l'épuisement de l'exploitation. En outre, en ne perdant jamais de vue les espérances légitimes que la culture intensive fait concevoir quand la base d'opérations qui l'alimente est solidement et largement édifiée, ils pourraient, compter sans déception, sur sa puissante coopération pour faire fructifier toutes les spéculations portées soit vers le sol, soit vers les animaux domestiques.

Qui trop embrasse, mal étreint — Les poules vont pondre où il y a déjà des œufs. — Aide-toi, le ciel t'aidera.

Le premier proverbe paraît remonter à une époque très-reculée ; cependant il conserve malheureusement encore la même actualité. Ce qui le prouve ostensiblement, c'est que l'agriculture n'accomplit de progrès qu'avec une lenteur extrême. Quelle en est la cause ? Je crois être dans le vrai en attribuant cette lenteur aux faits suivants :

On remarque continuellement parmi les fermiers le même désir immodéré de s'agrandir sans tenir suffisamment compte de la faiblesse de leurs ressources. Ceux d'entre eux qui se distinguent par de l'intelligence, de l'activité et de l'économie achètent, aussitôt qu'ils possèdent quelques épargnes, une pièce de terre dont le prix dépasse très-souvent du double l'importance de la somme économisée. L'état de gêne qu'ils s'imposent en opérant ainsi à découvert les excitent à prendre des mesures vicieuses en vue de s'acquitter le plus promptement possible. Ils commencent par rogner de près le capital représenté par le mobilier d'exploitation ; ils font abus des récoltes épuisantes ; enfin ils retranchent de plus en plus les avances à l'aide desquelles on assure la réussite.

Quant aux autres fermiers, ils suivent les mêmes errements lorsqu'ils augmentent leur faire-valoir et ne les subordonnent pas à leurs moyens pécuniaires.

Les uns et les autres commettent de la sorte une grande imprudence, car la fortune ne favorise que ceux qui sollicitent ses dons par l'emploi de procédés rationnels. Dans tous les cas la gêne paralyse l'initiative, et surtout celle qui a pour effet de préparer le succès. Mais la fausseté de ces calculs et le ridicule de ces convoitises outrées sont reconnus par les habitants des campagnes quand on les entend s'exprimer ainsi : *C'est l'argent qui fait gagner de l'argent.* Ils ne s'aperçoivent pas qu'ils se mettent en contradiction avec ce langage en agissant comme ils le font. S'ils faisaient servir leurs économies à consolider les bases sur lesquelles se fonde le progrès dans l'industrie agricole, ils seraient moins exposés, à la suite de mécomptes consécutifs causés par une température contraire, et surtout par des avances insuffisantes, à essuyer des pertes irréparables ou à compromettre leur patrimoine.

Les vicissitudes de la température, le remboursement d'un capital ou de ses intérêts à des échéances fixes sont autant d'épées de Damoclès suspendues sur leur tête. Conséquemment ils devraient ne jamais oublier un de leurs axiomes favoris, c'est-à-dire : Conserver toujours une pomme pour la soif. Il devraient ne jamais perdre de vue une autre maxime dont leur expérience journalière les met à même d'apprécier l'excellence : Que la production du sol est en raison des avances en engrais et en culture d'entretien qu'on lui accorde.

L'intérêt véritable de tous les fermiers se résume donc dans l'observation rigoureuse de ces règles : 1° Faire de la culture intensive ; 2° convertir les épargnes d'abord en agents, en auxiliaires de la production du sol ; 3° ne songer à l'augmentaiion du faire-valoir, à titre de propriétaire ou de locataire, qu'autant que l'on ne trouve plus l'emploi utile d'une partie de ces épargnes et qu'elle peut suffire à l'entreprise convoitée.

L'exemple que nous fournissent les fermiers au-dessus de leurs affaires, doués de l'intelligence de leur métier, réalisant des bénéfices tandis que leurs voisins placés dans des conditions égales, sous le rapport de leur exploitation, n'obtiennent que des insuccès, confirme le mérite de ces règles de bonne administration. Leurs voisins mêmes proclament hautement, d'une manière implicite, l'influence du capital disponible, lorsqu'ils exhalent leur jalousie en ces termes : *L'eau se rend toujours à la rivière ;* ou : *Les poules vont toujours pondre où déjà il y a des œufs.*

Toutes ces locutions proverbiales se sont produites en définitive à la suite de remarques invariables constatant que le fermier en position d'attendre des circonstances propices et de provoquer l'arrivée des bénéfices par des avances faites avec discernement, possède par cela même un avantage énorme sur les autres cultivateurs.

Je termine en rappelant un autre proverbe donnant à ce sujet un sage conseil, en disant : *Aide-toi, le Ciel t'aidera.*

Combien ce conseil est juste et s'applique particulièrement à la profession agricole ! Le sens qu'il renferme ressort de la définition exacte du mot *agriculture.* Cette définition ne peut, suivant moi, se formuler que de cette manière : La culture d'un champ consiste à mettre au service de la nature tous les procédés recommandés par la science et la pratique, en vue de pousser le rendement de ce champ jusqu'à ses dernières limites.

Or, cette formule et mes critiques, de même que l'interprétation des proverbes précités, nous conduisent à cette conclusion : Que le bénéfice le plus important et le moins contestable n'est recueilli que par l'agriculteur, maître de son entreprise, faisant servir un capital de *roulement* suffisant à des combinaisons telles, que ses spéculations n'ont plus à courir que la chance adverse provenant de l'intempérie des saisons.

Principes de culture rationnelle renfermés dans les quatre proverbes suivants :

1° Labour d'été vaut fumier ;
2° La marne enrichit les vieillards et appauvrit les enfants ;
3° Tant vaut l'homme, tant vaut la terre ;
4° Si tu veux du blé, fais des prés.

—

Ces quatre proverbes, transmis de père en fils aux habitants des campagnes, renferment tout un plan rationnel de procédés à suivre pour arriver à une production progressive. C'est ce que je vais essayer de démontrer en commentant les motifs qui semblent avoir engagé leurs auteurs à les formuler en termes aussi absolus.

Les deux premiers s'appliquent aux ressources que présente l'art agricole pour aider et embellir la nature ; puis à celles que fournit la marne pour modifier et améliorer les facultés productives du sol.

Celui qui a pour formule : Labour d'été vaut fumier, se prête à l'explication suivante : Que l'on doit profiter de l'action du soleil, lorsque sa chaleur atteint le degré le plus élevé, pour détruire les herbes parasites et former de l'humus avec leurs détritus privés de vitalité.

La chaleur produit, dans le sein de la terre recouvrant des débris organiques pleins de sève, une fermentation active, et le dégagement de ces matières en putréfaction des gaz utiles à la végétation. Les molécules du sol ameubli s'emparent de ces gaz et se saturent de leurs éléments fertilisants comme de ceux de l'humus ; conséquemment la couche arable est mise en mesure d'alimenter les plantes qu'on lui confie ensuite par les principes nutritifs qu'elle acquiert de la sorte. D'un autre côté, la destruction des parasites l'affranchit des entraves qu'apportent, dans le développement des récoltes, ces plantes plus ou moins nuisibles par rapport à leur rusticité et leur voracité.

La marne dont il est parlé dans le second proverbe exerce, de même que les labours pratiqués par temps sec dans les sols compactes, une influence à peu près analogue : elle divise ; mais elle rend l'ameublissement qu'elle procure plus permanent, en interposant entre les molécules terreuses ses éléments calcaires si peu susceptibles de se relier, très-convenables plutôt pour conserver longtemps la désunion entre toutes les parties composant la couche arable. La perméabilité qu'elle cause dans les terrains trop enclins à se raffermir et trop froids, favorise le prolongement des racines et permet de la sorte à ces organes essentiels des plantes de rechercher au loin les substances alibiles qui servent à en constituer la tige et la graine. Enfin la division poussée à l'extrême des terres favorise l'absorption plus complète, par le sol cultivé, des agents météorologiques, organiques et inorganiques, et la combinaison entre ces agents divers des matériaux de la sève.

Outre ce service signalé que rend la marne, elle en rend un autre non moins important par les sels solubles qu'elle laisse échapper en se délitant. Les sels ont la propriété de dissoudre l'humus et de le rendre assimilable aux végétaux.

Quoi de plus propre que l'explication de la double influence qu'elle exerce dans les terrains qui en sont privés jusque-là, à faire connaître comment elle peut d'une part enrichir les vieillards et de l'autre appauvrir leurs enfants ? Ne remarquons-nous pas que, mettant en œuvre, par l'activité très-grande qui la distingue, tout ce qui sert à la nourriture d'un végétal quelconque, elle provoque ainsi prématurément l'épuisement du sol ?

Les effets incontestablement utiles qui résultent de son emploi doivent donc occuper l'attention soutenue des cultivateurs et les exciter, tout en usant de son concours si efficace dans les argiles, à proportionner la fumure de leurs terres avec la quantité de marne qui entre dans l'épaisseur de la couche de terre végétale. Ce conseil, que je me permets de donner, se trouve justifié par l'exemple de l'improductivité des sols calcaires. Cette improductivité a pour cause, à mon sens, une perméabilité trop grande et la quantité relativement trop considérable d'engrais qu'ils exigent.

Jusqu'ici nous n'avons examiné que l'action des ressources de l'art agricole, des moyens mécaniques de faire concevoir à une terre plus d'aptitude à reproduire. Les deux proverbes dont je viens d'interpréter le sens nous ont donné la mesure de ces moyens ; recherchons maintenant, en discutant les prescriptions ressortant de la formule des deux autres, si leur observation rigoureuse est dans le cas de compléter les bons résultats à espérer déjà dans un sol parfaitement expurgé des parasites qui l'infestaient et ameubli par la marne et les façons aratoires.

L'un déclare que tant vaut l'homme, tant vaut la terre, et l'autre : Si tu veux du blé, fais des prés. Ces maximes si précises ne nous portent-elles pas à nous tenir ce raisonnement basé sur les faits passés et présents : Que la fertilité du sol est subordonnée à l'intelligence de celui qui l'exploite, et à l'introduction, en quantité suffisante dans ce sol, des éléments qui lui manquent ? Donc si les céréales et les plantes industrielles consomment plus d'éléments nutritifs qu'elles n'en rendent par leurs détritus, il importe de conserver l'équilibre entre la réparation et la déperdition de ces éléments dans la couche arable. Comment y parvenir, sinon en créant, dans des conditions convenables pour en assurer la vigueur et la durée, le plus possible de prairies artificielles permanentes et de légumes, afin de nourrir, avec la quantité énorme d'aliments qu'ils procurent, un nombre plus grand d'animaux domestiques et de retirer de ces bestiaux, en échange de leur nourriture, le plus de bénéfices possible; car ces bénéfices doivent servir à diminuer le prix de revient du fumier, et le fumier à son tour bien confectionné, abondamment étendu sur le sol, quel qu'il soit, permet d'y appliquer une culture intensive.

L'extension et le progrès de la culture intensive à laquelle visent tous les cultivateurs, parce qu'elle offre les plus grands avantages, ne pouvant se développer de la sorte qu'autant que la base qui doit l'entretenir et la seconder est puissante, qu'elle se fonde sur l'accroissement des prairies surtout, je m'empresse de rappeler à leur sujet que la science et l'expérience sont d'accord pour préciser l'influence améliorante qu'elles déterminent dans une exploitation. Ainsi elles trouvent: 1° que les prairies soit naturelles, soit artificielles, puisent en majeure partie leur nourriture dans l'atmosphère par leurs organes herbacés ; 2° qu'elles *engraissent* le sol qui les produit; 3° que plus elles persistent à la même place, plus il y a lieu d'espérer après leur défrichement trois récoltes successives également abondantes, sans qu'il soit besoin de recourir au fumier de ferme ; 4° qu'elles fournissent une masse d'engrais à l'aide des bestiaux, sans qu'il soit nécessaire de leur en accorder, comme pour les céréales, une grosse part; 5° enfin que cet engrais perd chaque jour de son prix de revient quand l'exploitant sait tirer un parti habile de toutes les circonstances du moment, soit du côté de son fairevaloir, soit du côté de ses bestiaux.

L'habileté et la perspicacité de l'agriculteur de progrès se reconnaissent non-seulement aux soins tout particuliers qu'il prodigue à la sole des prairies; de là découle la fertilité de son domaine ; mais on le voit sans cesse chercher à découvrir et à mettre en pratique les procédés qu'emploient ses voisins, avec succès, dans telle ou telle branche de sa profession, afin que chacune d'elles apporte sa part de bénéfices à l'ensemble de l'exploitation. Il fait des expériences sur tout ce qui se rattache à cette profession, de manière à obtenir la confirmation de ses prévisions ; enfin il ne perd jamais de vue ce principe essentiel, que la production progressive des récoltes n'arrive qu'après celle des engrais organiques.

Les préceptes si rationnels que nous venons de découvrir par l'analyse de ces quatre proverbes, préceptes non moins exacts aujourd'hui qu'autrefois, nous démontrent clairement combien il est intéressant de rechercher le sens caché sous la forme doctrinale des maximes que nous ont transmis les laboureurs d'un autre âge. Nous reconnaîtrons, je le crains, en méditant surtout ceux que nous venons de passer en revue, que les causes du malaise dont nous nous plaignons généralement sont dues en partie au peu d'attention que nous prêtons aux conseils de nos ancêtres et aux théories que les chimistes nous enseignent actuellemet. Assurémcnnt les uns et les autres ne pourraient approuver un assolement dans lequel les récoltes portant graine occupent les huit ou neuf dixièmes de l'exploitation.

Ce système de culture déplorable est malheureusement celui ordinairement en usage dans la Somme La pratique des siècles et la science qui éclaire celui que nous parcourons le condamnent en présentant une conformité d'opinions incontestable sur le sujet que j'ai développé. Elles m'autorisent même à ajouter que si nous faisions appel à nos connaissances dans l'art agricole, nous nous empresserions de les sanctionner par une tout autre manière d'opérer : alors nous raisonnerions mieux nos exigences, et nous nous préoccuperions davantage des moyens certains de les satisfaire.

Année de gelées, année de blé.
Avoine de février remplit le grenier.

L'interprétation des quatre proverbes agricoles précédents a sans doute fait remarquer l'accord qui règne entre leur sens caché et les enseignements de la science actuelle. Cette concordance de pensées, entre la théorie et la pratique, entre le passé et le présent, m'engage à poursuivre le cours de mes explications et à rechercher la raison d'être des faits signalés par les deux autres dictons placés en tête de cet article.

Afin de les bien faire comprendre, je poserai tout d'abord les deux questions suivantes : Pourquoi les gelées prolongées favorisent-elles la production du blé? Pourquoi l'avoine semée en février remplit-elle le grenier avec plus d'abondance que celle semée en avril ?

La réponse à faire à chacune d'elles appartient à la même solution. En effet, que nous apprennent les théories des agronomes actuels et la pratique des agriculteurs anciens et modernes à l'égard de l'influence des gelées sur le sol et sur les semailles hâtives des céréales de printemps ? Elles déclarent que la gelée est le meilleur laboureur connu, attendu qu'elle devise à l'extrême tous les éléments qui entrent dans la constitution de la couche de terre végétale et qu'elle facilite l'expansion des racines dans cette couche rendue de la sorte très-perméable.

Cette observation explique la persistance des agronomes en renom à recommander le hersage des blés à l'issue de l'hiver quand les gelées ont été peu pénétrantes. Cette culture d'entretien, disent-ils, extirpe beaucoup des herbes qu'une longue et forte gelée aurait détruites ; ensuite elle redonne à la surface du champ emblavé plus de souplesse, plus de porosité ; puis elle procure aux petites racines latérales s'échappant du collet de la tige la facilité de s'étendre, de s'implanter et de s'alimenter dans ce milieu remué et atténué par la herse et le rouleau. Cette superficie étant ainsi rendue spongieuse, absorbe les gaz et les éléments alibiles de l'atmosphère. Leur introduction dans la terre végétale y détermine l'élaboration des substances nutritives et leur assimilation aux plantes. Cette assimilation s'opère à l'aide des gaz qui servent de véhicules à la sève à travers les organes internes et externes des végétaux. Le concours de ces agents divers est d'autant plus efficace, qu'ils sont mis en rapport avec une quantité plus considérable de spongioles, lesquelles, placées à l'extrémité des racines, sont des organes actifs faisant l'office d'éponges, de suçoirs.

Puisque ces spongioles jouent le rôle le plus important, que l'abondance de la paille et du grain est subordonnée à leur multiplicité, il devient rigoureusement nécessaire de provoquer leur émission par des opérations culturales, aussitôt après le réveil de la végétation, lorsque l'on a reconnu que les gelées n'ont pas exercé dans le sol leur influence bienfaisante.

La perméabilité du sol, provoquée par les gelées, exerce la plus heureuse influence sur le développement des racines, car en divisant profondément la couche arable, elles désagrégent les engrais organiques et inorganiques et facilitent ainsi la combinaison de leurs principes et une absorption plus abondante de la sève que cette combinaison constitue.

Jusqu'ici les théories que je viens de développer et la pratique paraissent confirmer l'exactitude des faits relatés dans les deux proverbes précités. Il me semble néanmoins utile de faire observer que souvent d'autres faits occasionnés par des circonstances fortuites sont bien propres à inspirer des doutes à leur sujet. Ainsi, lorsque des averses surviennent en mars et avril, à la suite des semailles hâtives, sur un terrain argileux, la couche de terre végétale se relie d'autant plus, qu'elle a été mieux ameublie par les gelées ; la végétation y languit plus que partout ailleurs, car ces pluies, en raffermissant trop le sol, le refroidissent beaucoup. Le moyen de prévenir les graves inconvénients résultant de cette circonstance consiste à marner fortement les terrains compactes, à ne les fumer qu'avec des fumiers *pailleux*, à les ameublir par temps sec, à y conserver de petites mottes de terre, en un mot à mettre en œuvre toutes les mesures propres à entraver leur adhérence et à leur donner plus d'activité.

En semant aussitôt après de fortes gelées, même dans les conditions les plus favorables au succès des récoltes, on s'expose à cet autre inconvénient plus redoutable encore : la gelée, tout en délitant les mottes de terre, met à découvert les semences si menues de sanves et autres herbes parasites. Ces semences trouvant, aussitôt qu'elles sont devenues libres, une terre friable profitent de cette occasion propice pour envahir et affamer les céréales semées prématurément.

Le meilleur parti à prendre dans une occurrence aussi délicate, c'est de resemer ces céréales à la fin d'avril ou au commencement de mai ; car en laissant les avoines dans une situation pareille, on se placerait dans cette alternative également préjudiciable, soit de dépenser en sarclage au-delà de la valeur des frais d'un nouvel ensemencement, soit de multiplier à l'infini, pour plusieurs années, les semences des parasites.

Maintenant, pour peu que l'on doive compter sur l'invasion des sanves, que l'on désire s'en débarrasser et mettre à profit les bons effets des gelées, on aura recours au semoir pour pratiquer la semaille de mars On pourra de la sorte nettoyer avec des houes à main ou à cheval la terre inoccupée entre les lignes et faire disparaître les dommages survenus par le fait des sanves ou du raffermissement trop complet de la superficie du champ.

Un autre expédient se présente encore pour le cas où

le prix surélevé de la main-d'œuvre rendrait impossible
la culture d'entretien des récoltes : ce serait de préparer
ses terres aussitôt ressuées avec autant de soin que s'il
s'agissait de les ensemencer, puis de les niveler avec le
rouleau. Bientôt les sanves et d'autres parasites foisonneront d'autant mieux, que le sol sera plus ameubli.

Six semaines après la terminaison de ces façons préparatoires, dans le courant d'avril, quand il y aura lieu
d'espérer que le vent et le soleil dessécheront la terre
remuée, on rétablira l'ameublissement du sol avec l'extirpateur tel qu'il était quelque temps auparavant, après
avoir semé les avoines sur les herbes parasites.

Ce travail supplémentaire ne devra pas être regardé
comme du temps perdu, puisqu'il aura pour effet d'enfouir les avoines et de faire servir à leur nutrition les
détritus des plantes nuisibles qui auraient infesté la terre
pendant plusieurs années par leurs graines, si on les
avait laissées venir à maturité.

Les terrains sablonneux et calcaires, ceux dans lesquels on vient de défricher du bois, de la luzerne ou du
sainfoin, sont exempts des inconvénients que j'ai cités.
L'activité et la perméabilité qui les distinguent, la
grande quantité de débris organiques qu'ils contiennent,
les rend beaucoup moins sensibles à l'action des pluies
et du froid. C'est pourquoi les cultivateurs auraient
raison de terminer leurs labours avant les gelées afin
que leurs terres en subissent toute l'influence et qu'ils
puissent profiter des premiers moments de sécheresse à
l'issue de l'hiver, soit pour donner des façons préparatoires dont j'ai parlé, s'il en est besoin, soit pour emblaver en avoines leurs terrains légers.

Une autre considération plus déterminante encore les
engage à suivre cet avis. Ainsi, ces terrains perdent
trop facilement leur humidité par rapport à leur excessive perméabilité. Lorsqu'elle y est insuffisante, le cours
de la végétation est suspendu jusqu'au jour où une pluie

bienfaisante le lui fait reprendre. Combien n'est-il pas à propos, en prévision de cet incident funeste, de se ménager la chance, en semant un mois ou six semaines plus tôt, de jouir d'autant d'une température douce et humide ! Cet espace de temps est assez long pour donner aux avoines l'aisance d'abriter le sol, par un feuillage très-épais, contre les rayons brûlants du soleil de juin et de juillet.

Puissent ces quelques renseignements engager ceux de nos lecteurs que ces notes agricoles intéressent, à rechercher, sans se lasser, les moyens les plus propres à faire marcher de front la théorie et la pratique et à lutter avec une énergie toujours nouvelle contre les difficultés imprévues qui viennent si souvent déjouer les espérances du cultivateur.

ENQUÊTE AGRICOLE.

Réponse aux questions posées aux Comices agricoles de la Somme par le Conseil général, en vue de se renseigner sur les vœux à formuler au Gouvernement dans l'intérêt des agriculteurs de ce département.

Je crois utile de livrer à l'appréciation des lecteurs habituels du bulletin du Comice agricole d'Amiens, mes réponses aux demandes adressées à ce Comice par le Conseil général et par l'entremise d'un de ses membres, notre honorable président.

Mon but, en les produisant sous forme d'exposé du système de culture à suivre afin d'assurer dans l'avenir plus de bénéfices aux cultivateurs, a été de leur donner plus de liaison et de grouper autour de mon sujet les détails accessoires militant en faveur de ce système.

L'enquête ouverte par le Gouvernement dans toute la France a eu, de sa part, pour objet de connaitre d'abord les causes déterminantes des souffrances accusées par les agriculteurs, ensuite d'être fixé sur les moyens de les soulager.

On se demande aujourd'hui que cette enquête est close, quel bien il en résultera pour les fermiers entr'autres. Je me permettrai de le préjuger en émettant cette opinion : que le gouvernement ne peut améliorer sensiblement la situation fâcheuse faite à l'agriculture ; mais il en ressortira du moins cet avantage, lorsqu'il aura répandu dans le domaine public les moyens palliatifs et curatifs indiqués par les agriculteurs les plus recommandables, que tous ceux qui se livrent à la profession agricole seront mis en position d'apprécier le mérite de ces moyens. Leurs connaissances spéciales et leur expérience leur feront discerner ceux particulièrement applicables à leur culture.

Quelques soient les mesures qu'adopteront le Gouvernement et nos législateurs en vue de satisfaire les vœux unaniment exprimés, il ne faut pas se dissimuler que les obstacles entravant la marche du progrès ne seront levés en majeure partie que par les agriculteurs euxmêmes, par ceux qui s'empresseront de mettre à profit les enseignements ressortant de cette enquête.

C'est ce que je vais essayer de démontrer en répondant aux questions posées aux Comices de la Somme par le Conseil général. Je les ai mises dans la marge à côté de mes réponses; il sera de la sorte plus facile de se rendre compte des déductions qu'elles m'auront suggérées.

On ne peut révoquer en doute que l'agriculture est réellement en souffrance dans la Somme ; que beaucoup de cultivateurs restreignent leurs dépenses utiles et que d'autres en plus petit nombre demandent à leurs propriétaires des sursis et des diminutions de loyers. Comment en serait-il autrement ?

Les cultivateurs en persévérant dans leurs habitudes routinières, conservent en même temps une position stationnaire et restent plus exposés aux vicissitudes de la température et du commerce que ceux prenant une initiative quelconque. Le rendement de leurs terres étant toujours le même, ils courent les plus grands dangers aussitôt que des circonstances adverses compliquent leur malaise.

Or, les circonstances dont on se plaint actuellement sont des plus graves, et il est impossible de les faire disparaître. Ces circonstances sont celles-ci : la main-d'œuvre devient de plus en plus rare et elle se paie très-cher ; les fermages augmentent sans cesse par suite de la concurrence faite aux cultivateurs par les ména-gers ; enfin les céréales se vendent très-souvent au-dessous de leur prix de revient ou quand elles le dépas-sent, cette plus-value est due à leur insuffisance.

Telles sont les doléances entendues dans toutes les fermes. Comme il n'est pas possible d'en contester la légitimité et qu'il y a tout lieu de penser que les faits sur lesquels elles reposent seront toujours les mêmes, recherchons quel serait le moyen d'atténuer leurs consé-quences funestes.

Ce moyen serait de déterminer un rendement plus considérable de la part des terres labourables, et afin d'y parvenir, de doubler dans les fermes le nombre des bestiaux en donnant de plus en plus d'extension à la culture des légumes et aux prairies artificielles perma-nentes surtout. Son efficacité ressort du fait suivant, que plus ces derniers occupent d'espace sur le faire-valoir, plus il est facile de supprimer, au fur et à mesure qu'elles gagnent du terrain, des chevaux, des charretiers et d'autres employés. Or, les uns et les autres coûtent dans bien des fermes plus cher qu'ils ne rapportent.

S'il en était ainsi, les fumiers augmenteraient en pro-portion de la quantité des récoltes fourragères livrées à la consommation des animaux domestiques. Leurs produits joints à la plus grande quantité d'hectolitres de céréales obtenus à l'hectare sur une sole plus restreinte, il est vrai, mais deux fois plus améliorée, serviraient à indemniser le cultivateur de l'amoindrissement causé de cette manière à la somme du grain vendu par lui précédemment chaque année. Aussi, est-il permis d'ajouter que grâce à la prédominance des fourrages et des bestiaux, grâce à la cherté excessive de leurs produits, les bénéfices réels réalisés progresseraient forcément par suite de la fertilisation du faire-valoir.

On doit comprendre aisément à cet égard que tous ceux qui vivent de la vente des produits du sol se ressentent plus ou moins des incidents dont on se plaint à juste titre ; car en conservant des habitudes contraires aux nécessités et aux besoins de l'époque, en épuisant outre mesure leurs terres par des récoltes portant graine, ou ils se ruinent, ou ils sont mal à l'aise, ou bien, s'ils sont propriétaires, ils ne réalisent que de médiocres profits. Tous remarquent très-bien les circonstances défavorables dont j'ai parlé, mais ils oublient, pour la plupart, de tirer parti de celles qui leur sont offertes, quoiqu'elles soient très-aptes à les sortir des embarras et des pertes qu'ils essuient avec les premières. Cet aveuglement est déplorable, il est coupable même surtout aujourd'hui que les bestiaux et leurs produits se vendent à un prix exorbitant et facilitent par cela même le moyen de compenser les misères causées par la surélévation des fermages et de la main-d'œuvre, par des bénéfices les dépassant en importance.

On est fondé même à prétendre que les agriculteurs subissent volontairement le malaise dont ils se plaignent, et que leur indifférence, leur apathie et leur manque d'initiative, frappent le commerce et l'industrie par contre-coup. En effet, l'habitant des campagnes pense à se procurer l'indispensable avant de songer à l'agréable, et il subordonne ses dépenses à ses moyens pécuniaires. Comme la population française se compose, pour les trois-quarts, d'agriculteurs, toutes les fois que leur malaise est général, le commerce ne trouve plus l'écoulement de ses produits de leur côté.

[La s]ouffrance se [fait] sentir sur [les pr]opriétaires-[cultiva]teurs, sur [les gra]nds et petits [fermie]rs, sur les [ouvri]ers et ou[vriers] agricoles ?

[Comment e]lle réagi sur [le c]ommerce et [l'indu]strie en rapport avec l'agri[cultu]re ?

Ils devraient donc se considérer comme des fabricants de produits agricoles et s'attacher à rendre plus abondants ceux qui se vendent le mieux et tenir continuellement en réserve des moyens de sortir des situations difficiles.

Quelles sont les productions les plus avantageuses dans votre localité, sont-ce les céréales, l'élevage et l'engraissement du bétail, le laitage?

Comme l'industrie agricole se prête à une fabrication de produits des plus variés, il est intéressant de les créer tous. Mais la préférence doit toujours être accordée à ceux dont l'insuffisance est notoire, car il y a lieu, dans ce cas, de compter sur une durée plus grande de leur valeur rémunératrice. En variant ses produits on se met à même de profiter des circonstances momentanément favorables ; on s'expose à moins de risques du côté de la température très-souvent nuisible à quelques récoltes, tandis qu'elle seconde la végétation des autres.

Quoiqu'il soit difficile de prévoir longtemps à l'avance quels seront les produits les plus avantageux à créer, je crois pouvoir affirmer, sans crainte d'être contredit, que les bestiaux seront, pendant plusieurs années encore, très-chers. Mes conjectures à cet égard se fondent sur les faits suivants: L'Angleterre, si cruellement éprouvée par le typhus contagieux, établit dans nos marchés une concurrence énorme sur tous les produits provenants de nos animaux domestiques. Ils importent chez eux nos bestiaux maigres les mieux conformés, leurs meilleurs élèves et nos bêtes grasses. Leurs besoins si pressants et les nôtres font augmenter de plus en plus le prix de ces denrées de première nécessité.

Leur insuffisance se faisait déjà remarquer avant cette intervention étrangère. Que va-t-il advenir pour peu que les cultivateurs, excités dans leur ardeur par leur prix excessif, continuent à dépeupler leurs étables? Une insuffisance de plus en plus grande. Pourquoi sont-ils si peu portés à élever des bestiaux? C'est parce que, disent-ils, l'élevage des animaux domestiques exige le

— 73 —

concours actif, dans l'administration intérieure de la
ferme, d'un personnel nombreux et la surveillance incessante de la fermière. Or, les fermières actuelles ne
veulent plus s'assujettir à ces soins de tous les instants
ni quitter leur intérieur. Le fermier est obligé, en général, de s'occuper seul de tout ce qui intéresse son exploitation, et comme il ne peut suffire à une tâche aussi
étendue, qu'il sait pertinemment que l'élevage n'est
lucratif qu'autant qu'il est rendu l'objet d'une sollicitude
assidue, il délaisse cette branche d'industrie devenue
actuellement, par le fait des circonstances que je viens de
rappeler, une des plus fructueuses de l'agriculture.

L'abandon dans lequel il la laisse, par suite de l'obsti-
nation de sa femme à ne pas l'exploiter, est la cause
véritable de son malaise. Maintenant si l'on me demande
pourquoi les céréales dépassent aussi fréquemment les
besoins de la consommation, et se vendent à un prix
inférieur à leur prix de revient, je répondrai que
c'est parce que l'on s'attache trop à la culture du blé,
qu'on lui donne une place trop large dans le faire-valoir.

Ne vaudrait-il pas mieux que cette sole fût amoindrie
et que les pièces de terre qui en seraient détachées
servissent à composer une sole spécialement destinée
à être constamment occupée ou par des récoltes fourragères ou par des prairies artificielles permanentes ? Cette
sole permettrait de réaliser de très-beaux bénéfices avec
des bestiaux et d'améliorer avec leurs déjections le reste
de l'exploitation, assujetti par rapport aux enclaves à
l'assolement en usage.

Bien que les récoltes en blé de 1863 et 1864 furent
très-abondantes dans la Somme, et qu'elles aient contribué à avilir le prix des céréales, je crois être en droit de
dire que leur prix de revient aurait été très-rémunérateur, cependant, si la moyenne de rendement des céréales
à l'hectare avait été de 36 hectolitres, au lieu de 24, et

si d'un autre côté les terres emblavées en blé avaient été réduites de moitié à l'aide de plantes fourragères.

Il importe essentiellement en culture de faire attention au prix de revient de chaque produit, et que ce prix dépend de la quantité obtenue à l'hectare et de la fertilisation du sol. Comme la puissance productive d'une terre ne s'accroît qu'en raison de la quantité d'engrais qu'on y dépose, on doit donc saisir avec empressement l'occasion si propice de les augmenter, offerte par la valeur des bestiaux et de leurs produits.

L'abondance des récoltes a-t-elle été seulement occasionnée par des saisons très-favorables; n'ont-elles pas été aussi le résultat de l'amélioration et de l'extension des cultures?

Une autre cause a également influé, il faut la reconnaître, sur l'avilissement du prix des céréales pendant plusieurs années. Ainsi les défrichements de bois opérés dans de fortes proportions partout en France, suivant le système de culture en usage, en faisant prédominer le blé dans l'assolement, ont nécessairement fait dépasser à la production de cette céréale les besoins ordinaires de la consommation. Mais il est bien difficile d'attribuer la cause de cette surabondance à l'amélioration plus grande des terres labourables, car le mode d'alternat et de fumure usité dans la Somme s'oppose à un rendement d'hectolitres à l'hectare plus fort que celui obtenu jusqu'ici. Il y a même lieu de craindre que la moyenne constatée depuis dix ans, à l'égard de la production des grains en général, ne s'abaisse bientôt d'une manière très-sensible par rapport à l'empressement que mettent les cultivateurs à vendre leurs bestiaux aussitôt qu'il leur en est offert un prix élevé, et à leur peu de souci à l'endroit de leur remplacement.

Enfin je dois dire, pour en terminer avec les causes de l'abondance des récoltes de 1863 et 1864, que leur végétation fut constamment secondée par une température favorable d'abord au tallage de la tige ensuite à la fructification des épis.

Si l'on ajoute à cette cause d'avilissement du prix des céréales, celle résultant des importations de blés étrangers, on s'explique aisément sa continuité pendant plusieurs années. Aurait-on raison, dans ce cas, d'imposer des entraves aux importations en surélevant les droits d'entrée en France ? Je n'hésite pas à déclarer que ce serait un tort de ne pas accorder une liberté entière dans les transactions commerciales, par ces motifs : Que la France est une contrée essentiellement agricole et que les trois-quarts de la population vivent de la culture du sol. Conséquemment, en imposant des droits plus ou moins prohibitifs aux étrangers, on leur inspirerait la pensée d'appliquer des mesures du même genre à nos produits.

Ne vaut-il pas mieux lutter avec ses concurrents en faisant en sorte de créer les produits similaires à un prix de revient inférieur et jouir de la faculté de vendre à l'étranger les vins et les autres produits trop abondants?

J'ai fait voir toute la possibilité d'abaisser le prix de revient de ces produits en les faisant foisonner sur une moindre étendue de terrain, en modifiant l'assolement en usage et en accordant désormais à la spéculation sur les bestiaux la priorité et une sollicitude égale à celle dont les plantes industrielles et les céréales sont restées jusqu'ici presqu'exclusivement l'objet.

J'ai fait observer à ce sujet que l'on devrait établir, le plus près possible de la ferme, une base solide, en d'autres termes une sole dans laquelle on ne sèmerait que des récoltes destinées à être fauchées en vert et à alimenter pendant l'été une grande quantité de bestiaux.

Dès lors, plus cette base sera élargie chaque année spéculativement de manière à ce qu'elle rapporte des bénéfices de plus en plus considérables au moyen de bestiaux, plus on se mettra en mesure d'améliorer davantage les autres terres comprises dans l'assolement en usage.

Cette transition vers un système plus améliorateur que celui pratiqué par tous les cultivateurs, et exigeant beaucoup d'intelligence dans le négoce des bestiaux, rend nécessaire un capital de roulement. Elle fait un devoir également d'agir avec circonspection en attendant le moment où l'on aura acquis des connaissances spéciales. Les écoles à faire pour les obtenir coûtent en proportion des soins apportés à prévoir les éventualités, comme à se rendre habile, car la réalisation des bénéfices par les bestiaux réclame plus d'aptitude, p'us de jugement et plus d'avances que la culture ordinaire **pendant** les années consacrées à l'établissement de la sole spécialement affectée à leur alimentation. Son importance décisive sur les opérations ultérieures doit faire remarquer la nécessité d'en préparer la fertilité, de bien semer afin de bien récolter.

Quant à la dépréciation à craindre sur les produits des bestiaux, je crois que les cultivateurs les plus timorés peuvent se rassurer ; le progrès est si lent à s'accomplir dans les campagnes, qu'il est permis de croire que bien des années s'écouleront avant l'adoption, dans de larges proportions, d'un système de culture s'appuyant sur une grande quantité de fourrages et de bestiaux Dans tous les cas le cultivateur intelligent saura y remédier en s'adonnant à la reproduction des denrées qui lui paraîtront insuffisantes.

Lorsque l'on possède de la perspicacité et que l'on dispose de beaucoup d'engrais et de fourrages, la variation dans la production peut avoir lieu presque instantanément. Le côté reprochable de l'assolement en usage dans la Picardie est précisément d'entraver les combinaison nouvelles par la raison que son alternat se compose chaque année de plantes épuisantes, et qu'il ne donne pas suffisamment d'engrais. Il est de plus onéreux par cette autre raison qu'en surchargeant, comme on le fait ordinairement, la jachère de plantes industrielles, il est impérieusement nécessaire, si l'on tient à les avoir belles, de faire des avances considérables en culture d'entretien et autres, et en achats d'engrais commerciaux. Aussi cet alternat peut-il être regardé, à bon droit, comme étant une culture d'expédients, une culture hérissée d'écueils, une culture dans laquelle il est presqu'impossible de proportionner la restitution à la déperdition causée par autant de récoltes épuisantes.

Ce système cultural est bien différent de celui dont j'ai parlé, car il est extensif dans toute l'acception du mot, tandis que l'autre tend à devenir de plus en plus intensif. Enfin pour en finir avec toutes les critiques qu'il mérite, à mon sens, il est antipathique au progrès. En effet, lorsqu'on déclare que l'agriculture a fait de grands progrès dans la Somme depuis trente ans, je suis loin de partager cette manière de voir. Je les admets, quant au perfectionnement de l'outillage employé par les cultivateurs, quant à la quantité plus forte des avances faites en vue de seconder la végétation; mais pour ce qui regarde l'augmentation des hectolitres à l'hectare, et à la destruction des parasites, je n'hésite pas à affirmer qu'aucun progrès n'a été accompli. Je me permettrai même de dire que très-souvent beaucoup de récoltes sont détruites par les parasites vivaces, et que le blé ne rapporte plus la même quantité de grain à l'hectare qu'à l'époque où il était semé sur une jachère parfaitement cultivée et expurgée.

Je suis très-éloigné, en produisant ces observations, de chercher à faire de la propagande en faveur du rétablissement de la jachère. Elles ont seulement pour objet de faire ressortir de ces faits trop réels cet enseignement : que l'on aurait grande raison de diminuer de plus en plus chaque année l'étendue du domaine au moyen des herbages et des prairies artificielles, afin d'accorder plus de soins manuels et plus d'engrais aux terres restées soumises à une culture annuelle. On auroit de la sorte le temps de semer les récoltes en ligne et les moyens de les alimenter avec deux fois plus d'engrais. On parviendrait nécessairement bientôt, grâce à ces circonstances, à détruire économiquement les mauvaises herbes et à faire absorber, par les céréales seules, tous les éléments alibiles existant dans la couche arable. Cette culture serait véritablement la culture extensive, la culture progressive, la culture plus apte à grossir chaque année la somme des bénéfices

Si l'on utilisait du moins tous les résidus fertilisants, cette culture serait encore possible jusqu'à un certain point, mais loin d'en tirer parti on laisse partir presque tous les tourteaux fabriqués dans la Somme vers le Nord et les pulpes des fabriques de sucre sont moins bien mises à profit dans la Somme que dans cette contrée. En un mot, l'amélioration du sol, à l'aide d'engrais commerciaux ou de nourritures supplémentaires, n'a lieu qu'exceptionnellement. Elle est le propre des cultivateurs en petit nombre, ressortant de la masse par leur aisance et leur intelligence.

On a de la peine à s'expliquer pourquoi la population agricole éprouve tant de peine à suivre les bons exemples donnés par quelques-uns, et pourquoi ils s'obstinent dans la pratique d'expédients dont ils connaissent à l'avance les résultats négatifs. Je vais en donner un spécimen : Ainsi, aussitôt qu'une terre est rendue incapable de reproduire des récoltes portant graine à cause de son épuisement, on y sème du sainfoin ou de la luzerne. On espère de cette manière y reconstituer avec leur gazon des éléments nutritifs ; vain espoir, car ces prairies ne sont que très-médiocres ou passables quand le sol contient encore certains principes, particulièrement convenables aux légumineuses. Dans tous les cas elles sont impropres à végéter vigoureusement et surtout à occuper le sol pendant plusieurs années. Le raisonnement suivant me paraît de nature à expliquer ces faits.

Comme les prairies artificielles sont pourvues de racines pivotantes, elles s'alimentent par ces organes en majeure partie dans le sous-sol et pour le reste dans l'atmosphère à l'aide de leurs feuilles. Aussi, épuisent-elles, dès la première année, le sous-sol, puisque son amélioration ne peut avoir lieu qu'autant que la couche qui le recouvre est fécondée à l'excès. Dans ce cas, les eaux pluviales, traversant cette couche, déposent, dans celle inférieure qu'elles traversent ensuite, les éléments dont elles sont chargées, et elles l'améliorent d'autant mieux lorsqu'elle a été défoncée avec la fouilleuse, et rendue par cette culture plus absorbante et plus accessible aux influences météorologiques. En divisant le sol à une grande profondeur ou l'imprègne des gaz de l'atmosphère, d'agents qui servent, en se combinant avec l'humidité et la chaleur, à dissoudre les engrais et à les transporter dans la contexture des plantes.

Toutes ces théories, confirmées par l'expérience, aboutissent à cette conclusion : Qu'avant de songer à fertiliser les terres à l'aide des prairies permanentes, on doit s'occuper de favoriser leur durée le plus longtemps possible, en les pourvoyant des éléments recherchés par ces légumineuses. Il importe, conséquemment, de les semer dans des conditions toutes différentes de celles en usage.

Il n'est pas moins utile à leur prospérité, comme à leur durée, de détruire à l'avance les semences des herbes parasites.

Quant au moyen d'arriver à cette destruction, il consiste à répéter en deux ans deux plantes sarclées, et de les biner avec le plus grand soin. En outre, la troisième année, il est à propos d'ameublir la terre dans laquelle on doit ensemencer en mai les prairies sur l'avoine, aussilôt après les gelées et d'y faire passer le rouleau. Si cette terre contient encore des semences nuisibles, leur germination se déclare d'autant mieux, qu'elle est plus divisée peu après le réveil de la végétation. Dans le courant d'avril ou de mai on l'ameublit de nouveau, on détruit de cette façon toutes ces plantes ; puis on sème l'avoine et sur l'avoine la semence des prairies artificielles avant de niveler la surface du champ avec le rouleau.

Les propriétés sont-elles morcelées? quels seraient les moyens d'en favoriser la réunion de manière à faciliter la surveillance et les travaux, à diminuer, autant que possible, les pertes de temps et les frais de transport?

Toutes ces indications ne sont que sommaires; de plus grandes explications m'entraîneraient trop loin et s'écarteraient du but que je me suis proposé. J'ai voulu seulement mettre en lumière les procédés avec lesquels on peut, sans danger et sans déboursés trop importants, substituer au système de culture que j'ai signalé comme étant la cause principale du malaise dont on se plaint, un système tout différent offrant l'avantage de conduire à la plus grande aisance par la pratique d'une culture intensive et progressive.

Cette culture serait assurément plus lucrative, si elle était suivie sur un domaine amasé ; mais il ne faut pas songer à obtenir la réunion des propriétés morcelées. Cette réunion, d'ailleurs, ne serait que transitoire, très-éphémère, car les causes du morcellement de la propriété subsisteront toujours et l'entente entre les habitants des campagnes n'est pas possible quelqu'intérêt qu'ils puissent avoir respectivement à l'établir entr'eux, car leur caractère possessif et défiant est hostile à la conciliation.

Je soupçonne que cette division infinie de la propriété sera invoquée pour s'élever contre la mise en pratique du système que j'ai développé. Ainsi, il est impossible, dira-t-on, de mettre des prairies artificielles permanentes au milieu d'une sole de blé ou d'avoine. A la vérité les

terres enclavées condamnent celui qui les exploite à se
conformer à l'assolement des autres. Cependant, lorsque
la pièce de terre a une certaine étendue, et n'est pas trop
distante d'un chemin, il y a avantage à louer un passage.
Ce passage ne peut être refusé contre une indemnité proportionnée au préjudice causé. D'un autre côté, tous les
fermiers indistinctement cultivent plus ou moins des
terres attenant à des chemins. Pourquoi ne compose-
raient-ils pas, avec toutes celles accessibles en toute
saison, une sole devant servir exclusivement à nourrir
du bétail. Après le défrichement de cette sole mise en
luzerne ou en sainfoin, il leur serait facile d'y semer des
plantes fourragères qu'ils faucheraient en vert , des
betteraves et des pommes de terres. Comme ces terres
défrichées seraient riches en humus, elles n'en seraient
que plus favorables à une production abondante de ces
nourritures. Comme, d'un autre côté, la quantité des
engrais est subordonnée à celle des fourrages administrés
aux bestiaux, on doit, dès-lors, comprendre que plus
elle serait considérable, plus les autres terres restées
sous l'empire de l'assolement en usage, se prêteraient
aux exigences de l'exploitant. Aussi, serait-il du plus
grand intérêt pour lui d'élargir la base à laquelle je fais
sans cesse allusion, et dont je m'évertue à faire reconnaître toute l'importance.

Quand cette base est condamnée par la force des choses
à rester invariable, on doit la féconder préférablement
même aux terres livrées à la culture des plantes industrielles, car elle est appelée, à l'instar du Nil en Egypte, à
couvrir de ses éléments fertilisants l'exploitation entière.

S'il est possible, au contraire, de la faire prédominer,
elle réduit davantage le prix de revient des fumiers
d'étable, et elle rend avantageux l'achat des engrais
commerciaux.

Cette proposition s'explique de la sorte : les fumiers

coûtent d'autant moins, que les animaux qui les fabriquent rapportent davantage de profit, et que les nourritures qu'on leur accorde, en vue de les obtenir, sont plus abondantes sur le sol affecté à leur production. Mais comme ces engrais, tout fertilisants qu'ils sont, contiennent en quantité insuffisante les éléments servant à constituer le grain des plantes, tels que le phosphate de chaux, la potasse, la soude, l'ammoniaque, l'intervention des engrais minéraux est indispensable. Leur enlèvement hors du sol, causé par les ventes de denrées exportées sur les marchés, ne peut être réparé qu'en lui remettant une quantité au moins équivalente des éléments qu'il a produits. Or, ces éléments sont tous très-nécessaires à la végétation pour l'aider à constituer la graine des plantes, et ils sont des condiments utiles dans les litières, car ils servent à les dissoudre et à les faire assimiler aux plantes.

Quelle est la valeur vénale des différents engrais employés ? — L'évaluation de la valeur commerciale des engrais, en général, n'est guère possible, car elle dépend trop de circonstances variables. Déjà le fumier d'étable, quoique pris dans la cour de la ferme, revient à un prix plus ou moins élevé au cultivateur, suivant qu'il tire plus ou moins bien parti de ses bestiaux, ou suivant son habileté dans la culture du sol. C'est un motif de plus pour ne pas laisser perdre aucun détritus doué ne quelque propriété fertilisante.

Ne pourrait-on pas accroître sensiblement l'emploi des matières fécales dans les campagnes et parvenir ainsi à abaisser la valeur des engrais ? — Les matières fécales sont les engrais les plus riches en substances fécondantes. Leur usage, sur les terres améliorées d'autre part avec les litières, rendrait plus abondantes toutes les récoltes et conserverait l'équilibre entre la réparation et la déperdition.

Toutes ces déductions sont très-logiques et sont admises par les cultivateurs; pourquoi, cependant, n'en tiennent-ils presque aucun compte dans leur pratique? Ils répondent aux reproches qui leur sont adressés sur leur indifférence envers cet engrais de premier ordre ou ceux qui restent perdus dans leur voisinage que la marne et la cendre suppléent à ces matières et leur procurent tout autant de récoltes.

...aux et les ...engrais mi-... sont-ils ... et peu-...ils être ...és comme ...c d'une fé-... durable?

Je ne mets pas en doute leur efficacité; cependant, je ferai observer que les Flamands n'en usent pas moins que les Picards, et qu'ils mettent le plus grand soin néanmoins, à recueillir de tous côtés ce qui leur paraît propre à fertiliser leurs terres. Je dois encore faire observer qu'un vieux proverbe déclare que la marne enrichit les vieillards et appauvrit leurs enfants. Quel est le sens renfermé dans ce dicton, sinon celui-ci : Que la marne est un stimulant, un agent actif mettant en œuvre les éléments de l'humus? Les engrais minéraux les épuisent, conséquemment, très-vite , puisqu'ils les font absorber par les plantes, et leur usage est dangereux quand il ne rencontrent pas suffisamment d'engrais organiques, de fumiers à dissoudre. Il en est de ces auxiliaires comme du sel administré aux bestiaux ; ce condiment exerce une influence bienfaisante sur leur santé, lorsqu'il est associé à leur nourriture ; mais pour peu qu'il dépasse certaines proportions, il la ruine.

L'intervention de la marne dans le sol, de même que celle des engrais minéraux est cependant indispensable pour la rendre fertile, aussi doit-on remédier à l'insuffisance des fumiers en prenant l'habitude de faire des *composts* avec tous les détritus ramassés en dehors de la fosse à fumier, et en interposant de la chaux vive entre les couches formées avec ces matières. On les arrose avec du purin afin que cette chaux décompose en fusant, tous ces résidus et opère une combinaison de principes assimilables aux plantes. Ce procédé aussi économique que rationnel, aide beaucoup ceux qui l'emploient à récolter davantage.

Le guano, dont on vante avec raison l'action fécondante, n'est, après tout, qu'un compost, mais un compost renfermant dans de fortes proportions tous les éléments constitutifs de la sève, ceux qu'il est difficile de restituer au sol : l'azote, l'acide phosphorique et la potasse.

On ne doit pas ignorer aujourd'hui que les plantes consomment une quantité énorme de ces éléments, eu égard à celle existant dans les terres labourables, notamment à l'époque où elles accomplissent la dernière phase de leur végétation.

La graine d'une plante donne à l'analyse beaucoup plus que la tige de ces substances. Comme la chimie nous a fait connaître d'une manière mathématique la dose de chaque élément enlevé au sol par une récolte, les cultivateurs instruits devraient se faire un devoir de contrôler, par des expériences sur le terrain, les enseignements émanant de savants recommandables, au fur et à mesure qu'ils paraissent. Ils acquerraient de la sorte en peu de temps des connaissances certaines sur les lois réglant la végétation.

En présence des entraves rencontrées sur tant d'autres points, sans qu'il soit possible de les affranchir, on doit comprendre toute l'importance de l'étude des moyens aptes à accroître progressivement la production de toute espèce de denrées, comme à mettre sur la voie des mesures préventives.

La main-d'œuvre est-elle suffisante pour l'exécution des travaux agricoles ? Tend-elle à accroître ou à diminuer. Les prix de main-d'œuvre se modifient-ils sensiblement ?

On doit également s'assurer, par des essais, si les moyens que j'indique ne feraient pas cesser le malaise dont on a eu à souffrir

Je dois reconnaître que d'autres causes ont contribué à ce malaise. Ainsi, le morcellement de la propriété, les avantages pécuniaires offerts par l'industrie aux habitants des campagnes, les aspirations qu'ont fait naître dans leur esprit l'instruction et l'exemple des succès de quelques-uns, ont rendu les ouvriers restés chez eux très-rares et exigeants à l'excès ; ceux-ci sont trop pénétrés de leur importance et de leur rareté, pour ne pas exagérer davantage leurs prétentions et les défauts qu'on leur reproche. Aussi, devient-il de plus en plus urgent d'essayer des expédients quelconques afin de sortir d'une situation aussi fausse.

L'extension des prairies artificielles permanentes peut seule placer et affranchir les cultivateurs des ennuis et des frais qu'ils éprouvent du côté de la main-d'œuvre.

En effet, n'est-il pas aussi facile à un berger de mener paître et de soigner un troupeau de 500 bêtes à laine, qu'un autre de 250?

De même, une femme n'est-elle pas également en mesure, au milieu d'une grande pièce de sainfoin ou de luzerne, de changer, deux ou trois fois par jour, soixante piquets qui servent à y fixer autant de vaches que la moitié de ce chiffre?

Quels sont les résultats découlant de cette culture pastorale? On se dispense, en faisant consommer sur place les fourrages au fur et à mesure qu'ils croissent, de moissonneurs, d'ouvriers pour nettoyer les récoltes, de dépenses pour semences et engrais, de chevaux, de domestiques pour les conduire, enfin d'hommes pour charger et épandre les fumiers. La besogne ainsi comprise est réduite à sa plus simple expression, suivant l'étendue accordée aux récoltes fourragères et aux prairies artificielles.

On doit remarquer, en outre des avantages attachés à la suppression de frais onéreux et de subordonnés désagréables, que les terres couvertes de fourrages s'enrichissent avec les déjections solides et liquides des animaux domestiques, et que les prairies reprennent de la vigueur et de la vitalité avec l'azote, avec l'ammoniaque qu'elles s'approprient. Les pailles et fourrages obtenus sur les autres terres soumises à un assolement régulier et les foins récoltés sur les prairies de première année, servent, en outre, avec le troupeau doublé en nombre, à fertiliser la sole de blé dans une proportion très-supérieure à celle appliquée à cette sole d'après le régime en usage.

Enfin les prairies artificielles, à la surface desquelles se sont accumulés pendant plusieurs années des débris organiques et des déjections, contiennent suffisamment d'éléments nutritifs pour alimenter trois récoltes successives.

Plus on examine de près les avantages ressortant d'un pareil aménagement dans l'exploitation des fermes en gros, et amasées surtout, plus on en reconnaît l'importance à tous les points de vue; plus on s'aperçoit qu'il est possible de retrancher successivement tantôt des chevaux, tantôt des auxiliaires à tous les titres.

Quelle est l'influence du bas prix des céréales sur les salaires? Cette considération a une grande valeur, car quand le prix des céréales est peu élevé, et ce fait se reproduit très-souvent, la surveillance et la direction du maître deviennent presqu'impossible. Le bas prix du pain fortifie l'arrogance des serviteurs et leur insubordination; ensuite l'argent qu'ils gagnent est dépensé très-souvent au cabaret. Cette inconduite n'a rien d'étonnant lorsque les salaires de trois journées de travail suffisent à assurer les besoins les plus pressants d'une famille pauvre. Cette famille profite de ces facilités pour prendre de l'indépendance et contracter des habitudes de paresse et de débauche. Il faut reconnaître aussi, d'un autre côté, que le nombre des enfants est bien moins grand aujourd'hui qu'autrefois dans la classe nécessiteuse, et que l'instruction y répand des idées hostiles aux professions manuelles.

Ces idées excitent beaucoup de jeunes gens des deux sexes à se porter vers les villes, dans l'espoir d'y gagner plus d'argent qu'à la campagne, d'y endurer moins de fatigues et d'y jouir du confortable.

Ces pensées d'absentéisme se sont fait jour par suite de l'instruction accordée aujourd'hui aux enfants riches ou pauvres. Autrefois la ferme était le refuge, la salle d'asile des familles nombreuses et accablées par la misère. La ferme utilisait leurs enfants dans divers services : elle les implantait en quelque sorte sur son terrain en leur faisant contracter des habitudes dans les limites de l'exploitation. Les aspirations des serviteurs jeunes et vieux ne sortaient pas de la maison qui les protégeait et satisfaisait à leurs besoins.

Est-il possible de faire rentrer dans ces traditions la génération actuelle ? Je crois que l'on obtiendrait encore quelques succès à cet égard, si les fermières, moins soucieuses de leur tranquillité, voulaient bien, à l'exemple de leurs devancières, s'attacher les familles nombreuses les moins à l'aise par des services et des bienfaits. Lorsque les pauvres sont dans le dénuement, ils sont plus dociles et ils s'habituent plus vite au servage. On parvient encore dans ces conditions, en les dirigeant avec douceur, à occuper sur leur esprit un certain empire.

Quand bien même des désertions, de la part de quelques membres hors du toit qui les abritait, auraient lieu de temps à autre, l'impulsion nouvelle donnée aux sentiments de la classe ouvrière, la reconnaissance restée dans le cœur de quelques-uns, la mémoire d'un patronage bienveillant, puis la force des habitudes contractées dès l'enfance, finiraient par insinuer dans l'esprit des villageois un revirement en faveur du pays natal et par déterminer une régénération morale dont profiteraient les cultivateurs de l'avenir.

Cette réforme demanderait, en outre, le concours des principaux habitants des communes rurales. Il serait utile qu'ils prissent en même temps des mesures du même genre en vue de donner un cours différent aux pensées prédominantes dans les campagnes.

Ainsi, le desservant de la paroisse ferait bien d'entretenir davantage ses fidèles des choses de ce monde, en leur citant fréquemment des exemples des dangers auxquels exposent la recherche de l'inconnu et la satisfaction des plaisirs sensuels. Il devrait s'appliquer à prendre une grande influence morale sur les familles pauvres, réclamant de lui une aumône et des conseils. Sa charité chrétienne, son désintéressement et son caractère de prêtre persuaderaient mieux les malheureux que des sollicitations et des arguments solides venant des personnes réclamant leur coopération dans l'exécution de leur besogne.

L'instituteur, à son tour, devrait attirer vers lui à sa classe du soir tous les adultes et terminer ses leçons en fixant leur attention sur la profession qu'ils exercent généralement, par l'exposé des améliorations dont elles ont été l'objet et dont elles sont susceptibles. En surexcitant de la sorte l'intelligence des adultes, si avide d'activité et de connaissance, leur imagination prendrait plus d'essor dans le milieu où ils sont, elle pourrait plus facilement les passionner en faveur d'une profession dont on leur a fait remarquer les ressources. Tandis qu'en les laissant sans cesse en face du côté désagréable de cette profession, en regard des fatigues qu'elle leur cause, le dégoût s'empare de leur esprit. Aussi qu'arrive-t-il ? afin de s'étourdir sur les peines de l'existence condamnée à des occupations purement matérielles, ils passent leurs veillées à courir de côté et d'autre, ou dans les cabarets, et il se démoralisent de plus en plus.

Il me reste, avant d'en finir avec les devoirs incombant aux principaux habitants d'une commune, préoccupés à juste titre de la position de plus en plus pénible qu'ils éprouvent avec leurs domestiques et autres auxiliaires de la culture à déterminer le rôle que devraient remplir ceux d'entr'eux qui sont les plus instruits et les plus favorisés par la fortune.

L'exemple de leur accord, leur empressement à se rendre utiles aux indigents, à réprimer les délits et l'immoralité, à rétablir l'harmonie dans les familles divisées, à pacifier les différends, à récompenser le courage et l'honnèteté, réagiraient assurément d'une manière efficace sur l'esprit de la masse la moins éclairée. Plus ceux qui la composent remarqueraient de qualités dans leurs administrateurs, plus ils se rallieraient autour d'eux ; car le mérite et la vertu inspirent toujours l'estime et le respect.

Combien de fois n'a-t-on pas été à même de constater, dans les communes rurales, la prédominance d'habitude, soit d'ordre, soit d'immoralité, suivant que la tête dirigeante donnait une impulsion vers les vertus civiques ou vers le désordre ? Les paysans sans instruction ressemblent un peu aux autres êtres de la création placés au-dessous d'eux, ils vivent par les sens et suivent leurs entraînements matériels. Dès-lors, il est du devoir, il est de plus de l'intérêt de ceux qui s'en servent, de leur donner une bonne direction, en développant en eux les forces morales avec lesquelles seules on peut combattre avec avantage les penchants déréglés.

Maintenant, examinons à un autre point de vue si l'argent mis à la portée des cultivateurs serait dans le cas de les soulager dans leur malaise à l'aide d'améliorations accordées plus libéralement au sol.

Depuis longtemps on est porté à croire que le crédit agricole imprimerait au progrès de l'agriculture une très-forte impulsion. Je suis loin de partager cette manière de voir, et voici pourquoi.

Que remarque-t-on ordinairement dans les campagnes à la suite de bonnes récoltes, chez celui qui attend tout des faveurs de la Providence sans les provoquer par des efforts, ou chez le travailleur économe mettant son bonheur à arrondir son patrimoine ?

Le premier, gâté par la chance, entreprend au-delà de ses moyens et succombe très souvent par le fait d'entreprises trop subordonnées au hasard.

Celui qui cultive un gros ou un petit faire-valoir et réalise des économies, grâce à l'ordre, à l'intelligence, à l'activité qu'il apporte dans son exploitation, s'empresse, aussitôt qu'il se sent un capital, lorsqu'il est raisonnable toutefois, d'acheter des immeubles pour une somme dépassant plus ou moins celle dont il a la libre disposition, ou bien il complète son mobilier de culture.

Dans les deux cas, les fermiers, mûs par des convictions différentes, obéissent à des entraînements fâcheux.

D'un autre côté, que reproche-t-on à presque tous, soit qu'ils cultivent des sols de bonne qualité, soit des médiocres ? De ne pas mesurer leurs déboursés en améliorations à leurs exigences, de prendre de plus en plus d'appétit en mangeant, de préférer, aux dépenses de fertilisation dont leur sol a besoin, la possession, en qualité de propriétaire ou de fermier, d'une pièce de terre ou d'une maison plus confortable que celle des autres. Ils visent, en un mot, à se procurer des satisfactions futiles, lorsqu'on les compare à celles qu'ils obtiendraient en dépensant le même argent à nettoyer, défoncer, marner et féconder largement tout leur faire-valoir.

Evidemment, s'il m'était possible d'espérer que les capitaux mis à la disposition des cultivateurs, par des sociétés de crédit, seraient employés à des améliorations de tout genre, à favoriser des spéculations, je n'hésiterais pas à confesser que le crédit rendrait des services non moins grands à l'agriculture qu'au commerce. Malheureusement, il ne m'est pas permis de me faire d'illusion sur ce point, car j'ai trop l'expérience de ce qui se passe dans les campagnes.

Cette expérience confirme de plus en moi cette pensée, qu'en facilitant les emprunts aux fermiers on hâterait la ruine d'un grand nombre d'entr'eux. A quoi bon, du reste, procurer les moyens d'embrasser trop puisqu'il est incontestable que les cultivateurs sont déjà trop enclins, même avec de faibles ressources, à satisfaire leurs convoitises ? La facilité du crédit serait un appât séducteur qui développerait démesurement ces désirs regrettables, et elle aurait pour conséquence de vicier la rectitude du jugement de ceux qui ont le bon sens de circonscrire leurs entreprises dans les limites de leurs ressources.

J'approuverais les institutions de crédit si les cultivateurs s'inspiraient des mêmes pensées que les Flamands, car ceux-ci n'entreprennent l'exploitation d'un domaine qu'autant qu'ils possèdent un capital disponible suffisant pour leur permettre d'acheter, avec la moitié, le mobilier nécessaire à son entreprise, et, avec l'autre moitié, de faire des avances au sol. Ces fermiers ont pour habitude de prendre des dispositions telles, qu'aucune partie de leur faire-valoir ne puisse jamais péricliter.

Laissons le crédit à l'industrie commerciale; les 15, 20 ou 30 % de bénéfice qu'elle retire, à la suite d'une innovation heureuse, lui permettent d'emprunter à 5 ou 7 %. Le cultivateur ne peut en user à ces conditions, car il ignore quels seront ses bénéfices, et il ne peut, comme le commerçant, étiqueter sa marchandise en lui donnant une plus-value sur le prix d'achat de 10 ou 20 %.

Son bénéfice en somme, sur un domaine de bonne qualité, en admettant qu'il soit très-habile et très-prévoyant, se renferme, suivant l'assistance de la température, entre 5 et 10 %. Il faut encore supposer, pour cela, qu'il opère toujours sagement, et que le ciel lui est particulièrement propice. Or, je le demande, serait-il prudent qu'il empruntât un capital coûtant de 5 à 6 % à titre d'intérêt,

intérêt qu'il n'est pas certain d'acquitter en temps utile? Ce serait l'exposer un jour, dans le cas où des circonstances adverses se produiraient et sa capacité ne peut l'en défendre, à la ruine.

J'ignore quels sont les débiteurs de crédits fonciers et agricoles, mais pour peu que l'on mette en doute mes appréciations, j'engage les incrédules à rechercher si le capital qu'ils ont obtenu a été employé à des améliorations du même genre que celles usitées en Flandre. La position est toute autre dans les cultures auxquelles sont annexées des industries telles que des distilleries, des fabriques de sucre et de féculeries. Ces industries laissent, dans certaines années, des bénéfices très-importants, et ne sont pas sujettes à des vicissitudes aussi grandes que les récoltes et les bestiaux ; car les uns et les autres sont toujours soumis à l'instabilité de la température et à beaucoup d'accidents fortuits.

Je crois sérieusement, en résumé, que les cultivateurs seuls sont appelés à rendre meilleure la position malheureuse qu'ils subissent depuis plusieurs années par le fait des circonstances énumérées en tête de cette réponse complexe aux questions du Conseil général de la Somme. Peut-être trouvera-t-on que je me suis laissé entraîner trop loin par des convictions tirées du système de culture dont j'ai fait ressortir, en les décrivant, toutes les conséquences favorables pour tous. Quand on suit le cours des pensées inspirées à l'imagination par la revue rétrospective de ses expériences, ces pensées conduisent souvent le narrateur à faire prévaloir, à l'exclusion de celles des autres opposées aux siennes, les motifs de ses préférences.

Voyons maintenant si le Gouvernement a le pouvoir, comme on le prétend, d'imprimer une impulsion puissante à la marche du progrès.

J'ai dit que les fermiers étaient rebelles aux incitations

ressortant des bons exemples. Seront-ils plus influencés
par des primes plus fortes ?

Nous avons pu remarquer que les primes ont une
action très-limitée sur leur détermination, car les administrations supérieures ont essayé vainement, depuis
trente ans, tous les moyens qui leur étaient recommandés
par les hommes les plus compétents, par les hommes
qui ont contribué aux succès et aux découvertes agronomiques répandus dans le domaine public. Le progrès
qui a eu lieu ne s'est accompli qu'au fur et à mesure
que les agriculteurs les plus instruits et les plus à l'aise
ont prouvé, par des expériences consécutives, la supériorité des résultats obtenus en employant tel instrument
ou tel procédé. Ceux dont l'intelligence n'avait pas été
stimulée suffisamment, dès leur jeune âge, par l'instruction, ont persévéré, en général, dans leur routine, car la
défiance, l'apathie et la force de l'habitude, paralysent,
la plupart du temps, les meilleures intentions de suivre
l'impulsion donnée par quelques-uns. Il est permis d'espérer que désormais l'instruction propagée actuellement
dans les campagnes et les causes connues des entraves
éprouvées depuis quelques années, feront sentir aux
cultivateurs la nécessité absolue de leur opposer des
mesures dans le genre de celles que j'ai indiquées ; de
répudier leurs préjugés et d'expérimenter avec plus de
sollicitude les moyens reconnus susceptibles de doubler
le rendement du sol et de les affranchir graduellement
du concours des auxiliaires. La cherté des bestiaux, occasionnée par leur insuffisance, aidera également à les
entraîner vers l'application de procédés plus rationnels
que ceux transmis par la tradition.

Quoiqu'il en soit, le Gouvernement aura toujours
raison de continuer ses encouragements et de vulgariser
les découvertes. Il ferait bien, en outre, de sévir rigoureusement contre les cultivateurs négligents, laissant

couler les purins dans les ruisseaux des villages ; de favoriser l'établissement de fabriques d'engrais destinées à recueillir et à rendre profitables aux terres labourables tous les détritus organiques et inorganiques perdus dans les villes, et de substituer à la législation rurale en usage le code spécial promis à l'agriculture depuis soixante ans.

Cette lacune dans nos lois est d'autant plus regrettable, qu'un code rural approprié aux besoins de notre époque rendrait des services signalés aux deux tiers de la population de la France.

Mais le moyen le plus certain, à mon sens, d'amener en peu d'années *tous les fermiers* à rivaliser d'une ardeur sans égale vers la recherche et la pratique des meilleures méthodes culturales, ce serait d'accorder, chaque année et par chaque canton du territoire français, la croix de chevalier de la Légion d'Honneur aux *fermiers* exclusivement, cultivant une certaine étendue de terres; l'emportant sur leurs concurrents par la tenue plus régulière d'une comptabilité faisant ressortir sans équivoque la somme de leurs bénéfices nets ; par l'entretien de la plus forte quantité à l'hectare de kilogrammes de viande ; par les récoltes les plus abondantes et les mieux expurgées d'herbes adventices.

Cette prime honorifique flatterait singulièrement leur amour-propre, cette corde si sensible chez l'habitant des campagnes. Elle élèverait à leurs yeux leur position sociale si modeste ; elle ferait naître, en un mot, en eux l'ambition excusable de monter sur un piédestal mettant en vue leur mérite incontestable.

Ne serait-ce pas, après tout, justice que de comprendre au nombre des personnes les plus dignes d'être récompensées par leurs services rendus à la chose publique, ceux qui sont chargés de pourvoir à l'alimentation de la population entière, qui sont assujettis par état aux fatigues et aux soucis les plus pénibles, qui ne peuvent s'accorder les mêmes douceurs que dans les villes, qui contribuent plus que d'autres aux charges de l'Etat, quoiqu'étant les moins rétribués, qui sauvegardent enfin l'honneur de leur patrie en lui procurant ses défenseurs les plus valides.

Ce serait d'autant plus juste, que ces services profiteraient à la nation entière, en la rendant puissante et prospère.

Confection des fumiers et des composts.

—

Quels sont les soins particulièrement à accorder aux fumiers d'étable ?

Quelles sont les matières avec lesquelles on devrait confectionner les *composts* ?

Quels avantages ces *composts* procureraient-ils aux cultivateurs?

—

Depuis quelques années, les cultivateurs qui se sent distingués par plus d'initiative que les autres, en prenant l'excellente habitude d'accorder à la confection de leurs fumiers d'étables plus de soins ont pris également celle de faire avec toutes les matières fécondantes recueillies par eux de tous côtés, un engrais auxiliaire auquel ils ont donné le nom de *compost*.

Comme j'ai eu souvent l'occasion de constater peu de méthode dans le mélange de ces résidus, de même dans celui des fumiers, je crois très utile de vulgariser mes propres expériences faites sur ces deux sortes d'engrais.

J'ai reconnu concernant les fumiers d'étable qu'il était d'un intérêt majeur de les enrichir avec les éléments qui leur manquent. La chimie révélant par des analyses,

8

quels étaient ceux qui entraient dans la constitution des racines, de la tige et du grain d'une plante quelconque, m'avait appris en même temps qu'elles étaient les substances alibiles les moins répandues dans la couche de terre végétale ; ainsi les phosphates et carbonates de chaux, la potasse, la soude et l'ammoniaque.

Si les expériences nombreuses pratiquées par les chimistes prouvent, de la manière la plus incontestable, qu'à l'exception du carbonate de chaux si abondant dans certains terrains, les autres éléments précités ne sont pas restitués au sol en raison de la distraction qui en est faite par suite des ventes de denrées de toute nature exportés sur les marchés, on doit comprendre la nécessité absolue de les associer aux fumiers.

Partant de ce principe affirmé par des chiffres, que la végétation ne peut se soutenir dans l'avenir qu'autant qu'il lui est conservé dans la couche arable une alimentation appropriée à ses besoins, il importe donc essentiellement de fixer d'abord dans les litières les éléments volatils qui s'en échappent lorsqu'elles fermentent ; ensuite de leur adjoindre ceux enlevés hors de l'exploitation par la vente de ses produits.

Le moyen de leur procurer ces deux avantages consiste à semer de temps à autre sur ces litières, du plâtre et du phosphate fossile de chaux.

Le plâtre a la propriété de condenser, de fixer les gaz et de convertir en sulfate l'ammoniaque des déjections.

La fermentation des litières de son côté a celle de dissoudre le phosphate de chaux et de le rendre assimilable aux plantes sous forme d'acide phosphorique.

Quant à la potasse, comme elle se dissout aussitôt qu'elle est mouillée, on doit s'abstenir d'en semer sur les fumiers dans la crainte qu'elle ne soit entraînée au dehors, par les pluies abondantes. Il est préférable de la mélanger avec de la suie et des cendres de bois et de conserver ce composé dans un endroit très-sec. Les *composts*, dont il va être parlé, peuvent également être saupoudrés sans inconvénient avec ce sel au fur et à mesure de leur division et lorsqu'ils sont à peu près secs toutefois.

Telles sont les dispositions rationnelles nécessaires aux fumiers d'étables pour les rendre très-fertilisants. Je vais maintenant faire remarquer qu'il n'est pas moins intéressant, en vue de parvenir à réparer le sol dans une mesure égale à son épuisement, de recueillir avec le plus grand soin les détritus doués de quelques propriétés fécondantes.

Je me suis bien trouvé à cet égard des autres dispositions suivantes : j'accumulais sous un hangar, par couches épaisses de 30 à 40 centimètres, les courtes pailles provenant du battage des récoltes, les marcs de pommes à cidre, les grandes herbes poussant autour des haies ; des bâtiments et des fossés, celles du jardin, des gazons extraits des rideaux, des boues ramassées dans la cour, dans la fosse à fumier et sur les chemins, la fiente des volailles et des pigeons, les cendres imprégnées d'urine déposées à ces fins sous les litières des moutons et des vaches, enfin les balayures de tas.

Je recouvrais les matières sèches par celles qui étaient très-humides et je faisais mélanger, avec les boues et les vases trop liquides afin de leur donner de la consistance et de pouvoir les charger dans les tombereaux, de la chaux vive ou des déchets de celle que l'on trouve en grande quantité et à vil prix chez les chauffourniers.

La chaux est utile car elle échauffe et dessèche ensuite la masse du *compost*. Elle absorbe, en outre, et fait évaporer les eaux surabondantes et elle détermine la fermentation dans cet amas de détritus. Il résulte bientôt de cette fermentation une décomposition complète de tous ces résidus organiques, et la reconstitution, avec leurs éléments fusionnés et combinés ensemble, d'autres éléments que les végétaux assimilent plus vite, grâce à cette préparation.

Mais comme la fermentation ne se déclare qu'autant que le tas renferme uniformément, dans toutes ses parties, de la chaleur, de l'humidité et des détritus fermentatifs, le moyen de la provoquer promptement, c'est de répartir convenablement les couches et les ferments, et de les arroser avec du purin au fur et à mesure que ces couches sont superposées. Cette essence du fumier y dépose, en les. traversant, les substances fertilisantes qu'elle contient elle-même.

Aussitôt que cette fermentation paraissait éteinte et que le *compost* était devenu à peu près sec, je faisais démonter le tas avec la pioche et la pelle. On écrasait les mottes avec un pilon et on passait tous ces détritus à la claie. Les résidus tombés derrière cette claie se desséchaient mieux encore après leur division et étaient de cette manière rendus facile à épandre avec la pelle du haut du tombereau ou avec un semoir.

Je n'ai pas besoin, je crois, de chercher à prouver que la somme de récoltes résultant de l'emploi de cet engrais auxiliaire, dépasse nécessairement de beaucoup celle des dépenses que sa confection nécessite, car on sait qu'elle consiste seulement dans les frais de manutention.

Mais je ne dois pas oublier de faire ressortir les avantages attachés à l'usage de cet engrais. Sa concentration permet de le faire servir à la fertilisation des terres dont le fumier accroîtrait la perméabilité déjà trop grande. Ensuite, son effet est plus durable et plus puissant que celui des cendres de marais et du plâtre généralement employés. Ces amendements n'ont d'action que par la chaux qui y prédomine, tandis que dans les *composts* confectionnés avec méthode, le cultivateur peut réunir à son gré les cinq éléments recherchés par les végétaux et suivant les proportions qui lui conviennent.

Il lui suffit pour cela d'ajouter à ces *composts*, quand ils ont été passés à la claie, des tourteaux écrasés, des cendres minérales, des déchets de laine, de la potasse, de la suie et du noir animal vendu par les fabricants de sucre. On pourrait donc au besoin leur faire acquérir presque la puissance des deux meilleurs engrais connus, le guano du Pérou et la poudrette.

Pourquoi ces engrais sont-ils considérés comme des types? N'est-ce pas parce qu'ils renferment, sous le moindre volume, la plus forte dose d'éléments fertilisants? Dès-lors, puisque leur analyse à fait connaître la proportion relative de chacun d'eux dans ces deux composés, il est évidemment possible et avantageux d'en créer de semblables, ou du moins d'utiliser et d'améliorer ceux que l'on possède dans son faire-valoir.

Ce sont précisément des préoccupations inspirées d'après cet ordre d'idées qui engagèrent les cultivateurs dont j'ai parlé à confectionner les premiers des *composts* et à soigner leurs fumiers.

Puisse l'instruction plus répandue actuellement dans la classe agricole en amener un plus grand nombre à raisonner par analogie et à expérimenter, en vue de s'éclairer, les procédés mis en lumière soit par des agronomes, soit par des praticiens recommandables.

Avis aux lecteurs du Bulletin du Comice d'Amiens

—

Mon intention étant d'entretenir, pendant le cours de cette année, les cultivateurs lisant le Bulletin du Comice d'Amiens, des travaux aratoires en usage dans la Somme, il me paraît très-à-propos de leur faire connaître suivant quel ordre d'idées je me propose de les leur faire envisager.

J'ai pensé que le rappel de ces travaux ne leur offrirait qu'un médiocre intérêt, si je ne m'attachais particulièrement, tout en leur signalant les circonstances propices à leur exécution, à exciter leur attention en donnant à leur expérience l'occasion d'apprécier la valeur des théories que je me permettrai de produire au sujet de ceux de ces travaux qui me paraîtront d'une importance majeure.

J'ai pensé, d'un autre côté, que je ne parviendrais à faire reconnaître aux praticiens l'utilité pour eux de ne pas exécuter une opération aratoire quelconque avant de l'avoir motivée dans leur esprit par une théorie concordant avec ses effets connus, qu'autant que je leur communiquerais les opinions qui m'engagèrent à employer préférablement à d'autres les procédés que je leur recommanderai.

Tel sera l'ordre des idées que je suivrai au fur et à mesure que je passerai en revue les travaux à faire pendant les douze mois de l'année agricole. Comme l'expérience à dû apprendre aux lecteurs auxquels je m'adresse, qu'il était prudent, dans les choses rurales, de s'abstenir de critiques absolues, de préjugés ou d'engouement inconsidéré, j'ai tout lieu d'espérer qu'ils se montreront indulgents envers les inductions extraites par moi des faits qui leur paraîtront contraires à leurs convictions.

—

JANVIER.

Enseignements théoriques et pratiques ayant pour objet de préciser les soins particuliers nécessaires aux divers travaux aratoires en usage dans la Somme, et de faire obtenir aux cultivateurs de ce département, en conséquence de ces soins, des résultats plus avantageux que par le passé.

—

Les travaux à faire dans le courant de janvier sont, il est vrai, des travaux accessoires ; il me parait néanmoins très-à-propos de les rendre l'objet d'une sollicitude égale à celle accordée aux semailles et à la moisson, car ils ont tous une importance relative non moins grande à d'autres titres

Ainsi il importe beaucoup, par exemple, de terminer pendant le cours de ce mois les labours que l'on doit ensemencer en céréales en mars ou avril, afin que les gelées et la neige puissent encore en février *mûrir leurs guérets.* Je rappelle à dessein cette locution employée par l'agriculteur le plus judicieux du moyen-âge, Olivier de Serres, par la raison que sa signification est encore très-bien comprise par les cultivateurs actuels.

Comme ils savent que cette locution de *guérets mûris* s'applique à des labours imprégnés des émanations et des gaz fertilisants répandus dans l'atmosphère, ils doivent, par cela même, admettre que la saturation de ces labours est d'autant plus forte, qu'ils ont été exécutés prématurément. Et comme ils ont été mis très-souvent à même de constater que les récoltes étaient supérieures sur ces labours à celles obtenues sur ceux pratiqués tardivement; ces faits leur prescrivent le devoir de ne jamais perdre les occasions propices, de temps à autre en hiver, à leur terminaison.

Quant à l'explication de ces effets, il est permis de les attribuer aux causes suivantes : Plus la couche de terre végétale a été pénétrée profondément par les gelées et les

agents météorologiques, plus elle est favorable au prolongement, à la ramification des racines des plantes et partant à
l'alimentation de leurs tiges et de leurs graines. Les gelées
en désagrégeant ses molécules font absorber à cette couche,
en plus grande quantité, les éléments alibiles renfermés dans
la neige, les frimas et les pluies, et la rendent surtout excessivement perméable.

Cette théorie confirmée, d'ailleurs, par un proverbe très-
ancien, disant : année de gelée, année de blé, m'autorise à
ajouter, en conséquence des mêmes déductions , qu'il est
également intéressant de labourer en toute saison les terres
aussitôt qu'elles sont dépouillées de leurs récoltes, afin
qu'elles mûrissent pendant un plus long espace de temps.

En été les alternatives de sécheresse et de pluies d'orage
produisent à peu-près les mêmes effets que les gelées et les
frimas ; car si le soleil diminue, d'un côté, le volume des
mottes du sol en culture, la pluie, de l'autre, les désunit, les
féconde et les rend absorbantes en s'interposant entre leurs
molécules.

Ces alternatives mettent donc en tout temps la couche
arable rendue perméable par le labour , en position de
s'enrichir aux dépens de l'atmosphère sans frais pour le
cultivateur et de recevoir d'autres façons culturales d'abord;
ensuite leur influence fertilisante se manifeste d'autant
mieux, que l'époque où les labours ont été pratiqués est plus
éloignée de celle dans laquelle les ensemencements ont
eu lieu.

Les cultivateurs ont le plus grand intérêt à les exécuter
promptement, par rapport à toutes ces considérations, mais
encore par cette raison que les chevaux et leurs conducteurs
leur coûtent très-cher et qu'il est facile d'en tirer un excellent parti chaque fois qu'ils sont libres, soit pour activer le
battage des récoltes avec la machine à battre, soit pour
transporter les fumiers, engranger les *meules* de grains,
arroser les prairies avec le purin surabondant dans la fosse

à fumier, pour faire en un mot les travaux exigeant l'emploi de ces chevaux et de leurs conducteurs.

En ne laissant de la sorte perdre aucune occasion favorable à l'exécution de ces travaux utiles, notamment en hiver, on se dispense de les pratiquer dans des circonstances où l'on en a d'autres plus pressants à faire ; et l'on évite les préjudices résultant des pertes de temps, des négligences, des ajournements et des soins insuffisants.

Aussi les cultivateurs devraient-ils, dans le but d'arriver à ces fins, assujettir leurs domestiques et leurs ouvriers couchant chez eux, à travailler en hiver, depuis six heures du matin jusque dix heures du soir, en leur faisant préparer avant le jour ou pendant les soirées les nourritures destinées aux bestiaux; en leur faisant concasser des tourteaux, cribler des grains et les courtes pailles, hacher des fourrages et légumes ; en les utilisant en résumé dans les caves, les greniers et les endroits dans lesquels on peut circuler avec une lumière sans courir le risque de causer un incendie.

On objectera évidemment à cet égard qu'il est bien difficile aujourd'hui d'espérer de la part des serviteurs une pareille condescendance aux désirs de leurs maîtres. Leur rareté les a rendus ingouvernables, dira-t-on, et il n'entre pas dans leurs habitudes de s'occuper, sinon pendant le jour.

Je suis très-disposé à croire que l'on parviendrait néanmoins à leur faire contracter ces nouvelles habitudes, si on leur accordait, en sus de leurs gages ou de leurs journées, quelques centimes par hectolitre de fourrage haché, de grain criblé, etc., ou par chaque heure de travail dépassant la journée telle qu'elle est comprise en hiver dans la localité que l'on habite, et quand ce travail ne peut surtout être payé autrement qu'à l'heure.

Il suffirait, à mon sens, pour propager bientôt ces coutumes insolites, de proposer ces espèces de primes aux serviteurs courageux et animés du désir de gagner beaucoup d'argent. Leur exemple ne tarderait pas à entraîner les autres, car ces rétributions supplémentaires, également en dehors des usages, feraient envisager différemment ces exigences.

L'insuffisance actuelle de la main-d'œuvre, les prétentions exagérées des auxiliaires attachés aux fermes, leur insubordination et l'opportunité de faire exécuter en temps utile une foule de travaux accessoires nécessaires, devraient, dès-lors, engager les cultivateurs à essayer cet expédient. Je suis persuadé que ceux qui le tenteront remarqueront, comme je l'ai remarqué moi-même, que c'est un moyen très-efficace quand on a toutefois à son service un ou deux serviteurs avides de profits, intelligents et actifs, d'établir une émulation très-grande dans le personnel domestique, et d'assurer par suite l'exécution complète de tous les travaux accessoires dont j'ai parlé.

Ils remarqueront encore, j'en ai l'espoir, que cet expédient les dispense d'appeler autant de journaliers pour suppléer à l'insuffisance des domestiques; qu'en intéressant ceux-ci à rechercher quels sont les travaux dont ils pourront s'occuper après la besogne en voie d'exécution, ces serviteurs sont très-empressés de leur signaler les travaux présentant un caractère quelconque d'urgence.

Ce qui me confirme dans cette pensée que les domestiques accepteraient ces nouvelles conditions de servage, c'est l'entrain qui règne à certains moments de l'année quand les ouvriers sont payés à la tâche. Ainsi pendant la moisson et la semaille, les moissonneurs et les semeurs ne réagissent-ils pas sur les charretiers en les gourmandant sur leur lenteur et en se montrant infatigables? N'est-ce pas le désir de gagner beaucoup d'argent dans le plus bref délai possible qui fait oublier la fatigue à ces *tâcherons* et presser les autres, puisqu'eux-mêmes manifestent la même apathie et une paresse non moins grande que ceux qu'ils stimulent sans cesse, lorsqu'ils sont employés à la journée? En leur donnant de cette manière beaucoup à *abattre*, suivant une de leurs expressions favorites, le désir d'augmenter leurs profits et leur aisance les rendrait plus dociles et plus régulièrement empressés à exécuter promptement les travaux dont ils seraient chargés.

On me fera, sans doute, observer encore à ce sujet que les travaux donnés en tâche sont le plus souvent mal faits. Je ne conteste pas ce fait, mais comme une surveillance incessante est nécessaire, je persiste à dire qu'il vaut mieux l'exercer sur les employés à des titres divers, payés en raison du travail accompli, que sur des journaliers et des serviteurs payés par des gages fixes. Du moins il est possible, dans ces conditions, de leur adresser des reproches et d'exciter leur zèle. Et, d'ailleurs, les nourritures consommées par les domestiques et les chevaux pourraient de la sorte, la somme des travaux exécutés par eux étant d'un tiers plus considérable, rester en bénéfice, et l'on subirait beaucoup moins de ces pertes minimes considérées isolément, mais énormes lorsqu'on les additionne ensemble. Or, ces pertes se reproduisent chaque jour tantôt par rapport à l'insuffisance des bras et du temps, tantôt par rapport à l'indifférence et à la lenteur des domestiques.

Je n'ai parlé jusqu'ici que des travaux du ressort des chevaux et de leurs conducteurs, mais il existe dans la cour de la ferme une besogne à laquelle on n'accorde guère toute la sollicitude qu'elle mérite, et dont un employé quelconque pourrait être seul chargé. Ainsi on ne s'applique pas assez dans les fermes à améliorer les fumiers et encore moins à confectionner des *composts* avec les détritus jouissant de propriétés fécondantes.

Cette sollicitude devrait, à mon sens, occuper la première place dans l'esprit des cultivateurs: d'abord, parce que le rendement de l'exploitation entière est subordonné à la quantité et à la qualité des éléments nutritifs que l'on met à la disposition des végétaux ; ensuite parce que ce rendement devient progressif ou reste stationnaire suivant que

les terres labourables reçoivent une dose d'engrais équivalente ou supérieure à celle des substances alibiles qu'elles
ont perdues par le fait de l'exportation des produits qu'elles
ont fait naitre.

Le moyen de résoudre d'une manière satisfaisante les
deux termes de cette proposition consiste, d'une part, à
accumuler sous un abri tous les détritus disséminés sur
l'exploitatioa ; et, de l'autre, à rendre les fumiers plus fertilisants. Quant aux procédés aptes à faire acquérir à ces deux
sortes d'engrais une action puissante sur la végétation, je
vais faire connaitre les procédés que j'employais.

Concernant les *composts*, je faisais superposer sous un
hangar des couches composées d'une même matière, sur
une épaisseur de 25 à 50 cent. Ces couches étaient faites
avec les résidus divers recueillis de tous côtés, tels que les
boues et les vases ramassées dans la cour de la ferme, la
fosse à fumier, les chemins et ceux que l'on peut se procurer
au dehors sans frais ni transports onéreux tels que des
déchets de laine, de la suie, des cendres minérales et de la
chaux. On prenait le soin de recouvrir la couche composée
de résidus humides par une autre couche ne renfermant que
des matières sèches et absorbantes, par de la chaux vive
par exemple, ou de la fiente de volailles mélangée avec de
la cendre, etc.

Il importe surtout de répartir convenablement dans le tas,
les détritus fermentatifs, et d'alterner ceux qui sont humides
avec ceux qui sont secs, de manière à ce que les uns
s'approprient l'excès d'humidité des autres, et afin que la
fermentation se déclare bientôt dans le tas. Quand cette
répartition est uniformément faite, une chaleur intense se
développe dans ce compost, par suite de la fusion de la
chaux et de la fermentation des résidus organiques. Cette
chaleur décompose toutes ces matières diverses accumulées
et reconstitue avec les éléments qu'elles contiennent, un
composé assimilable aux plantes; elle facilite en outre leur
dessication, leur division et leur épandage.

Mais comme cette chaleur ne se déclare le plus souvent qu'autant que l'on arrose la chaux et les matières sèches avec de l'eau, au fur et à mesure de la superposition des couches, il est très-à-propos d'employer le purin préférablement à l'eau, car le purin est lui-même un engrais très-riche et il dépose dans ce tas, en le traversant, les éléments substantiels qu'il tient en suspension.

A plus forte raison, importe-t-il de faire entrer dans les *composts*, afin de les rendre très-fécondants, les matières réputées très-fertilisantes, telles que les tourteaux, les matières fécales, le noir animal, la suie, la potasse, les déchets de laine, le dépôt des eaux ayant servi à laver les toisons de laines en suint, la colombine et enfin les cendres de marais ou minérales déposées sous les litières des vaches et des moutons en vue de leur faire absorber les urines de ces bestiaux.

Maintenant pour ce qui regarde l'amélioration et l'augmentation des fumiers, le moyen d'en accroître la quantité consiste à augmenter chaque année celle des récoltes fourragères destinées aux animaux domestiques. On se met de la sorte en position de faire progresser le nombre de ces machines servant à fabriquer ces fumiers. Quant au moyen de donner plus de qualité aux litières, il consiste à semer de temps à autre après les pluies sur ces litières, alors qu'elles sont soigneusement étendues dans la fosse à fumier, du plâtre et du phosphate fossile de chaux. Le plâtre y fixe l'ammoniaque tendant à se volatiliser, en le convertissant en sulfate d'ammoniaque; le phosphate de chaux se transforme de son côté en acide phosphorique sous l'influence exercée par la fermentation des fumiers.

Sous cette forme le phosphate de chaux, qui est un des agents les plus actifs de la végétation, devient assimilable et contribue à donner plus de fermeté aux tissus composant la tige des plantes et à faire produire aux épis une plus grande quantité de grain.

Le noir animal est également un phosphate de chaux, mais il coûte plus cher que celui tiré du sol et il est moins riche en acide phosphorique. Cependant comme il est toujours mélangé avec du sang desséché lorsqu'on l'achète aux raffineurs de sucre, on peut le considérer à juste titre comme étant toujours un des meilleurs engrais connus.

On voit donc par ce qui précède qu'en associant aux fumiers les deux engrais minéraux dont il vient d'être parlé, on accroît singulièrement leur richesse puisque ce qui la constitue ce sont les agents recherchés par la graine et puisque les fourrages consommés ordinairement par les bestiaux ne contiennent que dans une proportion très-minime de phosphate de chaux et de l'ammoniaque.

J'ai encore à faire prévaloir l'action végétative d'un autre agent de la production, de la potasse. Cet auxiliaire est utile à la combinaison du composé assimilable aux plantes et n'est pas moins rare dans les fumiers que les deux autres. Mais comme c'est un sel très-déliquescent, qu'il se précipiterait au fond de la fosse à fumier et pourrait être entraîné par les eaux pluviales, si on le semait avec les deux autres sur les litières, il vaut beaucoup mieux le mélanger avec les *composts* au moment de leur division, alors qu'ils paraissent à peu près secs.

Tels sont les soins et additions que les cultivateurs devraient prendre l'habitude d'accorder à leurs *composts* et à leurs fumiers. Leur expérience les met à même d'apprécier que les dépenses qu'ils nécessitent sont loin d'équivaloir à la plus-value des bénéfices que ces engrais leur feraient obtenir. Elle doit également leur faire remarquer qu'ils se causeraient des préjudices très-considérables en négligeant désormais d'aviver ces deux sources de fertilisation.

Leur intérêt les engage d'autant mieux à essayer les procédés sus-indiqués, qu'ils sont simples et d'une application facile. D'un autre côté, les enseignements irrécusables donnés par les chimistes, enseignements corroborés par ceux provenant des faits remarqués par eux, leur ont découvert les principes sur lesquels se base la production. Les analyses faites par ces chimistes, en vue de reconnaître les éléments constituant les différents organes des plantes, leur ont appris l'action particulière des agents dont j'ai parlé et la part de concours que chacun d'eux apportait à la formation des parties organiques d'une plante quelconque.

Il me semble, au surplus, qu'il doit leur suffire d'avoir appris, par expérience, que les récoltes sont d'autant plus brillantes, qu'elles ont reçu des engrais appropriés à leurs appétits, pour qu'ils s'imposent impérieusement l'habitude de se renfermer désormais dans les règles de culture sur lesquelles la science et les faits sont d'accord.

Comme l'expérience a dû également leur faire remarquer l'opportunité de varier les récoltes, et combien leur assolement triennal tel qu'il est suivi généralement était épuisant, je vais démontrer, par une autre théorie concordant tout autant que celles qui précèdent avec leur pratique, pourquoi il est très-important de faire se succéder des plantes d'espèces différentes et d'en éloigner le plus possible le retour à la même place.

S'il est incontestable qu'il est impossible de restituer au sol, au moyen des fumiers seulement, les éléments nutritifs qui en ont été distraits par la graine des plantes surtout, dans une mesure égale à celle qui lui a été enlevée sans retour par le fait de la vente de cette graine, il ne l'est pas moins qu'en faisant revenir régulièrement tous les trois ans les mêmes plantes, deux céréales entr'autres, ces plantes épuisent en quelques années la majeure partie des substances alibiles dont elles s'alimentent. Cet épuisement ne peut conséquemment être réparé autant qu'il est nécessaire puisque les litières ne contiennent, ai-je dit, qu'une quantité relativement minime des éléments retrouvés dans les épis et le grain après leur analyse chimique. Ensuite l'assolement en usage suivi par les cultivateurs en vue de

retirer chaque année sur la totalité du domaine exploité soit
80 ou 90 0/0 de récoltes portant graine, de produits exportés
au dehors pour la plupart, ne peut assurément être maintenu dans une fertilité même moyenne, qu'à l'aide d'engrais
auxiliaires, d'engrais pourvus des éléments distraits par
les grains.

Or, le moyen d'atténuer l'altération causée de la sorte aux
facultés productrices de la couche arable consiste non-seulement à tirer le meilleur parti possible des ressources que
l'on possède chez soi pour fumer les terres; mais à éloigner
le retour des mêmes espèces afin que les mêmes substances
nutritives ne soient pas continuellement absorbées. En variant
les récoltes on ménage ces facultés et on permet à l'atmosphère d'exercer son action fécondante en lui donnant à alimenter les plantes consommant beaucoup d'acide carbonique.

Les cultivateurs ne se préoccupent pas assez de cette
influence, de même du mode de nutrition des plantes et de
la contexture de leurs racines. Ces considérations ont cependant une très-grande importance, car ces racines sont ou
pivotantes ou fibreuses et puisent, par conséquent, à des
profondeurs différentes la nourriture avec laquelle les tiges
et la graine se constituent. D'un autre côté, les végétaux
pourvus de beaucoup d'organes herbacés vivent à l'aide de
ces organes plus aux dépens de l'atmosphère qu'aux
dépens du sol. Ils restituent dès-lors à ce sol au-delà de ce
qu'ils ont lui emprunté, s'ils sont livrés aux bestiaux et s'ils
sont surtout récoltés au moment où ils étaient en fleur.

Ces théories découlant des faits observés devraient donc
leur faire reconnaître la nécessité absolue, dans le cas où ils
ne leur est pas possible, par rapport aux enclaves, de changer
l'assolement déplorable en usage dans la Somme, de mettre
en œuvre les divers moyens dont je viens de parler et de
faire prédominer dans leurs terres les plantes consommant
le plus les éléments minéraux dont elles se composent, ainsi
de la silice et du carbonate de chaux.

A plus forte raison devraient-ils ne jamais reculer devant les dépenses et les façons culturales lorsque leur exploitation se couvre chaque année d'herbes parasites, pour en opérer le destruction. Ces herbes sont bien plus épuisantes que les plantes cultivées, car elles sont des produits spontanés, acclimatés et s'accommodant mieux que ces dernières des défauts, des qualités et des éléments alibiles existant dans le milieu où elles croissent. Leur rusticité, leurs racines si vigoureuses, pivotantes par la plupart et garnies sur leur pivot d'une infinité de radicelles, permettent à ces plantes adventices de disputer avec le plus grand avantage la nourriture commune, aux céréales notamment. Je n'ai à rappeler à ce sujet que ce qui a lieu quand les récoltes sont envahies par les sanves, le chiendent, le pas d'âne, le coquelicot, les bluets, la nielle et la brunette. Quelque soit le bon état du sol dans lequel ces récoltes végètent et quelle que soit leur vigueur, leurs racines si grèles et si délicates comparées à celles de ces parasites, sont bientôt affamées et les tiges étiolées sous leur ombrage.

Ces faits et les déductions qui m'ont paru en ressortir, font voir en définitive combien il importe en culture de raisonner chaque chose afin de se mettre sur la voie des principes les plus rationnels et des procédés pratiques les plus fructueux. Mais il en est d'autres non moins intéressants à connaître, ce sont ceux qui concernent les bestiaux.

Puisque les cultivateurs jouissent en hiver de loisirs plus grands qu'en été, et que les bestiaux entretenus dans leurs fermes doivent, en toute justice, remettre, avec la vente de leurs produits, une somme d'argent équivalente, autant que possible, à la valeur des nourritures qu'on leur accorde, ils devraient, en cette saison, faire des expériences comparatives sur la manière de les engraisser plus économiquement et plus promptement, puis sur celle de pousser à leurs dernières limites la qualité et la quantité des divers produits qu'ils sont susceptibles de donner. Ces expériences, jointes aux transactions multipliées que l'écoulement de ces produits nécessite, leur feraient acquérir en peu de temps une habileté très-précieuse au point de vue de l'augmentation de leurs fumiers et de leurs bénéfices.

En effet, cette habileté les ferait aboutir à ces résultats : à étendre progressivement la base de la fertilisation de leur culture, tout en tirant de cette base même des profits considérables. Le prix de revient de leurs engrais s'abaisserait en raison de l'augmentation des bénéfices réalisés par suite de l'extension de leurs connaissances en ce qui concerne l'hygiène des animaux domestiques et les spéculations de tout genre auxquelles ils se prêtent.

La cause réelle de l'espèce d'abandon dans lequel la plupart des cultivateurs laisse cette branche d'industrie, malgré son importance capitale, est moins due à l'apathie où à l'insouciance qu'à la difficulté d'acquérir ces connaissances et surtout à la considération que je vais mettre en lumière.

Ainsi j'attribue cet abandon à l'impossibilité dans laquelle ils se trouvent actuellement de s'acquitter convenablement de la double mission de tirer, d'une part, de leurs terres et, de l'autre, de leurs bestiaux, le maximum du produit. Leur activité et leur intelligence ne peuvent embrasser dans tous les détails qu'elle comporte une tâche aussi vaste. C'est donc pourquoi ils abusent tant de leurs terres dans l'espoir de s'indemniser de ce côté des pertes ou des médiocres profits réalisés de l'autre dans leur cour.

J'ai fait voir que ces pratiques sont ou ruineuses ou exposent du moins ceux qui les suivent à des dangers. En présence d'une situation aussi équivoque, comment serait-il possible de se mettre sur la voie du progrès ?

Ce serait de concentrer les aspirations, l'activité physique et intellectuelle des membres composant une famille de cultivateurs, vers la profession agricole, en les initiant tous, jeunes et vieux, aux soins domestiques, en répartissant la besogne commune entre tous ; en leur faisant remarquer, chaque fois que l'occasion s'en présente, qu'il est facile d'étendre démesurément la somme des bénéfices retirés des bestiaux et que ces bestiaux font naître les autres sur les terres.

Les cultivateurs actuels auraient conséquemment grande raison de peser de toute leur autorité paternelle et conjugale sur leurs filles et leurs femmes pour les contraindre à vaquer à tous les soins du ménage, à ceux à prendre de tous côtés dans ce que l'on appelle l'intérieur de la cour. Si les unes et les autres étaient ainsi apprises à prodiguer des soins intelligents aux bestiaux, à ne laisser rien perdre dans les étables, dans les tas, la cour et les greniers, elles habitueraient les domestiques dont elles ont besoin de s'entourer, quand l'exploitation est importante, à suivre leurs principes d'ordre et d'économie.

J'estime que la coopération des femmes dans l'administration intérieure du faire-valoir est plus puissante que celle des hommes, car elles sont plus aptes que ceux-ci à embrasser les détails infinis de cette administration. D'ailleurs, elles restent presque toujours dans ce cercle étroit confié à leur surveillance, tandis que les fermiers sont obligés de se rendre sur tous les points de leur exploitation et de fréquenter les marchés.

Ce qui témoigne, au surplus, en faveur de mon assertion c'est la qualification donnée dans les campagnes à une fermière très-capable ; on dit en parlant d'elle que c'est *un râteau*. On entend donc, en se servant de cette expression si caractéristique, qu'elle sait ramasser. Elle ramasse parce que non-seulement elle sait tirer bon parti de toute chose, mais encore parce qu'elle fait agir ses subordonnés en leur donnant l'exemple de l'activité, de la vigilance et de l'économie.

La coopération des fermières est, à mon sens, tellement nécessaire et favorable au succès d'une entreprise culturale, que je ne crains pas d'affirmer que les fermiers qui se mettront sérieusement en peine, dès leur entrée en ménage, à rendre leurs femmes et plus tard leurs enfants laborieux et intelligents dans l'exercice de la profession agricole, n'auront plus à se préoccuper avec autant d'anxiété de l'augmentation du prix des fermages et de la main-d'œuvre

Le concert de combinaisons variées, établi par les chefs de la communauté dans leurs familles, fera rivaliser bientôt d'une ardeur égale les maîtres et les domestiques s'ils prennent toutefois le soin de la stimuler par des rémunérations proportionnées à leur activité. Or, pour peu que chacun d'eux apporte sa part d'intelligence, de travail et de direction dans l'œuvre collective, il y a lieu de penser que ces parts contributives feront accroître la somme totale des bénéfices au point de leur faire dépasser de beaucoup l'augmentation des charges nouvelles.

Il y a, en outre, lieu de penser qu'il en sera de ces bénéfices ressortant de diverses spéculations comme des boules de neige, qu'ils grossiront en raison de la concordance des vues régnant dans les familles, du perfectionnement des moyens mis en œuvre pour les obtenir et de l'expérience de plus en plus grande des coopérateurs intéressés à divers titres à tirer du patrimoine exploité le maximum des produits.

FÉVRIER.

Comme en février la température rend la surface du sol a peu près sèche, quand des petites gelées succèdent à un dégel complet, les cultivateurs doivent profiter de cette circonstance propice pour semer d'abord des *composts* sur les blés languissants et pour raffermir ensuite avec un rouleau pesant, depuis onze heures du matin jusques quatre heures du soir, les terres soulevées par ces gelées.

En semant ces engrais alors que ces terres ont été rendues perméables par la gelée, les éléments en sont dissous peu de temps après leur épandage, par les pluies qui ont lieu ordinairement en mars et avril, et ces engrais améliorent, d'autant mieux la fécondité de la couche arable, que les pluies les ont davantage dilués et répartis dans son sein.

En pratiquant presqu'aussitôt des roulages sur les céréales fumées de la sorte et occupant surtout des terrains légers, ces roulages ont pour effet de les faire *taller* et de resouder avec le sol la couronne de racines superficielles mises à nu par le vent et les gelées.

Mais il importe essentiellement que ces roulages soient faits avec un rouleau en fonte, à surface plane et composé de deux cylindres garnis chacun d'un écrotteur. Ces cylindres, tournant en sens inverse à l'extrémité du champ lorsque le rouleau revient sur lui-même, ne causent pas de cette manière de dommage à la récolte et les deux écrotteurs à leur tour facilitent l'usage de cet instrument immédiatement après les dégels et quelle que soit l'humidité de la terre.

Ces deux circonstances sont particulièrement favorables au raffermissement des terrains légers trop soulevés par les gelées, par la raison que leurs molécules ne se relient ensemble qu'autant qu'elles sont en poussière et humides en même temps. Leur cohésion est ainsi rendue plus durable et le nivellement de la surface du champ roulé est plus parfaite. Cette dernière considération, quoique secondaire, a une grande valeur à cet autre point de vue, que les moissonneurs peuvent couper la récolte plus près du sol.

Quand la température se prête au hersage des céréales avant l'emploi du rouleau, son action favorise davantage leur réussite ; car la herse détruit de son côté beaucoup d'herbes parasites traçantes ; elle espace les tiges des blés trop rapprochées dans les lignes, et elle comble, avec la terre qu'elle soulève, les crevasses causées par les vents secs du Nord.

Les succès remarquables que ces façons ont fait obtenir très-souvent aux cultivateurs qui ont su les pratiquer dans des circonstances opportunes, auraient dû les engager à ne jamais manquer les occasions propices à leur exécution, quand bien même elles ne se seraient présentées que dans le courant de mars. Comme j'ai été fréquemment à même de remarquer qu'elles ne secondaient pas moins bien la végétation des prairies artificielles que celle des céréales, je crois utile de faire connaître mes opinions sur leurs causes déterminantes, et d'expliquer comment était construite la herse spéciale que j'ai fait faire pour exécuter convenablement le *rhabillage* de ces récoltes.

En ameublissant parfaitement, au moyen de cette herse et du rouleau, la croûte superficielle d'un champ *emblavé*, les molécules de cette croûte absorbent, à l'instar d'une éponge, les fluides fécondants de l'atmosphère, les gaz et l'humidité des nuits. Or, ces agents contribuent pour une grosse part à l'alimentation des végétaux pendant les premières phases de leur végétation. Ensuite cet ameublissant met fin à la compression exercée par le retrait de cette croûte, sur le collet des tiges, il y rétablit la circulation de la sève et il fait naître à leur base de nouvelles racines. Aussi importe-t-il, lorsque la terre est très-compacte, que la récolte est trop épaisse et infestée d'herbes parasites, de charger avec des pièces de bois, la herse à *rhabiller*, suivant que l'on trouve à propos de la faire pénétrer plus ou moins profondément afin qu'elle espace davantage les tiges et détruise des plantes nuisibles en plus grande quantité.

On doit comprendre, dès-lors, pourquoi les blés superbes à l'issue de l'hiver *tournent en épirolles* pour me servir d'une expression employée par les praticiens, ou, en d'autres termes, pourquoi ils prennent peu de taille et pourquoi leurs épis sont maigres et peu garnis de grains. Cette dégénérescence ne peut évidemment être attribuée qu'à ces causes : que leurs racines s'affament mutuellement et qu'elles sont privées, ainsi que les tiges, de l'action vivifiante de l'air et de la chaleur.

On doit sentir, d'un autre côté, que ces façons d'entretien favorisent d'autant mieux la fructification des épis de même la taille et la raideur de la paille, qu'elles ont lieu avant le réveil de la végétation ! = Quand les blés sont hersés tardivement, ils *reviennent d'été*, suivant une autre expression connue dans les campagnes, c'est-à-dire que leur maturité est inégale. Cette inégalité est due à ce que les plantes épargnées par la herse ont continué sans interruption leur végétation, tandis que celles dont les racines ont été rompues ou froissées par les dents de cette herse n'ont pas eu suffisamment de temps pour réparer leurs pertes par des ramifications surgissant en abondance de ces racines-mères. Comme ces racines nouvelles s'assimilent les éléments nutritifs du sol avec les spongioles qui les terminent, elles retardent de la sorte la maturité des tiges.

Maintenant pour ce qui regarde la construction de la herse dont je me servais avec succès, cette herse était composée de trois traverses longues chacune de trois mètres. Deux étaient en bois et la troisième était en fer plat *dit à maréchal* et décrivait une courbe en anse de panier.

Ces trois traverses formaient unies ensemble un angle plus ou moins aigu suivant l'effet que je désirais produire avec cette herse. Les deux en bois étaient réunies à leur extrémité supérieure par une forte charnière assujettie à son point de jonction par une dent en fer et un crochet servant à retenir la *volée* à laquelle les chevaux étaient attelés.

Des dents longues de 55 centimètres et faites avec du fer carré de 2 cent. étaient réparties tous les 12 cent. sur la longueur des deux traverses en bois seulement, des deux *cottrets*, depuis celle dont j'ai parlé, jusque leur extrémité inférieure Ces dents étaient fixées dans ces deux pièces de bois perpendiculairement au sol, car lorsqu'elles sont inclinées en avant elles soulèvent les touffes de blé au lieu de les diviser en les éloignant les unes des autres.

La traverse en fer plat et demi-courbe avait pour objet de maintenir l'écartement entre les deux autres au point qui me paraissait le plus convenable suivant l'état de la récolte. Elle était retenue dans ces *cottrets* par des mortaises percées à 20 cent. de leur extrémité. Des clavettes traversant cette barre de fer et les mortaises dans lesquelles elle était engagée la fixaient d'une manière invariable. Je réglais l'ouverture donnée à l'angle décrit par cette herse à l'aide de trous espacés à 15 centimètres les uns des autres et percés dans les bouts de cette barre transversale.

Le travail exécuté avec cette herse ressemblait à celui pratiqué avec un râteau, mais elle l'emportait sur ce dernier instrument par cet avantage, que je pouvais le rendre aussi énergique que je le désirais, en rendant l'angle plus aigu, en rapprochant de cette manière les sillons creusés par les dents, et en la chargeant avec des poutrelles.

Les explications qui précèdent, soit sur les effets résultant de l'usage des instruments aratoires précités, soit sur les causes vraisemblables du concours qu'ils apportent à la végétation, doivent faire envisager aux cultivateurs leur utilité majeure dans les circonstances que je leur ai rappelées. — Elles doivent également leur faire remarquer l'opportunité s'il leur arrive parfois d'avoir encore des jours de beau temps après l'exécution de ces façons, de profiter de ces belles journées pour planter des pommes de terre et semer des avoines, mais dans les terrains calcaires et sablonneux, enclins à se dessécher et sortant de bois, de luzerne ou de sainfoin.

En les ensemençant aussi prématurément ils se ménageront plus de chances de réussite, d'abord parce qu'ils procureront de la sorte à ces plantes six semaines ou deux mois d'humidité de plus que si elles étaient enfouies fin avril ou commencement de mai ; ensuite parce qu'ils donneront à ces plantes le temps de faire croître leur feuillage de manière à ce qu'il abrite la surface des terres occupées par elles à l'époque où les chaleurs la font crévasser, la rendent imperméable par suite de son retrait et font évaporer par ces issues le peu d'humidité qu'elles contiennent encore.

Or comme cette humidité ne fait jamais défaut, même dans les sols légers, en mars et avril, et comme ces deux mois suffisent presque à ces plantes pour accomplir les deux premières phases de leur végétation et pour leur permettre de traverser, sans autant de dangers, la sécheresse régnant en juin et juillet, ces considérations très-importantes devraient déterminer les cultivateurs à faire en sorte d'en recueillir les bénéfices.

Je leur rappellerai à cet égard un fait qu'ils connaissent parfaitement : que les pommes de terre ne grossissent et que les avoines ne fructifient qu'en raison de la permanence d'une humidité moyenne, et que cette humidité sert à déluer les éléments de la sève et à engendrer, de concert avec la chaleur et l'humus, les gaz lesquels sont les véhicules de cette sève.

Afin d'en terminer avec ce qui regarde la plantation des pommes de terre, je crois encore utile de mettre en lumière les procédés à l'aide desquels je suis parvenu à enrayer la maladie qui affecte cette plante depuis plusieurs années.

Je faisais recouvrir les tubercules déposés au fond de la raie, à titre de reproducteurs, de *composts* au lieu et place de fumier, mais de *composts* riches en azote et en potasse.

Cette préférence de ma part était due à ce que je trouvais plus facile de faire prédominer dans ces engrais que dans les fumiers ces éléments alibiles recherchés par cette légumineuse et que je pouvais les rendre hygrométriques en faisant entrer dans leur composition des déchets de laine et des cendres imprégnées d'ammoniaque. Or ces matières ont toutes la propriété de soutirer l'humidité externe et elles sont moins sujettes que les litières à entretenir hors de propos la perméabilité déjà excessive dans les terrains calcaires. Leur division facilite leur incorporation au sol et leur assimilation. Elles remplacent conséquemment avec avantage le fumier et elles le rendent de plus disponible pour un autre usage.

Ce qui rend surtout l'emploi des composts préférable au fumier c'est qu'il est possible, en y introduisant certains engrais minéraux, de prévenir le retour de la maladie dont la pomme de terre est atteinte par suite des circonstances dont il va être parlé.

Quelques agronomes effrayés à juste titre des conséquences déplorables que cette maladie était dans le cas d'avoir pour les classes nécessiteuses pendant les années de disette de blés, se sont appliqués à découvrir au moyen d'analyses chimiques, si sa cause réellement déterminante n'était pas due à l'insuffisance du phosphate de chaux et de la potasse dans la couche de terre végétale dans laquelle la pomme de terre était plantée. Comme ces analyses leur ont démontré que ces éléments indispensables à la végétation des légumineuses n'existaient plus dans cette couche que dans une proportion trop minime, ils en ont conclu que cette insuffisance avait eu lieu par suite des faits suivants. Ainsi ils ont pensé avec raison qu'en exportant au dehors de la ferme les produits dans la constitution desquels ces éléments entraient pour la majeure partie et en ne fécondant les terres labourables qu'avec des fumiers n'en contenant qu'une dose infinitésimale, leur insuffisance se faisait remarquer par la diminution du rendement en grain des céréales et par la maladie affectant les pommes de terre. Ils pensèrent, dès-lors, que d'un côté comme de l'autre ces faits étaient occasionnés par l'alimentation incomplète reçue par toutes ces plantes.

Ces déductions sont d'autant plus vraisemblables qu'il doit en être de la cause de cette maladie comme de celle ayant fait naître la maladie remarquée il y a quelques années dans je Nord sur les betteraves.—Les analyses chimiques, qui ont été faites pour en découvrir les causes, ont établi qu'elles étaient dues à la répétition trop fréquent à la même place de cette plante, conséquemment à l'altération des facultés productrices du sol.

Ces analyses démontrent donc la nécessité absolue d'entretenir les aptitudes des terres, en leur restituant dans une mesure égale à celle qui en a été enlevée, les différents éléments dont les plantes se nourrissent.

Ces théories confirmées du reste par la pratique n'ont pas échappé à M. George Ville; aussi a t-il fait l'année dernière des expériences au sujet de la maladie des pommes de terre. Ces expériences ont été tellement concluantes en faveur des hypothèses qui déterminèrent MM. Boussingault, Payen et de Gasparin à tenter celles concernant la betterave, que je me trouve en quelque sorte très-fondé à recommander la confection d'une grande quantité de composts suivant les enseignements de ces savants.

J'ai besoin de faire encore observer qu'il est nécessaire d'appliquer un autre procédé préconisé par les jardiniers à l'égard des tubercules destinés à la reproduction des pommes de terre Le procédé précédant est un remède préventif tandis que celui dont je vais parler est un remède curatif du mal apparent, ce dernier agit de la même manière que la fleur de soufre insufflée sur les parties organiques d'une vigne atteinte de l'oïdium.

Ces jardiniers ont prétendu qu'ils ont récolté presque toujours des pommes de terre saines après avoir chaulé leur semence suivant les usages adoptés pour le chaulage des blés, mais en ajoutant au liquide employé outre la *saumure*, du sulfure de potasse et de la fleur de soufre. Leur déclaration doit paraître d'autant plus admissible, que le sulfure de potasse, la chaux, la fleur de soufre et la *saumure*, neutralisent, en imprégnant les parties malsaines de la pomme de terre, l'action morbifique qui s'en exhale. Il est présumable, dès-lors, que ces ingrédients produisent des effets analogues à ceux résultant du chaulage des blés infectés de carie et que, de plus, ils secondent la nutrition des premières racines du germe pendant quelque temps avec les éléments nutritifs dont ils sont pourvus.

Mais à quoi bon insister sur les hypothèses? les faits dommageables devraient toujours exciter les cultivateurs à essayer divers procédés eu vue de les entraver et de faire foisonner leurs récoltes. En les raisonnant, ils se mettront sur la voie des meilleurs moyens pour y parvenir, et s'ils sont prudents dans leurs expériences, ils acquerront des connaissances étendues moyennant des avances relativement très-minimes.

Il me reste maintenant, pour en finir avec les travaux aratoires que j'ai recommandés en février, dans le cas où la température en favoriserait l'exécution, à expliquer le sens attaché à un autre proverbe, disant: *avoine de février remplit le grenier*. En présence d'une locution aussi sentencieuse, d'une déclaration affirmant des résultats aussi avantageux, il me paraît très-intéressant de rechercher les raisons pour lesquelles les vieux praticiens nous ont transmis cette espèce d'injonction basée sur leurs observations.

L'avoine semée prématurément donne, à mon sens, plus de grains que celle semée tardivement, par cette raison: que plus la terre végétale a été ameublie par les gelées, plus elle se trouve par cela même saturée des fluides fécondants de l'atmosphère, plus elle est *mûrie* suivant l'expression consacrée. Dès-lors les semences végétant dans cette couche perméable rencontrent les plus grandes facilités pour y étendre leurs racines, pour y multiplier leurs spongioles et partant pour y alimenter leurs tiges.

Comme d'un autre côté le soleil n'active que modérément, pendant le printemps, le développement de leurs organes externes, les spongioles puisent davantage d'éléments substantiels et ceux-ci ont tout le temps de se combiner ensemble. Ensuite les feuilles garnissant les tiges forment un couvert épais quand arrivent les chaleurs et ce couvert entrave l'évaporation hors du sol, des gaz et de l'humidité, d'agents très nécessaires pour déluer et faire affluer en abondance dans la charpente des végétaux les sucs nutritifs qu'il contient.

Quelques faits semblent cependant démentir parfois ceux ressortants de ces enseignements et du proverbe précité. Ainsi les récoltes semées au commencement de Mars dans les terrains compactes deviennent en Mai et Juin très médiocres à la suite de pluies survenues immédiatement après la semaille et dans les terrains légers envahis par des herbes parasites, par les sanves entr'autres.

Ces faits sont faciles à expliquer; dans les sols argileux, très ameublis par la gelée ou par des façons préparatoires, la terre se relie d'autant mieux, que ses molécules sont plus divisées et que la pluie est chassée par un vent violent. Dans ce cas cette terre se rendurcit à l'extrème sous l'action des pluies, puis elle se crévasse sous celle de la chaleur. Les crévasses occasionnées par le retrait considérable de la croûte superficielle déterminent tous les effets préjudiciables dont j'ai parlé déjà en faisant prévaloir l'utilité du *rhabillage* des céréales.

Dans les sols légers ces effets sont, il est vrai, moins graves, mais les gelées en désagrégeant les molécules constituant la couche arable, font sortir du milieu dans lequel elles étaient retenues les semences des parasites. Or ces semences très-menues et très-délicates pour la plupart ayant besoin pour germer et croître de rencontrer un terrain fortement ameubli, perméable et humide, se développent en peu de temps avec une vigueur et une activité telles, qu'elles font périr les céréales en les étouffant et en les affamant.

Ce sont précisément ces divers incidents qui m'ont engagé à ne recommander la semaille hâtive des avoines qu'après des défrichements de bois et de vieux gazons ; car ces défrichements contiennent beaucoup moins de semences de parasites que les terres en culture, et les pluies battantes les raffermissent difficilement.

Quant aux pommes de terre, leur plantation précoce n'expose à aucun des inconvénients précités, par cette raison que les façons qu'elles reçoivent en été opèrent d'une part la destruction des parasites et entretiennent de l'autre dans le sol la perméabilité que l'on juge à propos de lui donner.

On trouvera, sans doute, que, non content de rappeler aux cultivateurs les divers travaux incombant dans chaque mois et les incidents apparaissant peu après leur exécution, j'entre dans des digressions très-étendues à leur sujet ou que je tombe dans des redites. Je ferai observer, à cet égard, que je crois les unes et les autres très-nécessaires, car elles les mettront plus à même d'apprécier l'empressement qu'ils doivent sans cesse apporter à prendre tantôt des mesures propres à prévenir les dommages prévus, tantôt à mettre en œuvre celles susceptibles de limiter l'étendue des préjudices causés par des circonstances inattendues.

Comme je me propose, lorsque je passerai en revue les travaux à exécuter en mars, de faire connaître les moyens à l'aide desquels on parvient dans ce mois à détruire les mauvaises herbes, à prévenir conséquemment une partie de ces dommages, et comme ces moyens consistent dans des travaux aratoires supplémentaires, il importe, dès-lors dans la prévision où la température en favoriserait l'exécution à cette date, de compléter en février ceux qui exigent l'emploi des charretiers et de leurs chevaux.

Il n'importe pas moins, en outre, à un autre point de vue, en prévision des semailles prochaines, d'utiliser les loisirs dont ces domestiques disposent pendant leurs soirées pour achever le criblage des grains reserrés dans les greniers et particulièrement de ceux destinés à ces semailles.

L'*épuration* de tous les grains en général, mais faite avec les plus grands soins, me paraît offrir aux cultivateurs trop d'avantages pour que je néglige de les faire ressortir.

Les grains tombant en petite quantité par la trappe placée à la base de la trémie, dans un crible épurateur tel que celui inventé par Pernollet et notamment celui de Presson de Bourges, sortent de ces cribles divisés en quatre qualités très-distinctes.

La première est complètement expurgée des grains cassés, maigres et avariés et surtout des graines de parasites et autres impuretés. Elle ne renferme, par conséquent, que des grains riches en fécule, très-aptes, dès-lors, à nourrir avec largesse l'embryon et les radicules qui se développent peu après leur germination ; d'où je conclus que ces premiers organes deviennent d'autant plus vigoureux, que le suc lai-teux auquel la fécule donne naissance est plus abondant.

Quant à la seconde et à la troisième qualité, en les faisant repasser confondues ensemble dans le crible, mais en donnant cette fois plus d'ouverture à la trappe, ce mélange acquiert de la sorte une valeur marchande supérieure à celle du grain tel qu'il sort du ventilateur après le battage.

Enfin en passant au tarare en vue d'en retirer la poussière, les déchets provenant de ce second criblage, avec la quatrième qualité, ces déchets sont, il est vrai, difficiles à vendre sur les marchés. Mais si on prend le soin de les convertir en mouture, et si on donne cette mouture aux bestiaux dans leurs boissons, on augmente la qualité et la quantité de leurs produits, on retrouve sous cette nouvelle forme une valeur deux fois supérieure à celle qu'ils avaient.

Ces déchets restent en définitive à un prix de revient très-minime, à la condition, toutefois, que l'on fasse entrer en ligne de compte la valeur exceptionnelle du grain destiné à la semence et la plus-value de la qualité intermédiaire destinée à être vendue. Alors le prix de ces deux sortes de grain, estimé suivant ces données, couvre au-delà les frais nécessités par ces criblages et la différence existant entre un hectolitre criblé ou non criblé, j'entends par là que quand bien même cet hectolitre se trouverait réduit à 8 ou 9 décalitres, ce prix dépasserait celui qu'il pouvait avoir lorsqu'il contenait dix décalitres et n'avait subi aucune de ces façons.

Au surplus, quelle que soit la variation de ce prix, soit en plus, soit en moins, je persiste à croire, en prenant une moyenne de dix années, qu'en somme il est très-avantageux de suivre ponctuellement les indications qui précèdent.

En effet, ces déchets n'ont après tout de valeur en les laissant dans les grains, que lorsqu'ils sont très-chers ; cette circonstance ne se présente guère qu'une fois ou deux au plus en dix ans ; ensuite ces déchets ne renferment que des grains impropres à la reproduction et des semences de plantes nuisibles. Or, ces grains pourrissent dans le sol et les autres l'infestent. Toujours est-il que celui qui néglige de cribler ses grains s'expose à des inconvénients de tout genre et se prive d'une ressource alimentaire plus substantielle au demeurant que le son et le reflet.

Il vaut donc infiniment mieux convertir en farine ces déchets et en saupoudrer l'eau avec laquelle on abreuve les bestiaux donnant du lait. La mouture dans les boissons excite leur appétit et comme elle fait stationner plus long-temps dans les intestins la nourriture ingérée par rapport au gluten qu'elle contient, elle rend de la sorte plus complète l'absorption par les canaux chilyfères des sucs exprimés par la pression de l'estomac. Elle améliore, en outre, avec sa fécule, quand on l'associe à un condiment très utile, le sel, la qualité du lait et de la chair, puis elle donne à celle-ci et à la graisse plus de fermeté, de saveur et de poids.

Ce sont ces effets qui l'ont fait regarder par les engraisseurs comme étant une nourriture perfectionnant les produits des bestiaux et favorisant une assimilation plus complète des substances nutritives extraites des fourrages et légumes pendant le travail de la digestion.

Les profits et la grande économie réalisés par les cultivateurs sachant tirer bon parti des moutures et des instruments connus sous le nom de cribles épurateurs, de concasseurs, de hache-paille, de coupe-racines et moulins à bras, de même les pertes résultant des grains remarqués dans les litières et les dejections des chevaux, devraient engager ceux moins au fait des avantages qu'ils procurent, à se renseigner par des expériences sur le mérite de ces instruments et sur l'influence exercée par la mouture dans l'alimentation des bestiaux. J'admets que ces profits sont moins palpables que la somme d'argent recueillie sur les marchés en vendant les grains tels quels, et qu'ils n'arrivent qu'autant que les animaux domestiques sont l'objet d'une sollicitude incessante ; cependant toutes les considérations que j'ai fait valoir ont une importance trop considérable dans le moment présent surtout, pour que désormais elles ne fixent leur attention plus que par le passé.

Au lieu de s'effrayer des risques à courir, du surcroît de fatigues et de soucis qu'ils se créeront en étudiant l'utilité pratique de ces procédés et instruments, ils devraient explorer résolument ces voies profitables aux autres Ils pourraient de la sorte reconnaître qu'en vendant des grains au-dessous de 12 fr. l'hectolitre, ils méconnaissent leurs intérêts. Je puis affirmer à cet égard que mon expérience m'a mis à même d'apprécier que la plus-value des produits donnés par les bestiaux, obtenue grâce au concours des farineux, me faisait retrouver une somme très-supérieure à celle que j'aurais réalisée en vendant ces grains à un prix aussi faible. Il y a donc tout lieu de croire que le jour où ils seront devenus d'habiles spéculateurs sur ces bestiaux ils sauront également faire naître cette plus-value.

Une autre considération intéressante au point de vue de l'amélioration de leurs terres, de leur avenir engage encore les cultivateurs à faire un grand usage des moutures de grains. En donnant ces moutures à consommer aux animaux domestiques, leurs déjections sont plus substancielles ; elles améliorent, dès-lors, la qualité des fumiers et d'autant mieux, qu'on associe très-souvent aux moutures des tourteaux de graines oléagineuses.

Or, comme les graines et tourteaux contiennent, d'après les chimistes, beaucoup d'azote, de potasse et de phosphate de chaux, et que les pailles, légumes et fourrages ne contiennent relativement qu'une faible dose de ces éléments, il est facile de s'expliquer pourquoi ces nourritures doublent la valeur fécondante des fumiers. Elles les enrichissent par cette raison que les organes intestinaux des animaux domestiques ne s'assimilent pas tous ces éléments.

On s'explique en outre d'un autre côté, en raisonnant par analogie, pourquoi les terres assujetties à l'assolement triennal, à un assolement dans lequel les récoltes portant graine atteignent une proportion de 80 ou 90 0/0 et dont le grain est vendu en majeure partie, perdent de plus en plus ces éléments essentiels, lorsqu'on n'entretient pas leur rendement par des engrais tirés du commerce, mais des engrais pourvus toutefois de ces agents reproducteurs du grain.

Si les cultivateurs tenaient plus de compte de toutes ces théories justifiées par les faits, les résultats médiocres qu'ils obtiennent pour l'ordinaire deviendraient supérieurs et s'élèveraient dans une proportion plus forte que les charges, que les frais généraux attachés à leur culture.

Je désirerais encore leur voir adopter une mesure d'ordre qui ne me parait pas moins digne d'occuper leurs loisirs pendant les soirées de janvier et février. Cette mesure, qui n'est assurément appliquée dans aucune ferme, consiste à dresser chaque année un plan d'opérations culturales et spéculatives dont leurs terres et leurs bestiaux seront l'objet pendant la campagne agricole qui va s'ouvrir pour eux à dater du 1er mars.

Dans les fermes tenues suivant les principes en usage dans l'industrie commerciale, on fait, en décembre ou janvier, un inventaire des résultats donnés par les récoltes et les spéculations de l'année précédente, afin de se renseigner d'une manière exacte sur la somme des bénéfices nets obtenus. Combien ne serait-il pas à propos que cet exemple fut imité par les cultivateurs ! En se mettant de la sorte en main un document utile à consulter, il leur serait plus facile, en le parcourant, de prévenir le retour des mécomptes et de prendre de meilleures combinaisons.

Ce document, qui est un tableau fidèle des expériences passées, éclairerait celles de l'avenir et pourrait servir de guide pour coordonner rationnellement, en conséquence des enseignements qu'il met en lumière, le plan de la nouvelle campagne.

Ainsi l'agriculteur ayant l'intention, par exemple, de semer une quantité quelconque de plantes industrielles sur sa jachère, d'engraisser des bestiaux dans ses herbages, de réparer la débilité de ses brebis et de faire développer la charpente de leurs agneaux dans les prairies artificielles, envisagerait davantage, s'il combinait un plan dans le silence du cabinet, les moyens à l'aide desquels il pourrait assurer la réussite de ses projets. Il envisagerait conséquemment l'état de fertilité de ses terres et prairies, quels engrais il devrait employer pour rendre les unes très-fécondes et les autres très substantielles. Il se rappelerait, concernant les bestiaux dont je viens de parler, une expression usitée dans les campagnes, que les premiers n'engraissent et que les seconds ne reprennent de la vigueur et ne se développent qu'autant qu'ils sonf *engrainés*, c'est-a-dire qu'ils ont été nourris avec des fourrages en grain pendant le cours de l'hiver.

Ce simple aperçu donne la mesure de l'utilité d'un plan comme de l'étendue des combinaisons que comporte l'industrie agricole. Il doit, par conséquent, faire comprendre aux cultivateurs que le moyen de calculer sainement à l'avance toutes les chances de succès et d'insuccès et de sauvegarder les spéculations si variées de cette industrie, c'est de former un cadre, un avant-projet embrassant toutes les opérations et pensées qui s'y rattachent. Dès-lors, puisque le mois de février est le dernier délai pendant lequel il soit possible de se livrer à ce travail de cabinet, il importe d'y mettre la dernière main et de compléter les travaux accessoires existant dans l'intérieur de la ferme, les enclos, les vergers afin que l'on soit libre en mars de reporter sur les travaux des champs toute l'activité physique et intellectuelle dont on jouit.

MARS.

Les cultivateurs qui auront observé fidèlement la recommandation que je leur ai faite en février, *d'engrainer* leurs bestiaux et surtout leurs chevaux, se trouveront bien en mars de ce régime.

Le grain donné sous forme de mouture aux uns, disais-je, leur fait contracter de l'aptitude à prendre de la graisse aussitôt qu'ils sont conduits dans de gras pâturages et il fortifie les muscles des autres, des chevaux. La vigueur de ces derniers devant être mise à l'épreuve pendant deux mois consécutifs, on doit comprendre aisément qu'il leur serait impossible d'accomplir, sans ruiner leur constitution, des travaux pénibles et de longue durée, si leur tempérament et leurs muscles n'étaient consolidés à l'avance par une nourriture substantielle.

La continuation de ce régime fortifiant est rigoureusement nécessaire jusqu'au mois de mai inclus, par ces raisons : que les semailles de mars exigent l'emploi presque journalier d'un instrument aratoire très-résistant, de l'extirpateur ; que ces semailles ont lieu sur deux soles, sur celle dite de mars et sur la sole de jachère ; et que la réussite des récoltes ensemencées sur ces deux soles dépend principalement du luxe de soins apporté dans la préparation des terres dont elles sont composées.

Comme d'un autre côté la quantité et l'abondance de ces récoltes sont également subordonnées à la suppression des semences de parasites, et que ces semences ne peuvent être détruites qu'à l'aide de façons aratoires supplémentaires, ces façons, que je dois appeler préventives, prolongent la durée des travaux champêtres et des fatigues à endurer par les chevaux.

Quoiqu'il en soit, il me paraît trop intéressant de favoriser la végétation des plantes utiles, pour que l'on hésite à les pratiquer toutes convenablement.

Aussi doit-on, aussitôt que la température est devenue douce et humide à la fois au commencement de mars, et qu'elle seconde la germination et la croissance des parasites, profiter de cette circonstance pour ameublir les terres sur lesquelles on se propose de semer des plantes industrielles surtout et même celles destinées aux céréales, si c'est possible.

Quand ces terres ont été profondément ameublies avec l'extirpateur et nivelées ensuite avec le rouleau, mais par beau temps toutefois, les graines des sanves et autres herbes non moins redoutables, s'y développent bientôt avec une rare vigueur. Il devient alors très-facile de les détruire toutes d'un seul coup six semaines ou deux mois après, en ameublissant de nouveau lorsque l'on pense que l'ensemencement de ces terres ne peut être ajourné plus longtemps sans dommage.

Ces façons données à plusieurs reprises à ces deux soles, à des points de vue différents, ont pour effets : de faciliter la germination des semences nuisibles, de les faire périr, de féconder la couche arable avec leurs détritus et de disséminer davantage dans son sein les engrais dont on la recouvre, soit avant les labours, soit en février. Elles augmentent, il est vrai, la besogne, mais cette considération est secondaire puisqu'elles doivent, après tout, contribuer efficacement à rendre les récoltes plus abondantes en les débarrassant d'ennemis dangereux et en fécondant le sol. Ce serait donc méconnaître ses intérêts que de chercher à les restreindre.

Ces façons n'offrent-elles pas, d'ailleurs, chaque fois qu'elles ont lieu, une occasion nouvelle de compléter la fumure des terres qui n'ont pu être améliorées par rapport à l'insuffisance des fumiers ou des *composts*, et sur lesquels on doit semer des lins, des œillettes et des betteraves ?

N'assure-t-on pas de la sorte la nutrition et l'abondance de ces plantes si exigeantes dont le rendement et celui des blés semés après leur récolte sont en raison de la quantité et de la qualité de ces engrais ?

Je dois faire observer néanmoins que ce rendement est supérieur dans les terrains fumés longtemps avant leur ensemencement que dans ceux fertilisés tardivement La raison en est bien simple : plus les hersages sont répétés après l'épandage des engrais, plus ils les incorporent avec la terre végétale. Or plus cette incorporation est parfaite, plus les éléments fertilisants ont d'aisance pour se combiner avec ceux renfermés dans le sol, et plus ils font germer de semences de parasites.

La plupart des mesures dont je viens de faire ressortir l'influence favorable à la réussite des récoltes peuvent être retranchées cependant dans les circonstances que je vais signaler. Ainsi, si l'on dispose d'une quantité d'ouvriers suffisante pour exécuter le binage des plantes semées au printemps, dans un bref délai et pour prévenir les conséquences funestes résultant des incidents survenus après leur ensemencement, tels que l'apparition des sanves et le raffermissement trop complet de la surface du terrain *emblavé*, il est inutile de multiplier les hersages avec l'extirpateur et les roulages, si les semailles sont faites avec un semoir mécanique ; car cet instrument rend de la sorte les binages plus faciles, et ceux-ci rétablissent bientôt la perméabilité du sol tout en détruisant les herbes parasites.

Ce sont précisément les avantages de tout genre attachés à l'usage de cet utile instrument, avantage dont je viens de rappeler quelques-uns et ceux dont je vais parler, qui me font souvent témoigner ma surprise de ne pas le voir plus généralement répandu dans les campagnes.

Indépendamment d'abréger considérablement la durée des binages et de permettre d'y occuper des ouvrières inhabiles, un semoir tel que le confectionne aujourd'hui Dubron, mécanicien à Arras, rembourse au cultivateur exploitant un faire-valoir de cent hectares, le prix qu'il coûte dans le cours d'une seule année par les économies de semence qu'il lui fait faire. Ensuite, comme il répartit cette semence suivant la quantité que l'on juge nécessaire, en semant l'avoine, par exemple, plus épaisse dans les lignes, il est très-facile, en l'absence du nombre indispensable d'ouvriers pour pratiquer en quinze jours au plus le premier binage de toutes les récoltes ensemencées au printemps, de supprimer celui dont les céréales de mars peuvent avoir un besoin pressant, en faisant passer deux fois à travers les lignes la herse à *rhabiller*.

Cette façon d'entretien, si utile à ce point de vue, supprime, en outre, les hersages et roulages en usage après l'enfouissement des grains à l'aide de l'extirpateur ou du *binot*. Ensuite, quand cet enfouissement est pratiqué avec le semoir, il peut être subordonné à l'état de sécheresse ou d'humidité du terrain ameubli.

Je trouve que la facilité d'espacer convenablement les plantes dans les lignes au moyen de deux hersages croisés et d'ameublir en même temps la croûte superficielle endurcie par des pluies battantes, suffit seule pour faire adopter les semoirs dans toutes les fermes, car combien de fois ne remarque-t-on pas des avoines médiocres dans le cours d'un bail dans les meilleurs terrains? Cette médiocrité due à la propension de ces sortes de terrains à reprendre leur consistance première, pour peu qu'ils aient été ensemencés par temps humide ou qu'une pluie de quelques jours les ait traversés après qu'ils ont été réduits en poussière, devrait faire reconnaître l'utilité majeure de les herser énergiquement sans qu'il y ait lieu de craindre de nuire au rendement de ces avoines.

Les semailles faites à la volée ne se prêtent guère à ces

hersages après coup, et comme elles exigent déjà l'emploi
d'un tiers de semences en sus de la quantité de grain réparti
par le semoir mécanique, je me garderai bien, quelque
puissant que soit le concours apporté à la végétation par le
rhabillage des céréales, d'exciter les cultivateurs à se ménager le moyen d'y recourir en semant ces céréales plus
épaisses au moyen du semoir en toile. Je trouve qu'il vaut
infiniment mieux laisser dans la couche arable, sujette à
reprendre trop de consistance, une grande quantité de
petites mottes de terres très-sèches, que de les pulvériser
avec le rouleau Quand ces mottes sont endurcies par le
soleil, elles ne se désagrègent qu'à la longue et elles entretiennent dans cette couche une perméabilité moyenne. Or,
cette perméabilité est surtout très-nécessaire aux racines
fibreuses. Je répéterai à son sujet une théorie que je ne re-
produirai jamais trop, si sa répétition me fait parvenir à
fixer sur elle l'attention des cultivateurs. Ainsi, plus la
couche de terre végétale est profondément ameublie, plus on
procure aux racines la facilité de s'étendre, de se ramifier
et d'alimenter les tiges. Comme l'évaporation des fluides
n'est pas, à beaucoup près, aussi forte dans les terrains argileux que dans les sols calcaires et sablonneux, il n'y a pas
d'inconvénient à redouter pour les récoltes, en y laissant en
grand nombre de petites mottes.

Leur atténuation ne doit être recherchée que lorsqu'il
s'agit de leur confier des graines d'un mince volume, des
semences de lin, d'œillettes et de colza entr'autres, afin
qu'elles puissent implanter la radicule pivotante si grêle et
si délicate ressortant du grain après sa germination. Ces
pivots ne pénètrent profondément en terre, et leurs organes
herbacés ne surgissent à sa surface qu'autant que les uns
et les autres ne rencontrent pas des résistances telles que
celles qu'opposent les grosses mottes desséchées.

La division de ces mottes est moins indispensable aux
racines des avoines, des fèves, des blés et autres céréales,

car celles-ci étant plus rustiques et plus flexibles que celles des plantes industrielles contournent les obstacles.

Le seul danger qu'elles courent c'est de ne pouvoir se défendre contre la voracité des racines des herbes parasites. Aussi importe-t-il essentiellement d'en débarrasser les terres bonnes ou mauvaises qu'elles infestent, en leur prodiguant les façons culturales dont j'ai parlé. On doit d'autant mieux recourir à ces moyens artificiels, que l'on a l'habitude de n'ensemencer les terrains froids et compactes qu'après que le soleil les a échauffés à une certaine profondeur, et quand on espère que la végétation s'y continuera sans interruption. Ces circonstances propices ne se présentant guère que fin avril ou commencement de mai, on a donc tout le temps de leur appliquer une culture ayant pour objet, ai-je dit, d'ajouter à leur puissance productrice et d'en faire disparaître les plantes les plus épuisantes et les moins profitables au cultivateur.

Mais ces résultats, si propres à faire oublier le surcroît de travaux qu'ils nécessitent avant d'être obtenus, ne se réalisent qu'autant que ces terres sont ameublies par temps sec, que le soleil les sèche et les échauffe après chaque hersage. Je rappellerai encore à cet égard un fait très-connu et dont on ne tient pas assez compte cependant. Plus un terrain est enclin à se relier, plus il est à propos de ne l'entamer et de ne le pulvériser que par beau temps ; car s'il est trop humide, il reprend aussitôt trop de consistance et se crevasse à l'excès quand la sécheresse succède aux pluies. On prévient, dès-lors, en l'ameublissant alors qu'il fait sec, les dommages que lui cause la volatilisation des fluides qu'il contient et ceux qu'éprouvent les récoltes dont les tiges sont comprimées à leur base par le retrait de sa croûte superficielle.

J'admets très-bien que les pluies entravent parfois l'application de ces procédés rationnels, et que les semailles ne peuvent être ajournées indéfiniment. C'est un motif de plus pour déployer en tout temps la plus grande activité dans l'exécution des travaux les moins urgents En se mettant ainsi toujours en avance dans sa besogne, on est constamment en mesure de saisir toutes les circonstances propices à la mise en œuvre des pratiques jugées susceptibles de réagir efficacement sur les résultats que l'on convoite. En se préoccupant sans cesse du travail que pourront faire les chevaux et les domestiques, soit par pluie, soit par beau temps, en pressant l'exécution de ce travail, sans égard à son importance plus ou moins grande, on peut ajourner, sans le moindre inconvénient, la besogne entreprise à titre de pis-aller.

Il ne me reste plus, en ce qui concerne l'ameublissement des terres destinées aux ensemencements de mars, qu'à faire reconnaître la nécessité de diviser dans toute son épaisseur, autant que possible, la couche arable. Plus les *palettes* de l'extirpateur ou les dents de la herse la pénètrent profondément, plus elles mélangent les engrais et saturent les molécules du sol ramenées à la surface, des gaz et de la chaleur répandus dans l'atmosphère.

Or, si l'on est convaincu que l'humidité, la chaleur, les gaz et les engrais organiques et inorganiques sont les agents concourant à la composition de la nourriture assimilable à l'usage des végétaux, on doit admettre que les façons culturales ont pour effet de contribuer puissamment à la combinaison de cette nourriture. On doit admettre, en outre, que la fructification des épis et la croissance des tiges sont en raison non-seulement de l'abondance dans le sol de ces agents, mais encore de la multiplicité de ces façons dont l'action spéciale est de déterminer l'élaboration du composé alibile et peu de temps après, son absorption par les spongioles des racines.

Ce qui témoigne hautement, du reste, en faveur du rôle important que jouent les instruments aratoires dans l'acte de la végétation, et ce qui m'engage à reproduire continuellement les théories que je développe dans le but de mettre leur concours en relief, c'est la remarque faite sur les terrains de qualités différentes. Ainsi, on constate presque toujours ce fait : qu'une récolte est de plus belle venue et donne plus de grain dans une partie d'une pièce de terre de même nature fumée dans d'égales proportions, que dans sa contre partie, quand l'ameublissement a été toutefois plus soigné et plus énergique sur la première que sur la seconde ; c'est-à-dire quand il a été profond d'un côté et superficiel de l'autre.

Cette remarque ne prouve-t elle pas que l'art embellit singulièrement la nature, ou en d'autres termes, qu'en facilitant aux végétaux le moyen de rechercher de tous côtés leur nourriture en rendant la couche arable perméable à leurs racines, on leur procure en même temps la facilité de faire affluer, avec plus d'abondance, dans les tiges, les sucs nutritifs disséminés dans ce milieu? Ne laisse-t-elle pas entrevoir, en outre, pourquoi il est préférable d'ameublir un terrain quelconque plutôt par temps sec que par temps humide, et pourquoi on se trouve aussi bien des ensemencements hâtifs pratiqués également d'après ce précepte ?

Toutes les considérations dans lesquelles je suis entré en parlant aussi longuement des bons effets à espérer des façons culturales données suivant mes prescriptions, ont eu pour but d'en faire remarquer l'importance.

Dans le cas où quelques-unes de ces façons seraient restées en retard jusqu'en mars, par suite d'une température défavorable à leur exécution, on sera de la sorte plus à même d'apprécier que plus on avance dans le printemps moins on doit ajourner, quand c'est possible, les *rhabillages*, les épandages de composts, la plantation des pommes de terre et la semaille des avoines sur les terrains nouvellement défrichés; plus il importe, en cette saison, de coordonner ces diverses besognes suivant leur importance relative et suivant que le temps semble devoir favoriser leur exécution.

Il n'est pas moins à propos d'envisager, pendant le cours

du moins de mars, si l'on peut compter sur un pâturage suffisamment abondant pour permettre d'entretenir constamment en parfait état de chair le troupeau des bêtes à laine, depuis la fin d'avril jusqu'à la moisson ; et si la jachère est fumée de manière à pouvoir nourrir avec la même largesse la plante industrielle qu'on en exige la plupart du temps, puis la céréale succédant à cette plante.

Il est, dès-lors, très-intéressant de s'assurer si les minettes et les trèfles n'ont pas été endommagés par l'hiver. Quand ces prairies sont manquées, on laboure les terres qu'elles occupent avant d'entreprendre les semailles ordinaires, et on les ensemence aussitôt en vesces et bizailles. Ces grains ronds servent, en juin et juillet, à alimenter le troupeau et à lui faire attendre le moment où les terres, débarrassées de leurs récoltes, lui livreront un pâturage très-abondant.

Les cultivateurs disposés à éviter, autant que possible, les dommages inévitables, dans certains cas, lorsqu'on ne s'attache pas à les prévenir, feront bien de prévoir si la température qui a eu lieu en hiver et si celle qui s'est produite depuis, ne sont pas de nature à favoriser étonnamment la croissance des sanves sur quelques pièces de terre sujettes à se couvrir de ces parasites.

Pour peu que l'on soit autorisé à redouter l'invasion de ces herbes, ou que le chiendent infeste quelques-unes de ces pièces de terre, je trouve qu'il vaut mieux les ensemencer toutes en dravière plutôt qu'en avoine. Les grains ronds et l'avoine avec lesquels on compose le mélange connu sous le nom de dravière sont préférables à ce point de vue, qu'ils se garnissent en six semaines d'une quantité considérable de feuilles et de rameaux. Or, comme ce feuillage devient très-épais et forme un couvert impénétrable, qui empêche les gaz et les rayons du soleil du soleil d'arriver jusqu'à la surface du sol ; comme la dravière prend, en outre, plus de taille que les herbes parasites et verse très-souvent avant de fleurir, elle étouffe, par cela même, sous son ombrage ces parasites, elle les fait périr en les étiolant, en les affamant et en les privant de l'assistance des agents météorologiques.

D'un autre côté, la dravière est préférable à l'avoine à ces autres titres, que les grains ronds consomment beaucoup de carbonate de chaux avec leurs racines, et que leurs organes herbacés s'alimentent avec l'oxigène et l'acide carbonique de l'atmosphère. Elle est préférable surtout dans les terrains calcaires par la raison qu'elle ne distrait du sol, en majeure partie, qu'un élément qui y prédomine, le carbonate de chaux, et que les bifurcations de ses racines, pivotantes pour la plupart, vont chercher cette nourriture jusques dans le sous-sol.

Ce qui montre ostensiblement, d'ailleurs, que cet élément et les gaz suffisent presque à l'alimentation des grains ronds, et que de plus ils paraissent se complaire notamment dans les terrains les plus médiocres, c'est qu'ils donnent toujours des récoltes très abondantes lorsque des pluies surviennent à propos pendant le cours de leur végétation, et quand on a pris partout le soin d'ameublir profondément les terrains qu'ils occupent, d'en atténuer les molécules le mieux possible, d'entraver par des roulages la formation des crevasses par lesquelles l'humidité s'échappe, enfin de les enfouir en terre alors que cette terre n'est ni trop humide ni trop sèche.

Les succès obtenus, grâce à l'observation de ces règles de culture non moins bonnes à suivre à l'égard des bons sols que des médiocres, ne sont pas étonnants. En effet, lorsqu'un terrain est ensemencé par temps humide, s'il est d'une nature compacte il se raffermit aussitôt et le soleil le fait se crevasser ; lorsqu'il est, au contraire, naturellement sec et perméable, si on l'ensemence alors qu'il est privé de la moindre humidité, la semence ne peut germer. Quand son germe parvient néanmoins à sortir de son enveloppe, ses radicules se raccornissent et ne prennent jamais de vigueur pour peu qu'elles aient pâti pendant la première phase de leur végétation. Aussi, est-on très-souvent fondé à dire que l'abondance des légumineuses principalement dépend des circonstances plus ou moins favorables au milieu desquelles elles ont été ensemencées.

Cette observation, si digne d'être prise en considération à l'époque des semailles, devrait déterminer un plus grand nombre de cultivateurs à mettre en œuvre tous les moyens reconnus aptes à seconder le développement du germe des plantes par des façons culturales subordonnées à la délicatesse et à la constitution des organes rudimentaires de ces plantes, puis aux aptitudes et aux défauts du sol qui les recouvre.

On devrait également ne jamais perdre de vue que ces germes ne croissent promptement qu'autant que la chaleur, les gaz et l'humidité font fermenter la fécule du grain et la transforment en suc laiteux; que ce suc n'alimente ces germes qu'en raison de son abondance, et que sa dilution et son assimilation n'ont lieu de même qu'en raison de la permanence de l'humidité dans le sein de la terre jusqu'au moment où les plantes se trouvent alimentées par leurs racines. Plus celles-ci sont rendues vigoureuses dès leur premier âge, plus elles supportent facilement les vicissitudes de la température. Cependant comme l'eau leur est encore nécessaire pour diluer les éléments nutritifs à l'usage des racines et pour diminuer les résistances qu'elles rencontrent en détrempant les mottes s'opposant à leur expansion, ces enseignements pratiques démontrent que l'on doit en tout temps venir en aide à la nature par des soins intelligents et de la vigilance.

Cette assistance devient moins nécessaire du moment où les organes herbacés des plantes arrivent à leur développement extrême, car les feuilles, ainsi que je l'ai fait observer fréquemment, s'approprient les gaz atmosphériques, lesquels sont des agents aidant à la nutrition des plantes et à la transmission du composé élaboré dans l'intérieur de la terre végétale. Le soleil à son tour réagit sur ces gaz, en les attirant lorsqu'ils sont incorporés dans les tiges. La sève,

par conséquent, est ascendante quand elle subit son influence;
mais lorsque la fraîcheur des nuits succède au jour, elle
redescend vers la base des plantes. Ces alternatives ressenties par la sève ressemblent au flux et au reflux de la mer;
elles sont les causes réelles du prolongement de la charpente
des végétaux comme de leurs racines, suivant que cette sève
reçoit son impulsion, soit vers le sommet, soit vers la base
de ces végétaux.

Mais laissons aux spécialistes, aux savants le soin d'élucider les lois présidant à la croissance des plantes. J'ai
voulu seulement, en m'engageant dans leur domaine, en
retirer quelques inductions, des théories, si l'on veut, afin
de faire remarquer aux cultivateurs qu'ils peuvent tantôt
favoriser puissamment la végétation de leurs récoltes par
des façons convenables, et tantôt remédier à l'épuisement
qu'ils causent à leurs terres par des exigences dispropor-
tionnées à leurs facultés, en variant ces récoltes.

Leurs connaissances pratiques doivent d'autant mieux
leur faire partager cette manière de voir sur ce qui regarde
la coopération de l'art agricole, dans l'accroissement de la
production du sol, qu'aucun d'eux ne peut mettre en doute
la relation étroite existant entre les causes et les effets, et
que tous ont dû regretter souvent d'avoir négligé de mettre
à profit leurs observations. Ces oublis m'ont fait penser que
le moyen de les déterminer à en tenir désormais plus de
compte, était de les mettre continuellement en présence de
ces faits et des opinions qu'ils m'ont suggérées quand j'ai
voulu en rechercher les causes.

J'ai besoin de dire encore, pour justifier, soit ces opinions,
soit la longueur des explications données pour les motiver,
que, loin d'avoir la prétention de les considérer comme
infaillibles, j'invite mes lecteurs à les contrôler par des expériences. Je méconnaîtrais, du reste, en affichant cette prétention, les leçons de l'expérience, car je sais très-bien que
mes recommandations, au sujet d'une opération agricole,

même de médiocre importance, peuvent faire naitre des
objections. Je sais aussi que les instruments et procédés
nouveaux ont leurs partisans et leurs détracteurs.

Mais comme je vois également que la plupart du temps les
praticiens sont naturellement trop exclusifs et manifestent
plus d'empressement à accueillir ou à découvrir des objections, qu'à rechercher les moyens d'atténuer les inconvénients qu'ils présentent, il importe que l'on soit fixé sur le
mobile auquel j'obéis. Ce mobile a pour objet, lorsque je
m'attache à faire prévaloir les procédés et préceptes utiles à
à suivre, à mon sens, d'amener les routiniers à raisonner
sans cesse eux-mêmes les avantages et les inconvénients
des pratiques si variées incombant à leur profession. Je
désire, en un mot, les amener à ne plus confier à la chance
le soin d'assurer leur réussite, et de faire participer, dans
l'exécution de leurs travaux aratoires, leur intelligence tout
autant que leurs bras.

Quand on accorde plus de déférence aux objections qu'aux
principes rationnels ressortant de l'analyse des faits, on
reste stationnaire. Ainsi, si l'on s'en tenait aux résultats
médiocres obtenus dans les terrains compactes et froids
ensemencés trop prématurément; si l'on attendait toujours
que le soleil les ait échauffés, il serait difficile d'accroitre.
dans une moyenne de dix années, le rendement, en paille et
surtout en grain, des récoltes, puisque la progression de la
quantité d'hectolitres à l'hectare dépend beaucoup, ai-je dit
à ce sujet, du prolongement de l'existence des plantes. La
théorie et la pratique sont d'accord sur ce point; mais les
ванves et les pluies, ai-je fait observer en même temps,
entravent très-souvent ce rendement.

L'exposé de ces faits contradictoires conduit à conclure:
qu'il est préférable de rechercher les moyens de prévenir
les incidents préjudiciables en expérimentant ceux que j'ai
mis en lumière, que de persévérer dans les habitudes en
usage, et qu'il importe, dans la conjoncture que je rappelle,

de se poser ces questions, à savoir : 1° si le drainage, les marnages à haute dose, l'emploi d'une grande quantité de cendres et des labours profonds, ne sont pas des auxiliaires très-propres à rendre ces terrains plus perméables aux gaz et à la chaleur et plus actifs, 2° si la marne et les cendres ne sont pas, de plus, des engrais jouissant de ces deux propriétés, de celle de dissoudre l'humus et de celle de nourrir le grain ; et 3° si l'inconsistance des molécules de ces matières facilite l'infiltration des eaux pluviales et empêche les argiles de se relier fortement.

Cette proposition et l'exemple qui la précèdent établissent d'une manière évidente que le cultivateur réellement en quête du progrès, doit ne se préoccuper des objections sérieuses paraissant s'opposer à l'emploi d'un procédé basé sur des principes certains, qu'avec la volonté formelle d'expérimenter les mesures qui lui sembleront aptes à faire disparaître les préjudices que ces objections lui font entrevoir. Les expériences comparatives ont d'ailleurs pour effets, lorsqu'on ne possède pas des connaissances scientifiques sur les lois naturelles, de mettre sur la voie des meilleures pratiques culturales, car, en mettant les résultats comparatifs en relief, elles font ressortir également en partie les causes qui ont dû les déterminer.

Maintenant que je suis entré dans des explications très-étendues sur les travaux aratoires à exécuter au printemps, et que j'ai indiqué les divers points de vue auxquels on devait se placer chaque fois que l'on est en présence de l'exécution de l'un ou de l'autre de ces travaux, il ne me reste plus qu'à faire envisager les soins particuliers à accorder aux bestiaux et les préoccupations auxquelles on devra se porter à leur égard pendant le cours de ce mois.

Comme la plupart du temps les étables se trouvent plus dégarnies d'animaux domestiques, vers la fin du mois de mars qu'au commencement de novembre, par rapport aux spéculations dont on les a rendus l'objet, il importe, avant de combler les vides, de se renseigner exactement sur l'importance des ressources alimentaires restant à consommer et de celles à espérer des prairies artificielles. Il est de même non moins à propos d'arrêter les spéculations à faire avec les bestiaux de remplacement, en conséquence de ces ressources, et de mettre en réserve une grande quantité de paille destinée à les *empailler* convenablement pendant la bonne saison.

Cette réserve doit être considérable si l'on persiste à conserver les bestiaux dans les étables, par la raison que les déjections des animaux domestiques nourris avec des fourrages verts en été, sont très-liquides et plus volumineuses qu'en hiver. En étendant sous ces bestiaux des litières très épaisses, celles-ci absorbent les parties aqueuses des déjections et il est facile, en recouvrant les excréments plus solides avec de la paille sèche, au fur et à mesure qu'ils sont rejetés, de conserver une propreté apparente dans les étables et sur le corps des animaux.

Comme je disais, en commençant la revue des travaux incombant au mois de mars, que l'on devait *engrainer* tous les animaux indistinctement, il me paraît utile d'expliquer les motifs sur lesquels je fondais ce conseil. La transition d'un régime à un autre tout différent, d'un régime dans lequel la nourriture verte est substituée à une nourriture sèche, expose les animaux domestiques à contracter des maladies dangereuses. Ces maladies sont la plupart du temps occasionnées par la parcimonie que l'on apporte très-souvent, pendant le dernier trimestre de la stabulation d'hiver, dans la distribution de la nourriture donnée a ces bestiaux. Lorsqu'on les met tout d'un coup en liberté au milieu des prairies aussitôt qu'elles paraissent pousser, ou qu'on les nourrit dans les étables avec largesse et avec des fourrages verts, cette transition du jeûne à l'intempérance, ou d'une alimentation de mauvaise qualité à une nourriture saine et abondante, les prédispose à des congestions et à des affections inflammatoires. Ces maladies causent des pertes d'autant plus considérables, qu'elles se déclarent presque toujours parmi les bestiaux les mieux conformés, les plus *naturels*, pour peu que la température accélère la circulation du sang et gène la respiration.

L'expérience a appris qu'elles étaient très-rares chez ceux dont on avait fortifié le tempéramment par des aliments substantiels. En habituant les veines à une plénitude constante, leurs tissus sont plus résistants et les muqueuses tapissant les organes internes sont moins sujets à se congestionner, à s'enflammer ou se déchirer.

Au surplus, ce qui milite surtout en faveur d'une alimentation régulièrement abondante, c'est cette considération majeure : les élèves des vaches et brebis ne prennent de la taille et de la vigueur, de même celles-ci ne réparent leur épuisement causé par la parturition et l'allaitement, qu'autant que les uns et les autres ont reçu en tout temps une nourriture proportionnée à leurs besoins et du grain réduit en mouture; qu'autant que ce grain leur profite entièrement et ne traverse pas en pure perte leur canal intestinal, sans être digéré.

AVRIL.

Comme la plupart des cultivateurs sèment leurs avoines, leurs fèves et leurs grains ronds pendant le cours du mois d'avril, je trouve à propos de rappeler les avantages résultant de l'emploi des semences de même espèce, tirées de l'arrondissement de Béthune.

On a dû remarquer à cet égard que, depuis longtemps, chaque fois que l'on ensemençait la moitié d'une pièce de terre de même qualité avec deux semences différentes, quant à la provenance seulement, dont l'une avait été récoltée dans cet arrondissement et l'autre dans l'exploitation même, cette dernière donnait une récolte moins abondante et surtout moins élevée en taille que la semence exotique.

Les cultivateurs ne devraient pas rester indifférents en présence d'un avantage aussi sensible, d'un fait acquis ; ils devraient, par conséquent, s'imposer l'habitude de se rendre en personne au marché de Béthune quelque temps avant les semailles de mars, afin de s'y procurer la quantité de semence dont ils auraient besoin. Cette habitude ne leur causerait, après tout, d'autre préjudice que des frais de déplacement, lesquels seraient compensés au-delà par la plus-value de leurs récoltes.

J'ai cherché très-souvent quelle pouvait être la cause déterminante de cette bizarrerie de la nature, mais n'ayant pu en découvrir une explication plausible, je m'en tiens au fait pour engager les cultivateurs peu au courant de sa réalité, à faire des expériences comparatives avec leurs propres semences et celles provenant de Béthune. Ils devront les tenter d'autant plus volontiers, qu'ils savent qu'en circonscrivant les expériences quelles qu'elles soient, dans des limites très-étroites, on se renseigne à bon compte sur le mérite des procédés mis en lumière par les agronomes d'initiative.

Examinons maintenant quels sont les travaux aratoires qu'il importe d'exécuter en avril. Ces travaux consistent, comme en mars, dans l'ameublissement le plus parfait possible de la couche arable chaque fois que le soleil ou un vent sec semblent devoir faire évaporer l'humidité dont ses mélocules sont saturées.

Ils consistent, en un mot, à poursuivre, sans désemparer, les façons culturales reconnues nécessaires à une pièce de terre pour favoriser la réussite de la semence qu'on va lui confier et à n'entreprendre d'autres façons, ailleurs, qu'après avoir terminé complètement celles dont cette pièce est l'objet et son ensemencement. Aussi, ai je toujours regardé comme une imprudence insigne l'habitude que certains cultivateurs ont contractée d'ameublir entièrement, avant de les ensemencer, toutes les pièces de terre composant la sole de mars ou celle de jachère destinée à des plantes industrielles. Je crois qu'il vaut infiniment mieux ensemencer chacune de ces pièces au fur et à mesure que leur préparation paraît satisfaisante. On évite de la sorte des nouveaux hersages et la prolongation des semailles que nécessitent les pluies abondantes lorsqu'elles ont relié les terres ameublies trop prématurément.

Ces hersages hâtifs n'ont leur raison d'être qu'au commencement de mars, ainsi que je l'ai expliqué le mois dernier, et pour provoquer, ai-je dit, la germination des semences des parasites. Comme j'ai fait connaître également en mars pourquoi il était très-utile d'ameublir profondément la couche de terre végétale et quelle était l'action spéciale des instruments aratoires en usage, je vais, afin de ne pas tomber dans des redites fastidieuses, ne m'étendre que sur les façons aratoires et les soins particuliers à accorder aux terres que l'on doit ensemencer en lin ou en prairies artificielles permanentes, telles que luzernes et sainfoins.

Les terres destinées au lin exigent, si l'on tient à favoriser sa réussite, surtout la destruction complète des semences des herbes adventices et l'enlèvement des racines de chiendent, car il n'est pas possible de recourir aux binages pour les faire périr, et les sarclages de longue durée coûtant très-cher aujourd'hui nuisent beaucoup à la végétation du lin.

Je rappellerai à ce sujet les conseils que je donnais le mois dernier, dans lesquels je disais que le moyen d'opérer la destruction de ces semences nuisibles consistait à ameublir du 1er au 15 mars au plus tard, quand la température était douce, les terrains que l'on présumait devoir se couvrir de parasites, avec autant de soin que s'il s'agissait de les ensemencer. La chaleur et la division de leurs molécules facilitent leur germination dans un bref délai, ai-je dit, mais comme un nouvel ameublissement devient nécessaire vers la fin d'avril pour semer sur ces mêmes terrains les plantes utiles, on conçoit, dès-lors, que cet ameublissement doit avoir pour effet, s'il a lieu, également pendant les chaleurs, de détruire les germes et racines des parasites et de faire servir exclusivement à la nutrition des plantes industrielles les détritus de ces parasites d'abord, et ensuite tous les éléments alibiles renfermés dans ces terrains.

Evidemment la destruction des herbes adventices contribue puissamment à assurer la réussite du lin; cependant il ne me paraît pas moins utile de mettre en œuvre deux autres pratiques efficaces à ces points de vue : d'abriter le lin contre les insectes et contre l'action dévorante des vents secs et de la chaleur. Les uns en le rongeant au fur et à mesure qu'il pousse, et les vents, de même que le soleil, en desséchant la surface du sol, lui font courir les plus grands dangers.

Le moyen de détruire les insectes, les puces de terre entr'autres, consiste à semer, lors du premier ameublissement donné au commencement de mars et même en hiver, des cendres minérales mélangées avec de la suie. Les émanations qui s'échappent de la suie pendant les chaleurs ont la propriété de faire périr les insectes qui les respirent. D'un autre côté, ces cendres et celte suie contiennent des éléments minéraux lesquels dissolvent ceux renfermés dans les fumiers dont on couvre les terres à lin avant de les labourer, et ces éléments ajoutent à l'action fertilisante de ceux provenant de ces fumiers en se combinant avec eux.

Quant au moyen de prévenir les effets funestes au lin, causés par la durée de chaleur intense et des vents secs survenant en mai et juin, il consiste à incorporer dans la couche arable en même temps que les engrais précités, par des hersages multipliés, quelques tombereaux de fumier réduit presqu'en terreau, puis à recouvrir le lin aussitôt après son ensemencement et avant de faire passer le rouleau, de quelques voitures de fumier tiré des bergeries, que l'on éparpille sur la surface du champ avec le plus de soin possible, autant avec la main qu'avec le fourchet.

Le fumier des moutons, mis en couverture, protége le lin contre le froid et la chaleur en l'abritant. Il entrave en outre l'évaporation de l'humidité renfermée dans la couche arable, et il sert, même pendant la nuit, de corps absorbant en s'imprégnant des rosées,

Le court fumier, épandu en même temps que les engrais pulvérulents, empêche, de son côté, la superficie du sol de former une croûte imperméable après les ondées, de se contracter et de se crevasser sous l'action des rayons solaires. Ces deux sortes d'engrais, jouissant de propriétés hygrométriques, entretiennent enfin autour de la plante une certaine humidité laquelle détermine, en s'unissant à la chaleur, un dégagement continuel de gaz hors du sein de la terre. Or, ces gaz, ai-je fait observer très-souvent, jouent un rôle important dans la nutrition des plantes avant la formation de leur graine, en ce sens, que leurs feuilles et leurs racines les absorbent, et qu'ils servent à constituer leur charpente, à y transporter la sève et à élaborer cette sève.

Ces deux fumiers, ainsi que les façons culturales étant des auxiliaires non moins utiles que les éléments fertilisants en concourant de différentes manières à la réussite du lin, il est du plus grand intérêt de suivre fidèlement mes indications.

La vente du lin ne procure-t-elle pas, en effet, lorsqu'il est de belle venue, la plus forte somme d'argent à l'hectare? Et les divers procédés précités ne doivent-ils pas exercer encore une influence très favorable sur la végétation du blé semé ordinairement après le lin?

Comme le blé est également une plante très-épuisante; qu'il ne donne une forte quantité de grain qu'en raison de la richesse du sol, il importe donc essentiellement que les terres sur lesquelles on se propose de tirer ces deux produits soient pourvues largement des substances nutritives entrant dans leur constitution.

Ces diverses fumures sont d'autant plus indispensables, que leurs éléments alibiles assimilés par ces plantes sont en majeure partie perdus pour l'exploitation, attendu qu'ils ont donné naissance à des denrées que l'on exporte au dehors et que ces denrées sont toutes composées avec deux de ces éléments les moins communs dans les fumiers de ferme. Elles sont nécessaires en outre à cet autre titre : que si l'on éprouve très-souvent des déceptions après avoir rempli ponctuellement les prescriptions imposées par une culture rationnelle, parce que la température est venue déjouer les combinaisons, à plus forte raison ces déceptions sont-elles plus grandes encore, lorsqu'on ne fume et ne cultive le sol assujetti à des exigences du genre de celles dont il vient d'être parlé, que d'une manière insuffisante.

Aussi, doit-on se faire un devoir, soit que l'on sème des plantes industrielles, soit des céréales, des plantes au résumé, dont les produits n'entrent que pour une faible partie dans l'alimentation des bestiaux et ne font pas retour, par conséquent, sous forme de déjection aux terres qui les produisent, de mettre à la portée de leurs racines les substances que l'on retrouve dans ces plantes après leur analyse.

Il n'importe pas moins d'employer des procédés du même genre envers les terres que l'on doit ensemencer en prairies artificielles permanentes, telles que les luzernes et les sainfoins. Les spéculations variées dont on les rend l'objet prescrivent la mise en œuvre des moyens reconnus les plus aptes à en prolonger la durée et l'abondance. Comme on sait qu'elles font progresser la fertilité d'une exploitation lorsqu'on les donne à consommer entièrement aux bestiaux, suivant qu'elles y prédominent, on doit s'attacher, d'une part, à augmenter chaque année l'espace occupé par ces prairies, et favoriser, de l'autre, leur végétation à l'aide des engrais et des façons aratoires dont je vais parler.

L'expérience m'ayant appris que l'abondance et la taille des luzernes et sainfoins étaient surtout subordonnées aux soins apportés dans la destruction des semences et racines des parasites vivaces, puis à l'épaisseur de la couche de terre végétale, j'avais pris l'habitude de ne semer les graines de ces prairies que dans les avoines succédant à deux plantes sarclées s'accommodant très-bien d'un sol labouré et fouillé profondément.

Ainsi, on doit, à mon sens, planter en premier lieu des pommes de terre et semer ensuite l'année suivante des œillettes en ligne sur le terrain destiné à ces prairies. Il est nécesssaire, en outre, de fertiliser ce terrain avec des engrais contenant les éléments dont s'alimentent ces plantes industrielles, puis les prairies semées l'année suivante dans l'avoine.

Les binages que reçoivent les pommes de terre et œillettes, font périr les germes des parasites, et les engrais abondants, comme les labours profonds que ces plantes exigent, prédisposent ce terrain à favoriser la végétation des luzernes de sainfoins.

Mais comme ces légumineuses réclament surtout la prédominance dans le sol de l'élément alibile dont elles se nourrissent en majeure partie, du carbonate de chaux, il est d'une nécessité absolue de marner fortement le sol qui n'en contient pas naturellement, aussitôt après la récolte des œillettes, et d'incorporer convenablement cette marne avec la couche arable, au moyen de hersages en mars lorsque les gelées l'ont délitée. Je dois faire observer, en outre, qu'il est non moins opportun de retrancher un tiers de la semence d'avoine ordinairement employée, car cette céréale deviendrait trop épaisse et verserait si elle était semée dans des conditions aussi favorables. Il est surtout à propos que les tiges des avoines soient clair-semées, afin que les prairies aient l'aisance d'épanouir leurs couronnes, dès la première année, sur la surface du sol, d'implanter profondément leurs pivots et d'absorber les gaz répandus dans l'atmosphère.

Il est très intéressant, d'un autre côté, de seconder leur végétation pendant le cours de cette première année, en ne semant les graines de luzerne ou sainfoin qu'alors qu'il est possible de herser les avoines, et en épandant, en même temps que ces graines, sur ces avoines, des engrais pulvérulents tels que du plâtre, des cendres imprégnées d'urine ou des composts concentrés.

En mettant de la sorte ces engrais en contact direct avec la semence des prairies, leurs éléments nutritifs servent à fortifier les premiers organes ressortant de cette semence et à les alimenter jusqu'au moment où ils sont assez développés pour s'assimiler ceux existant dans les profondeurs du sol.

Les hersages et roulages, pratiqués aussitôt après l'épandage des engrais et des semences, ont pour effet de protéger ces dernières contre les dangers qu'elles courent lorsqu'elles reposent sur la croûte imperméable du sol. En ameublissant et en fertilisant cette croûte appauvrie par le soleil et la pluie, laquelle entraîne les principaux alibiles dans les couches inférieures, on favorise évidemment leur germination et leur nutrition; on favorise la dilution des substances alibiles à l'aide de l'humidité causée par les rosées, car cette humidité est absorbée entièrement par les molécules de cette croûte pulvérisée par la herse et le rouleau.

Telles sont les pratiques culturales auxquelles je puis attribuer les succès que j'obtins. Je laisse aux praticiens le soin d'apprécier la valeur des théories qui me les firent adopter. Voyons maintenant, puisque je viens de faire ressortir de nouveau l'utilité majeure de donner aux terrains emblavés une culture d'entretien, un ameublissement super-ficiel, s'il ne serait pas très-à-propos de profiter de ce que les ouvriers sont peu occupés en avril pour leur faire biner les céréales d'hiver pendant le cours de ce mois.

Quand on a pris la bonne habitude de n'ensemencer les grains qu'avec un semoir mécanique, le binage des blés se trouve singulièrement simplifié. On aurait donc le plus grand tort de ne pas y recourir afin de détruire non seule-ment les mauvaises herbes croissant entre les lignes, mais ıncore afin de faire absorber, par les molécules du sol divisé par les houes, les agents météorologiques, les gaz, la chaleur et l'humidité. les agents, ai-je dit déjà en maintes cirrons-tances, concourant avec les engrais à la nutrition des végétaux.

Si le binage des céréales avait lieu en avril et s'il était très-bien exécuté, ce binage assurerait à la couche arable, pendant très-longtemps, les avantages que je viens de men-tionner, car les récoltes recouvrent ordinairement en totalité la surface du terrain de leur feuillage vers le commencement de mai, et l'abri résultant de ce couvert maintient la perméa-bilité procurée à cette surface par le binage

Dans le nord de la France on est tellement convaincu de l'efficacité des binages, comme moyen d'accroître le rende-ment du sol, que les agriculteurs les pratiquent sur toutes leurs récoltes, sans paraître se préoccuper si la main-d'œuvre est devenue rare et très-chère.

Pourquoi donc s'abstient-on, dans la Somme, d'employer

les mêmes moyens, sinon envers les œillettes, les betteraves
et carottes? Je crois être en droit d'avancer que, dans la
Somme, on s'attache plus, que dans le Nord, à envisager
les avances déboursées, qu'à se rendre un compte exact par
des expériences comparatives, si un hectare, sur lequel on
a dépensé 100 fr. ou 50 fr. en binages, a rapporté une somme
d'argent deux fois supérieure à celle avancée, et si la récolte
obtenue, grâce à cette culture d'entretien, a rendu également
un tiers ou un quart de grain et de paille de plus qu'un autre
hectare laissé sans culture du même genre.

Ne pourrais-je pas avancer, avec non moins de raison,
que, quand même on ne rentrerait que dans les déboursés, il y aurait encore un grand avantage à faire biner
toutes les récoltes? Ces binages, en détruisant les herbes
parasites, ne mettent-ils pas de la sorte un terme au dommages plus ou moins considérable que causent chaque
année aux récoltes ces plantes adventices? Et ne puis-je pas
m'étonner à bon droit que ces dommages aient excité un si
petit nombre de cultivateurs à se rendre compte si les bénéfices réalisés à l'aide de ces binages ne dépassent pas de
beaucoup les frais de main-d'œuvre qu'ils nécessitent?

Maintenant que j'en ai fini avec tout ce qui concerne les
façons aratoires nécessaires au sol avant comme après l'ensemencement des récoltes, je vais émettre quelques opinions
sur un autre sujet non moins intéressant à étudier en avril.
Ce sujet regarde les prévisions et soins que l'on devra embrasser, dès le commencement de ce mois, à l'égard des
animaux domestiques.

Pendant le cours du mois d'avril la végétation des plantes
fourragères prend un essor plus ou moins rapide. Quand
elle semble vouloir se continuer sans interruption, il est
urgent de conduire les bestiaux, soit dans les herbages, soit
sur les prairies artificielles. Or, ces circonstances particulières m'engagent à faire connaître mes expériences concernant la stabulation de ces bestiaux au milieu des prairies,
et les réflexions qu'elles m'ont suggérées.

Aussitôt que les prairies naturelles ou artificielles avaient atteint une taille de 4 à 10 centimètres, je mettais courir dans les herbages de première qualité les agneaux nés fin décembre et les vaches destinées à l'engraissement, mais en séparant toutefois les uns des autres. En leur donnant ainsi à consommer à discrétion une herbe fine et substantielle, les premiers prenaient de la taille et de la chair et les autres s'engraissaient. J'habituais de la sorte les agneaux à se suffire à eux-mêmes, je les prédisposais au parcage et je prévenais l'épuisement de leurs mères. Celles-ci se débilitent ordinairement en avril et mai, lorsqu'on laisse leurs élèves avec elles, d'autant plus que ces élèves ont plus de taille et de vigueur, et que la nourriture donnée aux brebis a été insuffisante.

J'isolais également, en même temps que les bestiaux précités, dans d'autres herbages parfaitement clos, les brebis les plus maigres et celles restées jusques-là rebelles à l'alimentation à l'étable malgré les soins particuliers dont elles avaient été l'objet. Je parvenais souvent de cette manière à reconsolider leur tempéramment épuisé, j'en remettais un grand nombre en bon état de chair. Quelques-unes s'engraissaient et en définitive toutes acquéraient une valeur marchande plus ou moins importante eu égard à celle qu'elles avaient lors de leur sortie des étables. Dans tous les cas les herbages naturels leur procurent une vigueur suffisante pour leur permettre de passer la campagne avec le reste du troupeau lorsqu'il est mis au parc, et l'on subit alors moins de pertes sèches.

Quant aux vaches écoulées et avancées en chair, je trouvais que la pointe d'herbe broutée par elles dans les prairies d'excellente qualité les faisait engraisser pendant l'espace de deux à trois mois seulement; que je retirais de la sorte un très-beau bénéfice sur mes herbages, surtout pendant la durée du printemps, quand elles n'avaient plus qu'à prendre de la graisse dans les herbages. Il leur est, du reste,

d'autant plus facile de prendre de l'embonpoint au printemps,
que les mouches et la chaleur ne les inquiètent et ne les
accablent pas en cette saison.

Les vaches laitières ne se trouveraient pas moins bien
que les premières des pâturages aussi substantielle, mais
comme il n'est guère possible, dans la plupart des fermes, de
satisfaire également les besoins ou les convenances d'une
quantité relativement aussi considérable de bestiaux, on doit
se borner à faire un choix parmi les animaux domestiques
d'espèce différente, proportionné à l'étendue des herbages que
l'on possède, un choix composé exclusivement de ceux ne
pouvant reprendre de la chair qu'à l'aide d'un pâturage tendre et très-réparateur.

Il suffit pour les autres bestiaux destinés à la reproduction,
et jouissant de toute leur vigueur, de leur donner à consommer sur place des trèfles blancs, des minettes, des sainfoins,
des luzernes et des dravières. Quoique tous ces fourrages
soient moins substantiels que l'herbe croissant dans des
herbages soignés comme en Normandie, ils sont néanmoins
très-nutritifs. Ils le sont de même que les prés naturels
d'autant plus qu'ils sont broutés avant d'être devenus
ligneux, avant que la chaleur n'en ait activé la végétation
outre mesure.

Je dois faire observer de plus à leur égard que l'expérience
m'a fait connaître qu'il était préférable, quand la température
n'était pas trop froide pendant la nuit, de fixer à demeure
avec des piquets et des chaînes, à des distances convenables,
chaque tête de gros bétail, que de laisser les bestiaux en
liberté. Ce système de stabulation est plus économique par
cette raison qu'ils commettent moins de gaspillage, et que la
chaîne qui les retient les empêche de gesticuler et de se
tourmenter mutuellement; aussi profitent-ils davantage et
en moins de temps que lorsqu'ils sont libres.

Mais comme ces bestiaux délaissent les fourrages salis
par leurs déjections, et que les bêtes à laine n'éprouvent

aucune répugnance pour s'en repaître, on doit faire passer chaque jour le troupeau sur le pâturage consommé par les vaches vers le soir avant sa rentrée au parc, et lui faire brouter pendant la journée les herbes croissant sur les friches et les chemins.

Je crois utile, après avoir fait connaître sommairement ce qu'il importe d'accorder à chaque catégorie de bestiaux composant le personnel des animaux domestiques et quelle était l'économie du mode de stabulation que j'employais, d'exposer les motifs pour lesquels je tenais autant à fixer à demeure jour et nuit, et pendant toute la durée de la bonne saison, tout ce personnel.

La stabulation des bestiaux au milieu de récoltes fourragères semées sur la sole de jachère notamment, dispense de transporter les fumiers pendant tout le cours de l'été; elle dispense de payer des ouvriers pour les charger et les épandre ou pour faucher et amener à la ferme ces fourrages sans égard à l'intempérie du temps. En outre, il est facile à une femme de prodiguer tous ses soins à un plus grand nombre d'animaux domestiques, car comme elle n'a pendant toute la journée qu'à avancer d'un mètre ou 50 centimètres chaque piquet et à aider le porteur d'eau pendant les chaleurs à abreuver les bestiaux, il lui reste de nombreux loisirs et sa surveillance n'est pas aussi indispensable que s'ils étaient dans des étables. Elle n'a, au plus, que trois heures de travail, même en supposant que cette surveillance s'exerce sur 50 têtes de bétail.

D'un autre côté, ne puis-je pas prétendre qu'en faisant brouter les prairies, soit naturelles, soit artificielles, avant que les tiges des plantes soient devenues ligneuses, ces prairies entretiendront en meilleur état, sur la même surface, un plus grand nombre de bestiaux, que si cette surface était moissonnée alors que la récolte était en fleur? Je ferai valoir, à l'appui de cette assertion, que toutefois qu'une plante est encore consommée pendant qu'elle est en herbe, sa couronne tend sans cesse à faire surgir de sa base de nouvelles pousses, lesquelles sont, non-seulement très-tendres, mais encore plus nutritives que celles devenues ligneuses. Aussi, doit-on veiller à ce que le troupeau surtout ne rase pas de trop près les couronnes des plantes fourragères.

Il importe de même, quand on détache quelques sujets du troupeau de moutons ou de vaches pour les rétablir dans des herbages clos de haies, de sauvegarder ces clôtures vivaces contre leur dent, en creusant dans le pourtour de ces herbages des fossés profonds, et en rejetant la terre qu'on en retire en talus escarpé sur la base de ces haies, de manière à ce que les agneaux mêmes ne puissent gravir ces escarpements.

On doit voir dans tout ce qui précède, concernant la stabulation à l'aide de chaînes et piquets, qu'il ne peut résulter de son usage que des avantages de tout genre. A plus forte raison ces avantages augmentent-ils chaque jour lorsqu'on s'applique continuellement à améliorer tous les détails que comporte ce régime d'alimentation. Comme je prévois que l'on pourrait objecter, contre l'adoption de ce système de stabulation, qu'en laissant les bestiaux jour et nuit dans les champs, les fumiers doivent être insuffisants, je dois faire observer que cette insuffisance n'est que momentanée.

En effet, les pâturages sur lesquels les bestiaux stationnent d'une manière permanente absorbent, d'une part, complètement les parties liquides de leurs déjections, et leurs parties solides forment, de l'autre, sur le sol, une couche d'humus après quelques années de stabulation. Or, tous les éléments fertilisants résultant de ces déjections accumulées pendant une longue période d'années, accroissent d'autant la puissance productrice de ces pâturages. Aussi, en obtient-on, après qu'ils ont été défrichés, plusieurs récoltes superbes, sans qu'il soit besoin de les fumer; et ces récoltes donnent-elles une quantité énorme de pailles avec lesquelles on confectionne des litières et partant les fumiers.

Cependant comme ces pailles et engrais n'arrivent qu'après l'établissement et la durée plus ou moins prolongée de prairies naturelles ou artificielles, et que la production des fumiers est nécessairement insuffisante peu de temps après l'application de ce système de culture, je trouve qu'il est indispensable de suppléer à leur insuffisance provisoire par l'emploi d'engrais commerciaux tels que du guano, des tourteaux et des composts concentrés. Il vaut mieux, à mon sens, faire toutes les avances et déboursés de nature à assurer la réussite des récoltes réclamant une fumure, que de nourrir les animaux domestiques dans leurs étables pendant tout le cours de l'été, en vue d'en retirer des fumiers.

On doit comprendre qu'il devient plus tard, en suivant le système que je préconise, d'autant plus facile de féconder l'exploitation avec les engrais confectionnés seulement dans la ferme, et de les proportionner aux besoins des récoltes, que le défrichement des prairies se continue chaque année dans une forte mesure, et que l'on conserve, par exemple, constamment une quantité relativement considérable des machines servant à fabriquer les fumiers.

On doit comprendre, en outre, qu'en faisant parquer le troupeau depuis le commencement de mai jusqu'au 1er novembre, sur les terres composant la jachère, mais épuisées en partie par les récoltes qu'on en retire avant de les ensemencer en blé, ce parcage entretient la fécondité de ces terres fumées pendant l'hiver précédent avec largesse.

Toutes les explications dans lesquelles je viens d'entrer, au sujet de la stabulation d'été, se résument dans cette proposition : En augmentant graduellement l'étendue des prairies et en appliquant à la sole, dite de jachère, les procédés de culture et de fertilisation dont j'ai parlé, il y a tout lieu de penser que les cultivateurs qui s'engageraient dans ces voies nouvelles retrouveraient bientôt la plus grande liberté d'action, tout en obtenant un rendement de leurs terres de plus en plus supérieur.

Quel que soit, au surplus, leur système de culture, ils devront toujours envisager que le mois d'avril est tout particulièrement le mois pendant lequel il importe de prendre les dispositions qu'ils jugent propres à favoriser les spéculations dont ils se proposent de rendre l'objet, soit leurs bestiaux, soit leurs terres labourables.

L'expérience a dû leur apprendre, concernant la culture du sol, que les avances en engrais ne sont jamais perdues ; car s'il arrive parfois que leurs effets paraissent nuls parce qu'une température contraire en a entravé l'action, cette action se fait ultérieurement remarquer et les dédommage avec usure des pertes essuyées.

Cette même expérience a dû également leur apprendre, sur ce qui regarde les bestiaux, que le moyen de retirer des fourrages consommés sur place les profits les plus considérables, était de nourrir fortement les bestiaux, de réformer ceux qui sont mal conformés et de mauvaise nature ; l'abondance des produits et des bénéfices qu'ils donnent étant subordonnée, à leurs aptitudes, à leur valeur vénale et à la qualité des matières premières, des fourrages servant à les fabriquer.

Je rappellerai, à l'appui de ces doctrines, une maxime tirée d'un vieux proverbe disant : *Fais ce que dois, adviendra que pourra.* Cette maxime n'indique-t-elle pas que l'on doit s'acquitter ponctuellement des devoirs incombant à la profession que l'on exerce, afin que l'on n'ait pas un jour à s'adresser des reproches, ou à concevoir des regrets ? Or, s'il est vrai que l'industrie agricole est plus exposée que l'industrie commerciale aux risques et aux mécomptes, il doit paraître, dès-lors, nécessaire de déployer sans cesse la plus grande activité, de la prévoyance, de l'énergie et de la persévérance, puisque ces qualités font prévenir ou réparer les pertes que suscitent les circonstances fortuites.

La prévoyance surtout est celle de ces qualités la plus intéressante à acquérir dans la profession agricole, car elle est utile pendant tout le cours de l'année, en avril et en août principalement. En avril on prépare le succès des résultats que l'on convoite, et pendant le mois d'août on sauvegarde ces résultats contre la dépréciation que les pluies pourraient leur causer. On doit donc s'appliquer à ne se mettre jamais dans la position de reconnaître, lorsque ces mois sont écoulés, les oublis et les négligences que l'on a commis. Il est préférable de n'avoir qu'à se rejouir d'avoir prévenu, par de bonnes mesures, les incidents habituels châtiant les cultivateurs apathiques, et de préméditer à ces fins toutes les opérations culturales qu'il importe d'exécuter pour faire réussir les spéculations variées auxquelles on se porte.

Aux Membres du Comice d'Amiens,

Messieurs,

Le conseil administratif de la Société industrielle n'ayant pas jugé à propos de permettre à son président, de donner lecture dans une des assemblées générales de cette Société, des deux lettres que je lui avais adressées, je me crois obligé de transporter sur un autre terrain une discussion qui ne devait pas, à mon sens, sortir de celui sur lequel elle avait été provoquée.

Quelle que soit la validité du droit derrière lequel ce conseil s'est abrité pour refuser la défense de mes opinions, en objectant que je ne faisais pas partie de la Société industrielle, je ne puis dissimuler que ce refus m'a paru très-étrange.

Il m'a paru étrange parce que je croyais qu'il était admis en principe par toutes les sociétés s'occupant d'intérêts industriels, de permettre aux absents d'y défendre sinon verbalement du moins par lettres leurs opinions, quand celles-ci y avaient été mises en question par un de leurs sociétaires.

Il m'a paru surtout étrange parce qu'il y avait tout lieu de penser que ce conseil persévérerait dans l'esprit libéral qu'il avait manifesté précédemment, lorsqu'à l'occasion de la lecture publique du 12 janvier, le président du Comice protesta, dans la Société industrielle, contre les insinuations dont ce Comice avait été l'objet de la part de l'auteur de cette lecture.

Je reconnais que sa double qualité de président du Comice d'Amiens et de membre de la Société industrielle autorisaient M. de Chassepot à prendre la parole dans le sein de cette Société pour y défendre celle qu'il préside; cependant il me semble que l'équité d'une part et de l'autre l'intérêt que la Société industrielle paraît porter à l'Agriculture prescrivaient à son conseil administratif le devoir de permettre à son président, M. Legendre, de communiquer à ses collègues, dans une réunion générale, les explications écrites que je lui avais remises afin qu'il pût les édifier sur les causes des critiques portées contre mes publications dans le bulletin du Comice.

Je dois dire, enfin, que je m'attendais d'autant moins à une pareille fin de non recevoir, que j'avais cru que le conseil administratif de la Société industrielle aurait partagé la même manière de voir que son Président. Ainsi j'avais pensé qu'il aurait été satisfait de voir se produire, dans cette Société, une discussion courtoise sur un sujet très-propre à intéresser son comité d'Agriculture et les agriculteurs lisant ses bulletins.

Mon attente ayant été déçue de ce côté, et ne voulant pas rester sous le poids du blâme infligé aux opinions du Comice et aux miennes, dans la Société industrielle, j'ai dû en appeler à un tribunal plus soucieux du grave intérêt renfermé dans les opinions contraires, pour décider quelles sont celles qu'il importe de faire triompher.

Je viens donc vous prier, mes chers collègues, quoique cette cause soit la vôtre tout autant que la mienne et puisque le conseil administratif de la Société industrielle vous oblige à devenir juges et parties dans cette cause, de vouloir bien lire avec la plus grande attention les deux lettres qui m'ont été retournées et que j'ai insérées dans ce bulletin, contrairement à mes intentions.

Cette lecture vous mettra à même d'apprécier si, en sollicitant la faveur qui m'a été refusée, j'ai eu plus à cœur de faire prévaloir des opinions personnelles, que de rétablir les faits en ce qui concerne les actes administratifs du Comice d'Amiens, et de servir une fois de plus les intérêts d'une industrie au progrès de laquelle chacun de vous fait en sorte de contribuer suivant ses moyens d'action.

A Monsieur le Président de la Société industrielle.

Monsieur,

Dans votre assemblée du 12 janvier dernier à laquelle j'assistais, M. Du Roselle ayant prononcé mon nom et vous ayant donné aussitôt sur le Comice d'Amiens une appréciation à mon sens inexacte, je crois nécessaire de faire connaitre à votre Société ce qui a pu la motiver de sa part.

Ma réponse sera aussi courte que possible, et ma discussion ne portera d'ailleurs que très-sommairement sur les deux sujets principaux renfermés dans cette lecture.

Comme j'ai fait paraitre dans le bulletin du Comice d'Amiens les protestations dont la première conférence dont M. Georges Ville avait été l'objet de la part de MM. Barral et Joigneaux et mes propres réflexions conçues dans le même esprit que celles de ces deux agronomes; comme le Comice de son côté semblait, en quelque sorte, les partager en permettant leur insertion dans son organe officiel, j'ai été conduit à penser que M. Du Roselle s'était cru par ce fait, autorisé à lui prêter des opinions rétrogrades ainsi qu'à l'auteur de cette insertion.

J'ai trouvé dès lors, M. le Président, très opportun de signaler à votre Société les points sur lesquels régnait le désaccord entre M. Du Roselle et ses contradicteurs, et de la mettre, de la sorte, à même d'apprécier s'il était utile, comme je l'ai pensé, de donner à juger aux agriculteurs, aux personnes qu'elle intéressait, la controverse à laquelle cette conférence avait donné lieu.

M. Du Roselle aurait prévenu une autre controverse du même genre, s'il avait discuté les théories et les faits sur lesquels les agronomes précités se fondaient pour critiquer les doctrines de M. Ville. Elle n'aurait pas eu évidemment sa raison d'être, si, lorsqu'il vous a parlé de moi, il vous avait fait observer; 1° que loin de contester l'efficacité des engrais chimiques, je la proclamais hautement; 2° que je faisais contre leur application cette simple réflexion : que les engrais organiques, en d'autres termes, les fumiers me paraissaient tout aussi nécessaires à la nutrition des végétaux que ceux préconisés par M. Ville; 3° enfin que les protestations de MM. Joigneaux et Barral surtout avaient eu pour objet de démontrer pourquoi l'usage des engrais chimiques ne pouvait être continué pendant plusieurs années consécutives, sans l'assistance des fumiers

M. Du Roselle aurait dû de même la prévenir en vous informant que dans d'autres articles, ayant trait à ces doctrines, je donnais aux cultivateurs le conseil d'associer à leurs fumiers les engrais chimiques de M. Ville. Je motivais ce conseil par ces raisons : 1° qu'ils servaient à constituer les éléments des grains, à augmenter, par conséquent, le rendement du sol en hectolitres; 2° que les engrais organiques servaient de leur côté à constituer d'autres organes des plantes, tels que leur paille et leurs feuilles.

Je tenais, touchant cette théorie, ce raisonnement : qu'il y avait lieu de penser que ces derniers organes dont il n'est retrouvé après leur incinération qu'une quantité très-minime de résidus, se composaient des éléments alibiles absorbés par les feuilles au milieu du grand réservoir de l'atmosphère et de ceux auxquels la fermentation des fumiers et d'autres détritus organiques donne naissance dans le sein de la couche de terre végétale. Je complétais cette hypothèse en disant en outre, concernant les substances minérales, que les éléments retrouvés à la suite de l'analyse des cendres d'une plante se composaient exclusivement de ceux désignés par M. Ville sous le nom d'engrais chimiques.

Toutes ces protestations et ces théories n'avaient donc été suscitées, après tout, qu'en conséquence de l'oubli dans lequel M. Ville avait laissé les fumiers dans sa première conférence, et au peu de cas qu'il semblait tenir, en s'abstenant d'en parler, des opinions accréditées en leur faveur.

Mais je vais vous faire remarquer, M. le Président, que cet oubli n'avait peut-être eu lieu de la part de ce chimiste que parce qu'il voulait faire ressortir davantage l'action des engrais dont il recommandait l'usage.

Or, comme les agriculteurs éclairés du Comice, ou ceux qui suivent leurs exemples, ne pouvaient pas soupçonner, plus que M. Barral, que cet oubli était calculé, et comme j'avais eu personnellement l'occasion de reconnaître les bons effets des fumiers sur la végétation, je regardai comme un devoir d'opposer aux doctrines si absolues en premier lieu de M. Georges Ville, celles professées par des chimistes jouissant d'une réputation scientifique non moins respectable que la sienne. Un engouement trop prononcé en faveur de ces doctrines me paraissait d'autant plus dangereux, que MM. de Gasparin, Boussingault, Payen, Lebig, Choll, Girardin, etc, avaient prouvé par des analyses d'abord, ensuite par des inductions tirées des faits pratiques, que les engrais organiques étaient non moins indispensables aux plantes que les engrais minéraux ou chimiques, et qu'ils avaient unanimement déclaré que les uns et les autres accomplissaient des rôles très distincts dans l'organisation des parties constitutives d'un végétal quelconque, comme dans le sein de la couche arable.

Telles furent en substance les réflexions que je me suis permises jusqu'au moment où M. Georges Ville eut expliqué lui-même, dans sa troisième conférence, l'action de l'humus dans la production des plantes et pourquoi il importe d'associer les engrais organiques, les fumiers aux engrais chimiques. Il reproduisit, dans cette conférence, et notamment aux pages 152, 153, 157 et 158 du recueil de ses six conférences, ce que ses prédécesseurs avaient dit sur les engrais en général et en particulier sur l'humus.

Les enseignements renfermés dans cette conférence m'autorisent à avancer que M. Georges Ville y a reconnu implicitement que son oubli avait été motivé par la raison que j'en ai donné. Ils démontrent de plus très-clairement que l'on ne doit contester les opinions accréditées, et, à plus forte raison, ne prendre à partie les personnes qui les défendent, qu'autant que l'on est en mesure d'appuyer ses assertions sur des théories, des principes et des faits plus décisifs que ceux que l'on condamne.

Maintenant que j'en ai fini avec ce qui a pu m'attirer l'improbation de M. Du Roselle contre mes articles, et l'autoriser à déclarer que les agriculteurs de la Somme, *n'ont végété dans leur vieille routine que parce qu'ils ont été trop confiants dans le Comice d'Amiens*, permettez-moi, M. le Président, de vous affirmer, à mon tour, que si ces mêmes agriculteurs avaient pris leurs inspirations dans cette Société agricole, ou du moins s'ils avaient mis en pratique les procédés de culture employés par la majorité des membres composant son bureau, ils n'auraient pas assurément végété aussi longtemps dans leur routine.

Il me suffira, pour justifier mon affirmation, de vous faire connaitre quelques unes des observations faites par nos collègues, à l'égard des deux objets si intéressants traités par M. Du Roselle, et les mesures qu'ils ont prises en vue de mettre les cultivateurs de notre arrondissement sur la voie du progrès.

Le Comice d'Amiens a conservé, il est vrai, les mêmes tradictions, les mêmes stimulants, c'est-à-dire qu'ils continue à encourager par des primes et des médailles, l'amélioration des bestiaux et des instruments aratoires. Cependant, il a eu recours depuis quelque temps,à une mesure nouvelle dans l'espoir de provoquer désormais une plus grande émulation parmi les cultivateurs, et partant plus de progrès dans l'industrie agricole.

Ainsi, quoique ses ressources pécuniaires disponibles ne dépassaient pas 5000 fr., le Comice a consacré le tiers de cette somme en primes à distribuer aux agriculteurs entretenant, sur leur exploitation, la plus grande quantité de bestiaux relativement à son étendue; puis à ceux d'entr'eux l'emportant sur leurs concurrents par des récoltes plus abondantes, par une comptabilité plus régulière, ou par l'emploi de procédés plus rationels.

Ce seul exemple suffit pour faire connaître quelles sont les préoccupations dominantes dans le Comice d'Amiens,et établir que l'on y met en œuvre les moyens d'action dont il dispose.

Je puis dire, concernant les deux sujets dont M. Du Roselle s'est attaché à faire ressortir l'importance dans votre Société, au point de vue du progrès de l'agriculture, que deux commissions ont été chargées de les élucider. Votre honorable collègue, qui est également le nôtre au Comice, aurait pu donc vous communiquer, s'il l'avait jugé à propos, les conclusions des rapports auxquels ils donnèrent lieu. Il aurait pu soumettre à votre appréciation, en ce qui regarde les banques agricoles d'abord, les moyens que l'une de ces commissions croyait aptes à en faciliter le fonctionnement, et à les rendre accessibles à tous les cultivateurs indistinctement.

Il aurait pu de même vous dire ensuite que le Comice a essayé à plusieurs reprises de rétablir une institution bien utile pour une grande ville comme Amiens, la Boucherie par actions, sur des bases plus solides et plus durables; qu'il avait pris, à l'issue du choléra, l'initiative de la fondation, aux approches de cette ville, d'un vaste établissement destiné comme celui d'Aubervilliers près Paris et celui d'Agen, à convertir en engrais concentrés tous les détritus organiques et inorganiques doués de propriétés fertilisantes.

Il aurait pu enfin rendre au Comice cette justice, que toutes les questions présentant le moindre caractère d'utilité, au point de vue de l'amélioration du sol et de l'aisance des cultivateurs, ont été agitées dans son bureau, et que les commissions chargées de les élucider se sont appliquées à rechercher les moyens d'en retirer les avantages qu'elles faisaient entrevoir.

Mais, comme M. Du Roselle peut objecter, avec quelque raison, qu'aucune de ces questions n'a abouti jusqu'ici à une solution quelconque, je préviendrai cette objection par un court exposé de la situation qu'ocupe la plupart des sociétés formées en vue de servir les intérêts généraux.

Je dirai donc que les sociétés de ce genre, même celles renfermant dans leur sein le plus de membres éclairés et compétents, réagissent difficilement sur les masses. Elles sont, il est vrai, la tête du corps qu'elles prennent le soin de guider; elles sont le phare qui éclaire, mais les bras, l'exécution n'appartiennent le plus souvent qu'aux pouvoirs législatifs et exécutifs, aux administrations supérieures et locales. Elles ne peuvent dès-lors répandre rapidement leurs enseignements qu'autant que ces puissances, toutes autoritaires, s'emparent de leurs communications pour les rendre obligatoires et pour seconder leurs efforts.

J'ajouterai encore, concernant l'action si limitée

qu'exercent ces sociétés, que leur influence ne dépasse guère l'enceinte dans laquelle elles se réunissent, et que leur rôle actif se borne à entretenir les personnes assistant à leurs séances des résultats donnés par les procédés et découvertes qu'elles mettent en lumière, comme à les exciter par des arguments à en faire leur profit.

Si cette influence avait plus d'empire que je ne lui en reconnais, et si l'autorité professionnelle suffisait pour vulgariser les meilleurs enseignements, le Comice d'Amiens pourrait assurément être regardé comme étant, parmi ces sociétés, dans les conditions les plus favorables à la propagation des bonnes méthodes de culture.

En effet, son bureau a l'avantage de compter, parmi les vingt-quatre membres qui le composent, dix huit agriculteurs et deux jeunes vétérinaires. Leur instruction, leur grande aisance et les succès surtout qu'ils obtiennent dans leurs cultures, leur ont fait adopter et étudier, à l'aide d'expériences, les doctrines et procédés préconisés par les novateurs. Aussi, ne craindrai-je pas d'avancer que tous peuvent raisonner sciemment ceux de ces procédés que l'on prétend devoir faire obtenir les bénéfices les plus importants. Je conclus de là que puisque leurs succès n'ont pu déterminer les cultivateurs qui les avoisinent à imiter leurs bons exemples, la cause du malaise éprouvé par ces derniers et la cause de leur inertie ne peuvent être légitimement attribuées qu'à des circonstances et des entraves qu'il ne leur est pas permis de modifier au gré de leurs désirs.

M. Du Roselle ne peut se refuser à admettre l'exactitude de ce que je viens d'avancer. Je dirai de plus qu'il a trop l'expérience des affaires et de l'empire des préjugés et de la routine dans les campagnes, pour contester

que le progrès ne peut s'accomplir que très-lentement
dans l'industrie agricole par cette raison: que ces fâcheux
travers de l'esprit humain dominent davantage l'esprit
des villageois que celui des artisans habitant les localités
industrielles. Ne vous a-t-il pas d'ailleurs fait
connaître, dans sa première lecture, leurs habitudes et
leurs aspirations comme les causes déterminantes de
la lenteur du progrès agricole ?

Conséquemment, si la peinture qu'il en a faite est
fidèle, pour peu qu'il envisage d'autres circonstances
qu'il est inutile de reproduire, circonstances non
moins propres à entraver la marche de ce progrès, il
confessera avec moi cette vérité trop réelle: qu'il en
est du Comice d'Amiens comme de beaucoup d'autres
sociétés préoccupées sérieusement du soin d'améliorer
la position des industriels dont les membres ont fait
eux-mêmes partie; c'est-à-dire que l'on fait à tort plus
attention aux médiocres résultats qu'elles réalisent
malgré leur zèle, leur dévouement et leur connaissances
spéciales, qu'aux difficultés de tous genre qu'elles ont à
vaincre.

Cette réflexion, qu'il a dû faire lui-même plus d'une
fois, en remarquant l'inanité de ses sollicitations en faveur
du progrès, m'en suggère une autre. Ainsi j'ai tout lieu
de prévoir que mon honorable contradicteur reconnaitra
bientôt une difficulté de même nature, s'il persiste à
vouloir résoudre pratiquement les deux questions qu'il
a développées.

Commençons par celle relative à l'institution de
banques agricoles dans toute la France. Supposons pour
un instant que, contrairement à ses prévisions, les cultivateurs
préféreront désormais acheter, avec les prêts qui
leur seront faits dans ces banques, des engrais plutôt
que des terres et qu'ils les emploieront à faire de la
culture intensive et spéculative, n'est-t-il pas permis de

penser que cet emploi, quoique fait dans d'excellentes vues, les exposera à des risques plus grands que par le passé, à la ruine même, si le taux de ces prêts est de 5 % ?

Ne pourrait-on pas objecter à cet égard, avec raison, que si les fermiers avaient à payer outre les 3 % qu'ils remettent à leur propriétaires, à titre de fermage, 5 % comme intérêt à servir *à jour fixe* aux banques, du capital emprunté et dépensé par eux en achat de mobilier de culture et d'engrais, au total 8 %, ces fermiers, seraient impuissants à acquitter une redevance annuelle aussi lourde ? Ne pourrait-on pas prétendre encore que cette redevance, quoique déjà exorbitante, sera aggravée de plus en plus par d'autres charges qui n'entrent pas dans ce chiffre, entr'autres par des frais plus considérables de main-d'œuvre ? Or, comment serait-il possible d'acquitter les charges précitées et celles que je fais entrevoir, s'il est vrai, ainsi que le soutiennent les agriculteurs les plus compétents, ceux qui ont tenu une comptabilité très-minutieuse de leurs opérations culturales, que les bénéfices des fermiers varient entre 3 et 10 % au maximum, suivant la qualité du terrain et l'habileté de ceux qui l'exploitent.

Cette objection, je n'hésite pas à l'avouer, a paru tellement sérieuse à la Commission chargée par le Comice de donner des conclusions sur l'institution de banques agricoles, qu'elle n'a pas jugé à propos de s'en occuper davantage. Je dois dire de plus que, quant à moi, je ne découvris d'autre moyen de leur faire atteindre le but poursuivi par les philantropes, réclamant cette institution dans l'intérêt de l'agriculture, que de leur accorder les mêmes priviléges qu'à la Banque de France. Alors il leur serait possible, suivant quelques dispositions particulières à ces banques, de prêter de l'argent aux fermiers, au taux de 3 % l'an seulement, et de leur donner des facilités pour le paiement des intérêts et le remboursement du capital.

Je n'entrerai pas davantage dans l'économie du système que je faisais prévaloir à leur sujet; son exposé complet me conduirait trop loin, et d'ailleurs, d'après les considérations accompagnant ce système pour en déduire les conséquences à tous les points de vue que cette grave question embrasse, le Gouvernement seul a le pouvoir d'en faciliter l'établissement et le fonctionnement.

Il me reste à produire quelques opinions touchant la question non moins intéressante qui fut le sujet principal de la seconde lecture de M. Du Roselle, celle ayant trait aux engrais de toute nature.

Je dois dire également que le Comice d'Amiens s'en est occupé après avoir chargé une commission de lui faire un rapport sur les voies et moyens proposés par moi dans un projet dont l'objet était de faire créer à Amiens, par des actionnaires recrutés en majeure partie dans les campagnes, une fabrique d'engrais. Ce projet n'aboutit pas plus que le précédent. Il n'aboutit pas précisément, parce qu'il ne rencontra que de l'indifférence de la part de la majeure partie des personnes les plus intéressées à sa réalisation, parce que quelques cultivateurs, faisant partie du Comice, ne purent en déterminer d'autres à se prêter à la création d'une fabrique aussi utile pour eux. Et puis la sincérité me fait un devoir de dire aussi que les administrations locales, dont le concours paraissait nécessaire à sa réussite, ne parurent pas aux initiateurs de l'œuvre assez favorablement disposées à seconder leur zèle.

En présence d'une indifférence aussi générale, le petit nombre de sociétaires qui s'était réuni et cotisé pour jeter les premiers fondements de cette entreprise, ne pouvait continuer ses sollicitations en sa faveur et encore moins ne rechercher des adhérents que parmi les personnes étrangères à la profession agricole. C'eût été pousser trop loin l'abnégation, le zèle et la témérité.

Ainsi d'un côté l'impuissance et de l'autre l'insouciance ont fait avorter ces deux projets, plus propres que n'importe lesquels à faire progresser promptement l'Agriculture dans le département où ils seront mis à exécution en premier lieu.

Quoiqu'il en soit, leur avortement ne détruit nullement la valeur des arguments invoqués pour en démontrer les avantages. Il confirme seulement ce que j'ai dit plus haut en parlant des difficultés rencontrées par les promoteurs mêmes des meilleures mesures. Il prouve combien il est peu facile de faire adopter par ceux qui ont le plus d'intérêt à coopérer à leur mise en œuvre, les projets et procédés dont ils proclament eux-mêmes l'utilité. A plus forte raison cet avortement prouve-t-il que l'on doit mettre la plus grande réserve dans la recommandation des doctrines auxquelles l'opinion publique n'est pas préparée, des doctrines exigeant comme celles dont M. Du Roselle s'est rendu l'interprète, des avances énormes, des avances que les trois quarts des fermiers ne peuvent assurément pas se permettre dans les circonstances actuelles.

Je ne puis que répéter, à l'égard de ces doctrines, mes conseils donnés aux cultivateurs dans mes articles. Je disais : les plus aisés d'entr'eux et les plus instruits agiront sagement, en expérimentant les engrais chimiques; ceux jouissant d'une aisance moins grande feront bien d'accroître le rendement de leurs terres à l'aide d'un moyen plus lent il est vrai mais moins dispendieux, en augmentant progressivement la culture des plantes fourragères, puis la quantité de leur bestiaux, ces fabricants économiques d'engrais. J'expliquais à ces derniers, en leur donnant ce conseil, que les bénéfices qu'ils réaliseraient sur ces bestiaux, vu qu'ils sont plus libres que les premiers, de s'immiscer dans la pratique des soins qu'ils réclament, compenseraient en grande partie la moins-value du rendement momentanément obtenu sur leurs terres.

J'entendais par là que les uns devaient faire de la culture intensive à l'aide d'avances, puis qu'ils avaient la facilité de les faire sans courir le danger de compromettre leur patrimoine, tandis que les autres, forcés par leur position d'être plus circonspects dans leurs dépenses, devaient la préparer de longue-main, en diminuant d'une part leurs terres en culture et en donnant de l'autre plus d'extension à leurs prairies et à leurs troupeaux.

Ce dernier système de culture conduit à la vérité celui qui le pratique moins vite au maximum de la production, mais il est dumoins plus en rapport avec les facultés pécuniaires et intellectuelles de la majorité des cultivateurs. Dès-lors si l'on pouvait parvenir en outre à leur faire reconnaître les conséquences décevantes résultant de leurs convoitises déréglées envers la possession d'une culture plus étendue soit en qualité de fermiers soit en qualité de propriétaires, ils ne tarderaient pas à remarquer que leurs économies leur permettent de commander à leur position.

Ce qui corrobore cette hypothèse, c'est cette considération : que le plus grand nombre des cultivateurs ne fait valoir qu'une culture restreinte. Or, comme ils sont pour la plupart économes et laborieux et qu'ils font la majeure partie de leur besogne, je conclus de là que cette besogne leur coûtant moins cher et étant mieux faite que celle des gros fermiers, leurs bénéfices seraient relativement plus considérables.

Toutes les réflexions que j'ai émises sur le sujet auquel M. Du Roselle a donné le plus de développement, les engrais chimiques, se résument dans l'appréciation suivante. Si j'ai trouvé hors de propos, en quelque sorte, que M. Georges Ville ait prescrit d'une manière absolue un même traitement aux terres labourables, sans égard au tempéramment pour ainsi dire de ces terres, sans égard au plus ou moins d'aisance de ceux qui les cultivent, je considère néanmoins, comme étant très-recommandables, les définitions données par lui sur l'action propre à chacun des engrais organiques et inorganiques.

Elles sont recommandables par cette raison : qu'elles font connaître quels sont les éléments assimilés par les végétaux et le rôle qu'ils jouent dans leur reproduction ; qu'elles expliquent pourquoi il importe autant de les restituer à la couche arable, dans une mesure au moins équivalente à celle qui en a été distraite par les récoltes.

Cette appréciation se prête de son côté à cette autre conclusion concernant ce que je viens de dire et les renseignements puisés à d'autres sources : qu'il est du devoir des agriculteurs de se conformer, autant que possible, non seulement aux prescriptions sur lesquelles les savants professent la même opinion, mais encore d'expérimenter dans de sages limites, la prudence et leur intérêt les y engagent, celles qui leur inspirent quelques doutes.

J'avais espéré, M. le Président, en commençant cette réplique, la renfermer dans des bornes plus étroites ; mais j'ai dû entrer dans quelques developpements. Les uns avaient pour objet de vous démontrer que la Société à laquelle j'appartiens, a fait, dans l'intérêt des agriculteurs faisant partie de son arrondissement, tout ce qu'elle pouvait faire, et les autres de mettre celle que vous présidez, à même d'apprécier si les opinions du Comice et celles produites par moi dans son bulletin, avaient mérité la critique ressortant de la phrase échappée à la plume de M. Du Roselle.

J'ai hésité d'autant moins à rendre mes explications complètes, à prendre en main la défense du Comice, à discuter et à transmettre à la Société industrielle la controverse dans laquelle les lectures de son zélé sociétaire m'ont engagé, que je me suis inspiré, j'en ai l'espoir, des sentiments dont cette Société et celle dont je défends la cause, sans aucune mission de sa part, sont animées toutes deux.

J'ai dû penser, en me pénétrant de leur sollicitude, que de cette discussion pouvaient naître, de part et d'autre, des efforts plus grands, ayant pour but de découvrir des solutions plus pratiques que celles accusées jusqu'ici, aux deux questions si majeures dont elles se sont occupées. J'ai cru qu'une plus grande émulation pourrait en ressortir et stimuler l'une ou l'autre à redoubler d'ardeur, afin d'élucider ces questions ou d'autres non moins intéressantes, laissées dans l'indécision par son émule.

Ces deux Sociétés ne sont-elles pas après tout deux sœurs, placées à la tête de deux industries s'entr'aidant mutuellement, échangeant leurs produits et ayant le plus grand intérêt à se pousser en avant?

Puissent-elles donc continuer, dans ces vues, leurs communs efforts, quelque laborieux qu'ils aient déjà été, et quels que soient les ennuis qu'ils causent parfois!

Puisse leur dévouement à l'intérêt des industries variées qu'elles représentent se soutenir par cette espérance, de trouver un jour la récompense de leur sollicitude et de leur abnégation dans cette satisfaction : celle d'avoir coopéré à l'accroissement de la richesse et de la réputation, comme industriels, des habitants de notre arrondissement !

Agréez, M. le Président, l'assurance de mes sentiments respectueux.

Monsieur le Président.

Je crois utile de faire suivre la réponse que j'ai eu l'honneur de vous adresser, concernant la première lecture de M. Du Roselle, devant la Société industrielle, des réflexions publiées dans le *Journal de l'Aisne* sur le même sujet, par un agronome de grand mérite, M. Jacques Valserres.

La théorie de M. Georges Ville, disait-il, repose sur ces faits : lorsqu'on analyse un végétal, on le trouve invariablement composé de deux sortes d'éléments : les uns inorganiques ou solides que renferme le sol, les autres organiques ou fluides répandus dans l'atmosphère, ou incorporés dans les fumiers. Ces deux éléments, la plante les attire à elle au moyen de ses feuilles et de ses racines, et se les assimile par un travail secret dont le gaz acide carbonique est l'agent distributeur.

Cette plante ne se développe, par conséquent, dans des conditions normales, qu'autant qu'elle trouve, dans le sol et à proximité de ses racines, les matériaux nécessaires à sa formation Or, quand le sol ne renferme pas ces matériaux, il importe d'introduire dans la couche superficielle, dans la couche arable, les éléments qui lui manquent. Avec cette addition on donne à la même terre les aptitudes les plus diverses.

Ainsi, le blé se compose d'azote, de phosphate, de chaux et de potasse, répartis dans certaines proportions. Comme les substances particulièrement recherchées par cette céréale sont l'azote et le phosphate, supposons que les deux éléments se trouvent en trop faible quantité dans le sol pour en obtenir une bonne récolte. Que doit faire le cultivateur ? il doit nécessairement, afin de faire donner au blé le maximum du produit, suppléer à l'insuffisance de ces substances.

Citons encore cet exemple. La betterave est formée d'azote, de phosphate, de chaux, de potasse et de soude. La potasse et l'azote sont les dominantes dans ce légume. Si donc ces deux éléments se trouvaient en trop faible dose dans le sol, il faudrait, pour en obtenir un beau rendement à l'arrachage, les y additionner en quantité suffisante.

Telles ont été sommairement les doctrines professées par M. Georges Ville, dans ses conférences à la Sorbonne. Elles ne s'écartent nullement de celles des autres chimistes car elles ressortent des analyses chimiques de M. Boussingault, Payen etc., et en outre des faits observés par les praticiens.

Le seul côté vulnérable du système de M Georges Ville, c'est qu'il ne se soit pas borné à présenter ses engrais chimiques comme les auxiliaires de l'engrais de ferme. S'il avait adopté ce moyen terme, sa théorie eût été inattaquable. C'est ce que je vais essayer de démontrer.

Voilà dix ans que M. Georges Ville a établi une petite ferme expérimentale sur le domaine impérial de Vincennes. Le sol de ce domaine se compose d'un sable d'alluvion renfermant très-peu d'humus. Après dix ans de culture, au moyen de l'engrais chimique, ce terrain est-il devenu meilleur?

Je n'hésite pas à répondre qu'il est tout aussi pauvre qu'au début, c'est-à-dire qu'il a conservé sa nature ingrate et n'a pas acquis la moindre plus-value. M. Georges Ville reconnaît lui-même aujourd'hui cette vérité.

Donc, en suivant son système d'une manière aussi absolue qu'il l'avait présenté en premier lieu, en excluant les engrais organiques, ce système a le grave défaut de faire rendre à la terre tout ce qu'elle peut rendre sans jamais l'améliorer. Il surexcite ses facultés productrices, il enrichit le présent, mais il ne laisse rien pour l'avenir.

J'entends par là que si le sable composant les terres de la ferme de Vincennes avait été fertilisé pendant cette même période, à l'aide de fumiers, ce sable enrichi par ces engrais organiques formerait déjà une couche végétale épaisse qui aurait une valeur agricole plus grande que celle qu'elle avait il y a dix ans.

Je vais citer un fait à l'appui de cette assertion. La Flandre française n'offrait aussi, il y a trois siècles, qu'une vaste plaine de sable stérile. Peut-on mettre en doute que ce pays soit devenu depuis un des plus fertiles, et qu'il doit cette fertilité aux copieuses fumures accordées chaque année aux terres cultivées en Flandre?

Ces fumures ont par conséquent formé dans ce pays un sol artificiel, un sol que les engrais chimiques sont impropres à créer de la même manière puisqu'ils ne sont que des stimulants et des coadjuvants.

Je conclus de là, 1° que la voie la plus rationnelle à tenir entre ces deux points extrêmes consiste à combiner ensemble ces deux moyens de fertilisation; 2° que les engrais chimiques sont seulement des auxiliaires utiles, en ce sens, qu'ils suppléent à l'insuffisance du bétail et du fumier, puis à l'exiguité des ressources fourragères.

Je conclus enfin que s'ils sont dans le cas d'accroître le rendement des terres d'abord, ensuite de favoriser, au moyen de ces récoltes supérieures, l'augmentation dans les fermes du nombre des bestiaux, il importe essentiellement d'associer aux engrais chimiques les engrais organiques, afin que ce système mixte rende la culture réellement intensive, et lui fasse produire tout ce qu'elle peut enfanter.

Telles sont les opinions renfermées dans l'article de M. Valserres. Il est facile de voir qu'elles sont conformes à celles exprimées par M. Georges Ville lui-même dans sa cinquième conférence, et par MM. Barral et Joigneaux dans leurs critiques contre les doctrines contenues dans la première conférence de ce professeur.

L'intérêt des théories sur lesquelles se fondent ces agronomes pour les combattre, et qui mieux est l'étendue de leurs connaissances scientifiques et pratiques, m'ont fait penser, M. le Président, qu'il vous serait agréable d'être mis à même de remettre à votre Comité d'agriculture cette nouvelle protestation motivée, afin qu'il puisse de son côté répandre dans le monde agricole, par la voie du bulletin de la Société industrielle, les conclusions inspirées à ce Comité par la lecture des discussions intéressantes que font naître sans cesse les partisans outrés des engrais chimiques.

Agréez, etc.

MAI.

Comme il est d'usage dans la Somme de semer les betteraves dans les terrains compactes et froids au commencement de mai, je crois opportun d'entrer dans les détails de leur culture et d'expliquer pourquoi les engrais et les façons culturales que je prescrirai me paraissent nécessaires.

Il importe essentiellement, à mon sens, de fertiliser ces sortes de terrain avec des fumiers à peine décomposés avant de les labourer, puis d'épandre sur les labours, à l'issue de l'hiver, des engrais riches en potasse et en ammoniaque.

Les cendres en général, et notamment celles de première qualité, contiennent relativement beaucoup de potasse et de carbonate de chaux, et comme les urines des bestiaux contiennent de leur côté de l'ammoniaque et de l'acide phosphorique, leur association forme un compost favorable à la nutrition des betteraves.

En fumant, avant l'emploi de ces engrais composés, les terrains enclins à se raffermir à l'excès, avec des fumiers frais, les débris de paille, interposés entre les molécules du sol divisé à l'extrême par les labours et les hersages, rendent plus durable la perméabilité donnée à ce sol par ces façons aratoires. Ce qui la prolonge, c'est la lenteur que ces fumiers mettent à se décomposer. Cette lenteur est très-utile, en ce sens, qu'elle rend plus permanente, dans la couche arable, l'action du gaz acide carbonique.

Or, ce gaz est tout particulièrement favorable à la nutrition de la betterave, car il contribue, en se combinant avec les engrais, à former les composés désignés par les chimistes sous le nom d'hydrocarbures. Il contribue, par conséquent, à rendre la betterave plus riche en sucre et plus volumineuse.

Il résulte donc de l'emploi des procédés précités ces faits : en favorisant la production de ce gaz, en prolongeant la durée de son action sur les engrais et celle de la perméabilité acquise à la couche de terre végétale, les betteraves satisfont plus complètement les désirs accusés par les fabricants de sucre et par les cultivateurs Les premiers sont satisfaits parce qu'ils en retirent plus de matière saccharine, et les seconds parce qu'ils obtiennent plus de poids Il en résulte enfin une combinaison plus parfaite des hydrocarbures donnant naissance aux produits recherchés par les uns et les autres.

Si ces théories, confirmées du reste par les praticiens, démontrent l'utilité de suivre fidèlement ces premières indications, elles doivent également faire comprendre l'opportunité de donner la préférence aux semences des betteraves que l'on sait devoir s'assimiler, dans la proportion la plus forte, les composés dont on a déposé les éléments dans la couche arable, et devoir les convertir le mieux en matière saccharine. A plus forte raison démontrent-elles la nécessité absolue de mettre en pratique les procédés reconnus comme étant les plus aptes à déterminer dans le sol la combinaison et l'élaboration des principes nutritifs dont on l'a pourvu, tels que l'emploi d'engrais spéciaux et de façons aratoires également spéciales.

Quoique les façons culturales ne soient que des procédés exclusivement artificiels, mécaniques, elles ont néanmoins plus d'importance qu'on ne parait leur en accorder, car elles ont pour obje ainsi que je l'ai fait remarquer très-souvent, de permettre aux agents météorologiques, à la chaleur, à la rosée et aux gaz de s'introduire entre les molécules de la couche arable ameublie par ces façons. Elles permettent conséquemment à ces agents d'approprier les engrais déposés dans cette couche à l'usage des plantes, de les transporter dans leurs organes et de les diluer. Elles font en définitive intervenir des auxiliaires sans le concours desquels l'action des engrais serait en majeure partie paralysée.

En facilitant à ces auxiliaires le moyen d'exercer plus librement leur influence sur les divers éléments composant la nourriture des végétaux, d'abord par des labours profonds, des fumiers longs, des hersages énergiques, et plus tard par des binages multipliés, les betteraves acquièrent du volume et en outre de la qualité; et ces façons culturales ont de leur côté pour effets, en faisant évaporer l'humidité hors du sol et en l'y entretenant dans des conditions moyennes, d'établir entre les engrais et leurs coadjuvants des relations plus intimes et plus favorables à la réalisation des résul ats que l'on désire obtenir. du poids et de la qualité.

Quelques faits observés à la suite des années ni trop sèches, ni trop humides, justifient ces hypothèses. Ainsi quelles sont les causes pour lesquelles les betteraves sont plus pesantes et plus sucrées, les fruits plus savoureux, les épis mieux garnis en grain et ce grain plus pesant après un été ni trop sec, ni trop pluvieux? N'y a t-il pas tout lieu de penser que ces faits sont dus à ce que le composé assimilé par ces divers végétaux a été mieux élaboré par les agents externes, et qu'ayant été moins dilué par l'eau, ce composé s'est converti davantage en sucre et en fécule?

Les inductions ressortant de ces faits m'autorisent donc à conclure, concernant la culture de toutes les plantes en général et de la betterave en particulier, qu'il est rationnel d'opposer aux incidents de tout genre, suscités par la température ou la nature du sol exploité, les ressources que présentent les instruments aratoires et certains procédés découverts depuis que l'on s'est occupé des difficultés majeures rencontrées dans une foule de circonstances.

Ces faits m'autorisent en outre à conclure, en ce qui concerne seulement la culture de la betterave, que le cultivateur désirant en retirer le plus de profits possible, doit rigoureusement s'appliquer : 1° à féconder fortement la terre qu'il lui destine; 2° à entretenir par des binages la perméabilité que les hersages et labours lui ont procurée ; 5° à détruire les herbes parasites qui en recouvrent la surface; 4° à employer avec persévérance, les moyens reconnus les plus aptes à en augmenter le rendement; 5° à n'entreprendre l'ensemencement de la betterave et même celui des autres plantes industrielles qu'autant que la couche arable est échauffée par les rayons solaires, et qu'il y a lieu de compter sur une température douce après la germination de leurs semences.

Cette dernière prescription me paraît très-importante à ce point de vue : que les radicules ressortant des graines germées de ces plantes se raccornissent ou languissent quand le temps reste froid, alors qu'elles sont en lait et se disposent à rechercher leur nourriture dans le milieu qui les a fait naître. Cette première phase de leur végétation est tellement délicate, que l'on doit toujours faire ensorte de prévoir les circonstances atmosphériques devant se produire après leur ensemencement.

Il est de même très-à-propos d'envisager, au moment où l'on prépare les terres auxquelles on va confier ces semences, les dispositions naturelles de leurs radicules. Or, comme celles de la betterave tendent à s'implanter profondément, et comme elles sont plus casuelles et moins flexibles que celles des céréales, on doit comprendre combien il importe de les exposer le moins possible à rencontrer des résistances invincibles.

Ces mesures de précaution à l'égard de cette plante sont nécessaires à cet autre point de vue, que la radicule surgissant de sa semence se transforme en un long filament, en racine pivotante, aussitôt après son émission hors de cette semence et qu'elle ne peut prendre en longueur et en largeur tout le développement dont elle est susceptible, qu'autant que la couche arable a été ameublie à une profondeur variant de 45 et 50 centimètres. Conséquemment, quand cette couche n'est pas perméable jusqu'à cette profondeur, le pivot de la betterave se bifurque à son extrémité inférieure et sort de terre suivant les résistances qu'il rencontre du côté du sol. On le prive de la sorte plus ou moins des petites radicelles contribuant toutes à son alimentation, et quoique les betteraves deviennent darfois très-volumineuses malgré la faible couche de terre végétale lorsque celle-ci a été fortement secondée, cependant il y a tout lieu de penser qu'elles seraient devenues plus volumineuses encore si elles avaient été entièrement garnies de ces petites racines, c'est-à-dire si elles avaient pu croître complètement au milieu d'un sol aussi riche que perméable.

Le moyen donc de favoriser l'expansion de la betterave consiste à défoncer avec une fouilleuse le sous-sol placé au fond du sillon creusé par la charrue, de manière à ce que l'épaisseur du terrain ameubli par ce dernier instrument et par la fouilleuse atteigne une profondeur de 45 à 50 centimètres.

Ces défoncements ont pour effet, dans les terres froides, argileuses et ayant une grande propension à se raffermir outre mesure, de faciliter l'infiltration des eaux pluviales et la fertilisation sur une épaisseur plus grande de la couche arable.

Ils ont en outre ces autres effets, en rendant cette couche plus profondément perméable aux racines des végétaux et plus féconde: 1° de faire foisonner les récoltes dont on l'ensemence, surtout celles dont les racines sont pivotantes; 2° de leur faire prendre plus de taille et de donner plus de raideur à leur paille; 3° de favoriser la ramification et la fructification des divers organes ressortant de leurs tiges.

Il me paraît bien difficile de contester l'exactitude de cette théorie, car l'expérience ne l'affirme-t'elle pas de son côté? Les praticiens ne sont-ils pas tous les jours à même de reconnaître et de déclarer que la végétation de leurs récoltes, quelle qu'en ait été l'espèce, est devenue brillante, suivant qu'ils ont favorisé par des façons aratoires la multiplication des spongioles et le prolongement des racines mères desquelles elles s'échappent, et suivant aussi qu'ils ont fourni en suffisante quantité à ces spongioles chargées de les transmettre aux végétaux des éléments nutritifs appropriés à leurs appétits.

Dès lors, les agriculteurs devraient mettre à profit les occasions propices qu'ils trouvent de tous côtés de cultiver fructueusement la betterave, pour augmenter l'épaisseur de la couche arable de leurs terres, et pour la féconder avec une plus grande largesse. Ce qui les y engage surtout, c'est qu'ils peuvent rentrer dans leurs avances dans l'espace de deux à trois ans et en retirer même des intérêts usuraires.

En effet, s'ils faisaient consommer en totalité leur récolte de betterave ou son équivalent en pulpes, les engrais achetés pendant les deux premières années retourneraient tous à travers le canal intestinal des bestiaux à la source dans laquelle on les a répandus, et es affranchiraient en peu d'années des lourdes avances nécessaires en premier lieu. La fertilisation procurée à leurs terres autant par les défoncements que par les engrais commerciaux achetés, leur restant acquise à jamais, et étant entretenue au même degré avec les fumiers rendus plus abondants, la vente du jus de leurs betteraves, les bénéfices réalisés sur les produits donnés par les bestiaux et ceux provenant des terres fortement fécondées, les mettraient en présence de profits assez élevés pour les indemniser largement de ces déboursés et du surcroît de soucis qu'ils auraient essuyés.

Quand on est à peu de distance d'une fabrique de sucre, les transports ne sont pas très-onéreux, alors il est très-avantageux d'y conduire toutes ses betteraves et de ne faire consommer que leur équivalent en pulpes par des bestiaux ; car le liquide extrait de la betterave ne donnant à l'analyse, à peu de chose près, que les éléments contenus par l'eau et l'atmosphère, on ne retire après tout, du sol, en vendant ce jus, que des substances alibiles qu'il est facile de lui restituer sans frais, au moyen seulement de bonnes façons culturales. Il n'importe plus en pareille situation que de s'assurer, par des expériences comparatives, si la différence existant entre le prix de vente de la betterave rendue à la fabrique et celui de la pulpe couvre suffisamment les frais de transport, et s'il n'y aurait pas plus d'avantage à la faire consommer entièrement par ses bestiaux en la stratifiant après l'avoir coupée menue avec des fourrages hachés.

Ces expériences mettraient à même d'apprécier jusqu'à quel point il est possible de retrancher, sans inconvénient chaque année, une partie des avances nécessitées par l'insuffisance des fumiers, et si l'on a beaucoup plus de bénéfice à faire consommer les betteraves comme je viens de l'indiquer que sous forme de pulpe.

Elles auraient encore ce côté utile de faire revenir les expérimentateurs des illusions auxquelles ils sont sujets, lorsqu'ils se laissent séduire par le haut prix des

lins, des œillettes et des colzas dans les années excep-
tionnelles; lorsqu'ils font prédominer ces plantes épuisantes dans leurs exploitations. Elles leur prouveraient
clairement que les bénéfices ne sont réels et n'augmentent
qu'autant que la fertilisation du sol s'accroît et que les
frais de production décroissent en même temps.

Ce résultat ne peut être atteint avec les plantes oléagineuses et les céréales, car leurs exigences sont inces-
santes et elles ne laissent que très-peu de détritus
organiques. La betterave, au contraire, ou les fourrages
rendent les fumiers plus riches et ils restituent au sol
au delà de ce qu'ils en ont retiré pour se nourrir.

Aussi peut-on soutenir, avec quelque fondement, que
les cultivateurs s'enrichissent, restent stationnaires ou
s'appauvrissent suivant qu'ils font dominer sur leurs
terres les récoltes améliorantes ou celles ne remettant
pas dans les fumiers les éléments alibiles les plus difficiles
à leur restituer, tels que l'azote, la soude, la potasse et
le phosphate de chaux.

S'il ressort de tout ce que j'ai avancé jusqu'ici,
concernant la culture de la betterave, que cette culture
se prête merveilleusement à l'amélioration des aptitudes
des terrains froids, on a dû également remarquer que
les façons culturales et les instruments aratoires coopé-
raient pour une très-large part dans leur transformation.
Je ne dois pas oublier, sur ce qui regarde ces derniers,
de faire observer que les semoirs mécaniques abrègent
la durée des binages et facilitent leur exécution ainsi
que l'espacement du plant trop rapproché ou trop espacé
dans les lignes.

Mais comme les avantages résultant de l'emploi de
cet instrument sont aujourd'hui très-connus, et qu'il ne
me reste plus rien à ajouter à ce que j'ai mis en lumière
touchant la culture de la betterave, je vais résumer les
différents avantages qu'elle présente au point de vue

de l'amélioration des terrains froids et compactes, des terrains dans lesquels les prairies artificielles permanentes ne peuvent végéter pendant plusieurs années consécutives qu'autant qu'ils sont rendus moins humides et plus riches en carbonate de chaux, lequel est un des éléments dont elles consomment le plus.

Cette culture corrige leurs défauts et leur fait concevoir des aptitudes plus favorables à la production des diverses plantes cultivées; 1° parce qu'elle exige des labours très profonds et en outre l'emploi de la fouilleuse; 2° parce que, en appliquant, pendant dix ans seulement sur une grande échelle, les divers procédés dont j'ai parlé, le domaine qui les reçoit est complètement transformé après ce laps de temps sous tous les rapports; il est transformé en ce sens, que la terre labourable est défoncée, fertilisée, débarrassée de son excès d'humidité et expurgée des semences de parasites qui l'infestaient.

Mais ici j'éprouve le besoin de répondre aux objections que peuvent m'adresser quelques agriculteurs en me faisant observer que des difficultés matérielles s'opposent à l'adoption de cette culture dans certaines communes. Ainsi, diront-ils, l'insubordination, les exigences et l'insuffisance des ouvriers nécessaires pour l'exécution des façons culturales d'entretien ne permettent pas de lui donner toute l'extension désirable.

Je n'hésite pas à reconnaître que le prix de la main-d'œuvre est beaucoup plus élevé qu'il y a vingt ans, mais on doit reconnaître également que les denrées dont les binages assurent en majeure partie la réussite sont de leur côté devenues de même relativement plus chères. Je conclus de là que les agriculteurs en position de faire les avances qu'exige la culture de la betterave, et convaincus de son efficacité au point de vue de l'amélioration de leurs terres, devraient, s'ils ne trouvent pas dans la localité qu'ils habitent la quantité d'ouvriers dont ils ont besoin, s'en procurer dans leurs environs. La sujétion, les sollicitations et les sacrifices d'argent que leur causerait cet expédient ne seraient après tout que momentanés, car il leur serait facile de s'en affranchir aussitôt que leurs terres seraient devenues favorables aux prairies artificielles permanentes, en les faisant occuper plusieurs années consécutives par ces prairies.

Le résultat final convoité, l'amélioration progressive de la fertilité de ces terrains serait d'un côté comme de l'autre le même; car, que l'on récolte une quantité relativement considérable soit de betteraves soit de foins, il est indispensable de faire consommer ces nourritures par un nombre de bestiaux en rapport avec leur abondance.

Aussi, quand je vois les cultivateurs rester insensibles aux avantages offerts par l'un ou par l'autre de ces deux systèmes de culture, et s'abriter derrière des prétextes du genre de ceux dont je viens de parler, pour motiver leur persévérance dans leurs habitudes, il m'est impossible de ne pas attribuer cette indifférence regrettable à cette cause : qu'ils préfèrent dépenser leurs économies réalisées à l'aide des privations et des fatigues excessives qu'ils s'imposent, en acquisitions de terres ou à agrandir leur faire-valoir en qualité de fermiers, plutôt qu'en achats d'engrais et dans les frais de main-d'œuvre.

Si ces excuses étaient réellement fondées, la culture de la betterave serait plus impraticable que partout ailleurs dans les villages environnant une fabrique de sucre. On constaterait du moins plus d'efforts, plus de tentatives de tout genre de la part de la généralité des fermiers, dans le but de sortir du malaise où ils se consument.

Au surplus, est-il donc si difficile de déterminer, par l'appât de salaires plus élevés, des ouvriers et ouvrières étrangers à louer leurs bras pendant deux mois; et de

les rendre assez habiles pour ameublir avec une houe
la terre nue placée entre deux lignes de betteraves?

Bien que le morcellement de la propriété ait rendu
les ouvriers beaucoup moins nombreux, il a fait aussi
disparaître la majeure partie de ces grosses exploitations
dans lesquelles ils étaient indispensables Et d'ailleurs
combien ne trouve-t-on pas encore, dans certaines communes, de familles indigentes n'ayant pas le crédit
d'obtenir des terres en location, qui, si elles étaient
sollicitées par des offres avantageuses à quitter le village
dans lequel elles vivent misérablement, accepteraient
ces offres?

Ce qui me fait surtout paraître étrange l'indifférence
du grand nombre de cultivateurs envers les méthodes
culturales préconisées par les agriculteurs devant leur
grande aisance à l'application intelligente de ces méthodes, c'est lorsque je les entends expliquer sciemment
les causes de leurs succès et de leurs insuccès, ou affirmer
la vraisemblance des faits sur lesquels on appelle leur
attention, et des déductions qu'on en tire pour démontrer
leur raison d'être. Il semblerait, quand on les voit de la
sorte mettre de côté leurs préjugés et recourir à leurs
connaissances pratiques pour raisonner les communications touchant à leur profession qui leur sont faites,
qu'ils vont s'affranchir de la domination que leurs habitudes leur font subir.

Loin de s'en affranchir et de se montrer plus consé-
quents avec eux-mêmes, ils ne cherchent même pas, par
des essais restreints et en tenant une comptabilité minu-
tieuse de leurs expériences, à se renseigner sur le
mérite des procédés dont ils ont reconnu eux-mêmes la
supériorité sur ceux qu'ils emploient. S'ils se prêtaient
davantage à ces expériences, et s'ils se rendaient un
compte exact de leur prix de revient, ils hésiteraient
beaucoup moins, dans bien des cas, à faire des avances

et à s'assurer, par des essais, si leurs bénéfices ne seraient pas d'autant plus importants, que ces avances auraient été plus fortes.

L'agriculture ne comporte pas les demi-mesures généralement en usage; car la terre labourable, les praticiens sincères l'ont reconnu dans tous les temps, est une mère très-généreuse, payant par de gros intérêts le revenu exigible du capital qu'on lui confie, mais à la condition qu'on lui accorde toutefois les égards qu'elle réclame.

Aussi, l'agriculteur, sérieusement préoccupé de l'avenir de sa famille, devrait-il, au lieu de rester immuable dans ses traditions surannées, imiter l'exemple de ses collaborateurs se distinguant des autres par plus d'habileté et d'initiative dans l'exercice de la profession agricole, et se faire un devoir d'expérimenter les procédés à l'emploi desquels leur prospérité est due. S'il contractait cette bonne habitude, elle le dégagerait de la sujétion qu'il subit en restant sous l'empire de la routine, et elle lui ferait contracter celle de raisonner toutes ses opérations.

Dès qu'il aurait remarqué la relation étroite régnant entre les diverses branches du ressort de sa profession, il comprendrait l'opportunité de ne négliger aucun des détails qu'elle comporte, et de plus son intelligence surexcitée continuellement par la variété des préoccupations qu'elle nécessite se développerait de plus en plus. Il s'engagerait de la sorte dans une voie réellement progressive, car l'accroissement des bénéfices réalisés résulte moins des soins manuels dont les différents travaux incombant à la profession agricole ont été constamment l'objet pendant une année entière, que des combinaisons prises à l'avance à leur sujet.

Mais laissons de côté cette digression toute morale et recherchons quels sont les travaux qu'il importe encore d'exécuter pendant le cours du mois de mai.

Comme il arrive tres-souvent, après les hivers rigoureux ou prolongés, que quelques champs ensemencés
en minette ou en trèfle, orge, hyvernache et céréales
d'hiver, sont plus ou moins endommagés par suite des
intempéries, je crois très-utile d'employer des mesures
radicales en ce qui les concerne. Il vaut mieux, par
exemple, remettre ces champs en culture, et remplacer ces récoltes par d'autres, que de les laisser venir
à maturité, à moins cependant qu'elles ne soient susceptibles de donner un rendement plus que moyen.

Je motive ma préférence par cette considération : en
substituant à une récolte quelconque devant ne donner
que de médiocres résultats, de la dravière ou de l'orge
d'été et même du sarrazin, ces fourrages peuvent du
moins procurer, dans le courant de juillet ou d'août, un
pâturage abondant avec lequel le bétail acquiert plus
de valeur marchande, et restitue, lorsqu'il est consommé
en vert sur place, plus d'engrais qu'il n'en a tiré du sol
pour croître.

Or, comme d'un autre côté les herbes parasites enva-
hissent un champ suivant qu'il est plus ou moins garni
de plantes utiles, on s'expose, en laissant venir à maturité
une récolte très-chétive, à l'infester pendant plusieurs
années avec les semences de ces herbes. Aussi doit-on,
si ce champ paraît encore suffisamment occupé par l'une
ou l'autre de ces récoltes manquées, de manière à permettre au troupeau, pendant quinze jours ou trois
semaines, de s'y repaître convenablement, ne le labourer
qu'après ce terme et le remettre en culture, dans le cas
contraire aussitôt, qu'on en trouve le loisir.

Quelle que soit du reste la détermination que l'on
trouvera la plus avantageuse a prendre, le point essentiel est de profiter de cette occasion pour remettre les
terres labourées, par rapport à ces circonstances regrettables, en parfait état d'engrais et de culture.

Et dans le cas où il n'est pas possible de les fertiliser à l'aide du parc ou du fumier de ferme, il me paraît indispensable de rétablir leur puissance végétative avec des engrais achetés au commerce, pour peu que le dépérissement de ces récoltes résulte de leur épuisement.

On doit, en cette dernière occurrence, hésiter d'autant moins à s'imposer cette avance, qu'on s'expose, en ne la faisant pas, à éprouver les mêmes déceptions dans l'avenir. Ce serait, d'ailleurs, méconnaître les principes élémentaires des lois naturelles et les leçons de l'expérience que de réparer cet épuisement d'une manière insuffisante. En effet, l'expérience ne nous apprend-t-elle pas, par des faits nombreux, que le rendement en paille et en graine des récoltes, que celui retiré des bestiaux, au moyen de leurs produits, ne suivent une marche ascendante qu'autant qu'on alimente de plus en plus, avec de riches engrais, d'une part le sol et que l'on nourrit, de l'autre, avec largesse et avec des fourrages substantiels, les animaux domestiques ?

Ne ressort-il pas de cet enseignement exclusivement pratique : que loin de se décourager des pertes éprouvées, on doit, au contraire, les prévenir par des mesures plus prudentes et surtout les compenser par des profits tirés du côté des bestiaux, de ces machines avivant les sources de la production du sol ?

Il importe donc au suprême degré, suivant cette doctrine, de ne jamais laisser aucune parcelle de terrain inoccupée, mais de l'ensemencer si elle est encore très-féconde en plantes industrielles, et si elle a besoin d'être expurgée de semences de parasites, ou d'être fertilisée, de lui donner seulement à produire des fourrages destinés à servir de pâturage. Il n'importe pas moins, en prévision de ces incidents que la température suscite, de préméditer les spéculations auxquelles on se portera, à la suite de ceux que l'on redoute comme de se renseigner par des expériences sur les causes des faits remarqués et sur les moyens d'augmenter les bénéfices à réaliser de tous côtés.

Je ne dois pas omettre une autre besogne dont l'exécution doit avoir lieu plutôt en mai qu'à toute autre époque de l'année, et à laquelle on n'accorde pas généralement tous les soins qu'elle mérite. Cette besogne consiste dans la remise en bon état des chemins d'exploitation particuliers et communaux, des fossés formant clôture et des bâtiments ruraux.

Les loisirs dont on dispose après la terminaison des semailles du printemps et les beaux jours dont on jouit très-souvent en mai permettent de s'occuper de ces divers travaux d'autant mieux, qu'ils donnent l'occasion d'utiliser les domestiques et leurs chevaux. Or, les uns et les autres coûtent tout autant à ne rien faire qu'à travailler: un vieux proverbe ne dit-il pas, sur ce qui regarde ces travaux, *qu'il vaut mieux entretenir que bâtir.*

Cette besogne a une grande importance relative dans l'exploitation d'une ferme, surtout celle ayant trait à la réparation des voies de communication, car les bons chemins abrègent la durée des transports et ils prolongent celle des voitures et des moteurs qui les remorquent. De même le bon entretien des bâtiments présente ces avantages à cet autre point de vue: que plus une ferme et ses dépendances se distinguent des autres par un ordre parfait et par une apparence de propreté et de confortable, plus celui qui l'habite s'y complaît, plus il éprouve de satisfaction à visiter ses étables et tient la main à ce qu'elles soient constamment en bon ordre. Or, quand le bon ordre règne dans le point central des opérations rurales, il gagne de proche en proche et embrasse bientôt tout le domaine exploité.

Je ne puis mieux clore la revue des mesures à prendre

en mai, dans un but spéculatif, qu'en appelant l'attention des cultivateurs vers une pensée également spéculative à laquelle ils ne paraissent guère songer en général. Ainsi, combien d'entr'eux se considèrent-ils comme étant des commerçants ayant pour devoir de tirer profit des deux capitaux engagés dans leur entreprise agricole, du capital mobilier et du capital dépensé en améliorations foncières? Ne pourrais-je pas adresser aux trois quarts d'entr'eux le reproche de ne retirer de l'un de ces capitaux, de celui consistant en attirail de culture, qu'un trop minime intérêt? Ne pourrais-je pas de même avancer sans exagération qu'ils croient avoir très-bien opéré quand ils balancent leurs pertes essuyées de ce côté par les ventes provenant des bestiaux ?

Je leur laisse le soin de méditer ces questions, leur intérêt et leurs connaissances pratiques les mettront plus sur la voie de ce qu'ils doivent faire à l'égard des moyens de les résoudre d'une manière avantageuse, que tout ce que je pourrais faire observer à leur sujet.

J'ai voulu seulement, en les leur posant, leur faire remarquer une fois de plus l'impérieuse nécessité de répudier les traditions auxquelles ils ont obéi jusqu'ici, en portant leurs préoccupations plutôt vers le sol en culture que vers les bestiaux, c'est-à-dire d'accorder désormais aux fabricants de fumiers de ferme plus de sollicitude que par le passé, de manière à ce qu'ils fabriquent mieux et en plus grande abondance leurs matières premières, et de manière aussi à ce que cette production enfante elle même d'autres produits à un prix de revient de plus en plus inférieur au précédent.

JUIN.

Les cultivateurs font commencer les binages des œillettes et des betteraves au commencement de juin et les font terminer en juillet. Quoique l'expérience leur ait fait remarquer depuis longtemps l'action puissante exercée par les façons d'entretien sur la végétation de ces récoltes notamment, je crois néanmoins très-utile d'entrer dans l'analyse des causes qui la déterminent.

Il est bon que l'on sache pourquoi il importe autant de subordonner l'espacement des plantes suivant la propension de leurs organes externes à se ramifier et celle de leurs racines à s'implanter profondément en terre et à grossir

En laissant les tiges trop rapprochées les unes des autres, leurs racines s'affament mutuellement d'abord; ensuite leurs feuilles, lesquelles sont les poumons, les voies respiratoires des végétaux, absorbent d'une manière insuffisante les substances alibiles répandues dans l'atmosphère Quand leur espacement a eu lieu, au contraire, en temps opportun et suivant les distances indiquées par l'expérience comme étant les plus convenables, on obtient des végétaux une plus grande quantité de grain, et si ces plantes sont des betteraves, on obtient un rendement en racines beaucoup plus considérable.

Comme les distances doivent être réglées d'après la qualité du terrain ensemencé et d'après sa richesse en engrais, il est à propos de faire des expériences comparatives à leur sujet, dans la localité que l'on habite afin de connaître celles donnant les meilleurs résultats.

A plus forte raison est-il opportun de semer en lignes à l'aide d'un semoir mécanique toutes les récoltes que l'on a l'intention de faire biner. Lorsqu'elles sont alignées, il devient très-facile aux ouvrières les moins exercées d'espacer avec la main les tiges trop rapprochées les unes des autres dans ces lignes, d'en retirer les herbes parasites et d'ameublir profondément avec leurs houes la petite bande de terre qui les sépare. Ces ouvrières acquièrent bientôt, grâce à ces facilités, assez de dextérité dans la manœuvre de ces instruments pour exécuter les binages des récoltes semées avec le semoir mécanique dans un espace de temps de moitié moindre que ceux à pratiquer dans celles semées à la volée.

Ces façons d'entretien ne sont pas les seuls travaux aratoires dont l'agriculteur ait à s'occuper en juin, il en est d'autres dans l'exécution desquels il n'est pas moins à propos d'apporter la même activité à d'autres points de vue. Ainsi la partie de la jachère occupée jusque là par des prairies artificielles bisannuelles se trouve complètement dépouillée de sa récolte au commencement de juin lorsqu'on la fait servir de pâturage dès la fin d'avril pour le troupeau ou les vaches.

Il importe dès-lors de remettre en culture cette partie de jachère au fur et à mesure que le pâturage en est épuisé en la faisant labourer à une profondeur moyenne et ameublir avec la herse et le rouleau. On la met de la sorte en position; 1° de s'approprier complètement les éléments fertilisants des déjections disséminées sur ce pâturage par les bestiaux; 2° d'absorber, à l'aide des molécules du sol désagrégées par le rouleau, les fluides fécondants de l'atmosphère; 3° de reconstituer la nourriture dont les céréales semées sur cette jachère en septembre auront besoin; 4° de les affranchir des semences des parasites et des racines vivaces de chiendent.

On doit comprendre que plus on met d'empressement à défricher un terrain inculte, plus on incorpore avec la couche arable les agents météorologiques, les gaz,

l'humidité et la chaleur, plus ces agents ont d'aisance
pour dissoudre et combiner ensemble les engrais organiques et inorganiques entrant dans la constitution du
composé alibile à l'usage des végétaux.

Mais quand cette jachère n'est pas infestée par le
chiendent, il est préférable de l'ensemencer aussitôt
qu'elle est convenablement ameublie, en colzas, en
vesces ou en sarrazin, que de la laisser nue jusqu'à la
semaille d'automne. On se ménage de la sorte, moyennant un déboursé de 5 à 30 fr. de l'hectare, lequel
représente la valeur des semences des grains dont je
viens de parler, ces deux avantages : ou celui d'être en
mesure de procurer aux bestiaux un pâturage abondant,
ou celui d'obtenir un engrais vert plus fertilisant que le
parcage et le fumier accordé ordinairement à cette
jachère.

Mais aussi comme ces plantes variées ne foisonnent
sur cette jachère qu'autant que leur végétation est
secondée par des engrais, et comme il importe, soit
qu'elles servent de pâturage, soit qu'elles servent d'engrais, d'en favoriser l'abondance, je trouve très-nécessaire
d'épandre sur les terres, avant leur ensemencement, des
composts riches en azote et en substances minérales.

On doit, à mon sens, reculer d'autant moins devant
ces avances, que l'on sait que le blé donne un rendement
supérieur en paille et grain suivant qu'il rencontre dans
la couche de terre végétale, depuis sa germination
jusquà l'époque où il est arrivé à maturité, une quantité
plus forte des principes alibiles avec lesquels sa paille
et son grain sont formés.

En privant d'engrais minéraux les récoltes enfouies
en vue de fertiliser la terre qu'elles occupaient, les
céréales ne trouveraient dans leurs détritus que de
l'humus, des engrais organiques. Elles deviendraient
par conséquent abondantes en paille, mais elles ren-

draient très-peu de grain, et elles verseraient trop prématurément. Aussi, me paraît-il rigoureusement nécessaire de pourvoir la jachère qu'on leur destine des éléments nutritifs que l'on sait devoir donner de la raideur à leur paille et devoir faire fructifier leurs épis.

En présence des enseignements donnés par les agronomes et les praticiens, sur l'action fertilisante des récoltes engrais et sur la nécessité d'associer aux détritus organiques les substances minérales dont le sol en culture paraît le plus dépourvu; en présence surtout des succès obtenus depuis les temps les plus reculés à l'aide des fourrages enfouis en terre, au moment de leur floraison, il y a tout lieu de s'étonner, en remarquant un si petit nombre de cultivateurs semer sur leurs jachères des récoltes quelconques afin d'en accroître la richesse productrice.

S'ils ensemençaient notamment en colza les terres sortant de minettes pâturées par le bétail, leurs avances, quant à l'achat de la semence, seraient très-minimes et ils féconderaient ces terres avec la récolte fournissant le plus de détritus organiques. Ce qui devrait surtout les déterminer à accorder la préférence à cette plante plutôt qu'aux semences des vesces, féverolles et bucaille, ce sont les considérations suivantes : Ainsi, outre qu'il est possible d'ensemencer avec profusion un hectare de terre moyennant une dépense de 4 à 5 fr., avec la graine du colza, 1° cette plante croît volontiers dans les terrains de médiocre qualité; 2° les façons aratoires très-soignées précédant son ensemencement, favorisent étonnamment sa végétation jusqu'à l'automne pour peu que la température entretienne de l'humidité dans la terre qu'elle occupe; 3° elle est plus pourvue à cette époque que toute autre plante d'organes foliacés; 4° son enfouissement est plus facile que celui des vesces et autres légumineuses.

Toutes ces considérations et surtout celle ayant trait à l'abondance de ses feuilles, lesquelles lui permettent de puiser largement au milieu du réservoir inépuisable de l'atmosphère les fluides fécondants qui s'y trouvent répandus, ces considérations, dis-je, suffisent pour faire regarder la récolte du colza comme étant celle qui féconde le plus fortement le terrain dans lequel on l'enfouit.

Ce qui m'autorise personnellement à faire prévaloir la puissance fertilisante du colza surtout, c'est que je puis affirmer que j'ai toujours obtenu des blés excessivement épais et hauts en taille, quand ce colza avait été lui-même dans des conditions semblables. Je puis affirmer également que ces blés versaient beaucoup moins et me donnaient plus de grain, lorsque j'avais pris le soin d'incorporer avec la couche arable des engrais minéraux, des composts, au moment où j'ameublissais le champ ensemencé en colza.

On devrait d'autant mieux s'empresser de contrôler cette affirmation par des expériences du même genre, que l'on connaît l'impérieuse nécessité en culture de débourser une somme d'argent quelconque avant d'en retirer une autre supérieure du sol. Et ceux qu'elle est dans le cas de séduire devraient d'autant moins s'effrayer du surcroît de travaux exigé par ces semailles, que les chevaux et leurs conducteurs jouissent en juin et juillet de plus de loisirs qu'il n'en est besoin pour les exécuter convenablement.

Ce serait donc méconnaître étrangement ses intérêts que de ne pas essayer les procédés fécondateurs dont je viens de faire ressortir l'excellence et la manière de les faire aboutir aux résultats les plus satisfaisants.

Telles devraient être les occupations des cultivateurs pendant la première quinzaine de juin. Voyons maintenant quelles sont celles auxquelles ils se livrent habituellement pendant la seconde quinzaine de ce mois, et si ces dernières ne leur font pas un devoir de presser l'exécution des premières.

On récolte ordinairement aux approches de la St-Jean les foins donnés par les luzernes, sainfoins et trèfles. Ces fourrages servent à l'alimentation de tous les animaux domestiques. Dès lors, comme les produits et profits retirés des bestiaux ne sont abondants et de qualité supérieure qu'autant qu'on les nourrit à discrétion avec des foins sains et substantiels, on doit sentir toute l'importance de les récolter dans les meilleures conditions possibles.

Les moyens employés dans la Somme, concernant la récolte de ces fourrages, diffèrent en général trop de la méthode à laquelle j'accordai la préférence pour que je ne me croie pas obligé de la mettre en comparaison avec celle la plus en usage et d'expliquer les raisons pour lesquelles je l'adoptai.

On a encore l'habitude, dans un grand nombre de communes rurales, d'amonceler les foins lorsqu'ils sont devenus secs en *chaînes* ou *moffles*, en tas contenant de 15 à 30 bottes. Quand la sécheresse se continue pendant un mois, sans interruption, on retire de ces tas un fourrage de première qualité. Mais comme on jouit rarement d'une température aussi favorable, et que les pluies ou les orages sont fréquents vers l'époque de la St-Jean, on court le risque de voir, pendant une période de dix années, ces foins plus ou moins avariés huit fois sur dix, en les mettant en tas aussi volumineux. Quelque bien faits et quelque raffermis qu'ils soient, les fortes pluies ou celles de longue durée ne laissent pas que de les pénétrer plus ou moins profondément. Après les circonstances atmosphériques, même les plus favorables, comme leur base repose, d'une part sur un sol constamment humide, et que de l'autre, leur surface étendue est exposée à l'injure du temps, le foin se trouvant de ces deux côtés est toujours de médiocre qualité.

Ce furent ces considérations importantes qui m'engagèrent dès 1840 à faire dresser les uns contre les autres trois petits *ouveaux* de foin, et à prendre en outre le soin d'en faire élargir la base afin qu'ayant plus d'assiette sur le sol ces *ouveaux* résistassent mieux au vent et à la pluie. Je dois faire observer aussi que ce qui leur donnait surtout de la solidité, c'est qu'ils étaient assujettis avec des liens composés de quelques tiges à leur extrémité supérieure fortement comprimée par l'un des deux ouvriers dressant ces *ouveaux*. Ces petits tas, dont l'usage s'est répandu dans la contrée que j'habitais depuis cette date, sont appelés des *cahots* et on y désigne aux ouvriers la manière dont on entend récolter le foin, en leur disant: vous le mettrez en *cahots* ou en *moffles*.

Quant aux motifs qui me firent préférer les *cahots* aux *moffles*, je trouvais que le foin était non seulement exposé à moins d'avaries sous cette forme que sous l'ancienne; mais encore que sa dessication et sa rentrée dans les greniers à fourrages avaient lieu beaucoup plus vite.

Ce procédé est évidemment plus expéditif et plus exempt de dommages que l'ancien, puisque l'on peut dresser le foin en *cahots* aussitôt que ses tiges ont assez de fermeté pour se tenir debout sans s'affaisser, et que l'on peut aussi, quand le soleil est ardent pendant deux jours consécutifs, mettre à profit son action desséchante pour faire ressortir des tiges du foin l'eau de végétation qu'elles renferment, en faisant retourner les javelles le lendemain ou le surlendemain suivant le jour où il a été fauché. Or ces circonstances permettent de la mettre en *cahots* sans le moindre inconvénient le troisième ou le quatrième jours après le fauchage.

Il me parait utile d'ajouter encore que je préférais mettre mes foins en *cahots* plutôt qu'en *moffles* ou *chaînes* par cette autre raison, que les *cahots* ne font pas périr les plantes sur lesquelles ils stationnent pendant quelque temps, tandis que les *moffles et chaînes*, dont la base est plus large, les détruisent en les privant d'air et en séjournant trop longtemps à la même place.

Quelle que soit ma prédilection en faveur du procédé dont je viens de faire connaître l'exécution pratique, je me garderai cependant de prétendre qu'il soit complètement exempt de critique. J'ai fait en l'adoptant ce qu'il est toujours sage d'observer dans n'importe quelle profession: je me suis sans cesse appliqué à suivre les méthodes culturales offrant, à mon sens, le moins d'inconvénients, les méthodes me mettant le plus vite à l'abri des dangers que le lendemain suscite et celles que j'avais trouvées meilleures par suite des expériences dont elles étaient devenues l'objet de ma part.

Comme la récolte des foins n'occupe les chevaux et les domestiques que dans l'après-midi, on doit mettre à profit la liberté dont ils jouissent le matin pour faire herser avec l'extirpateur et *rouler* ensuite les jachères au fur et à mesure que le troupeau de moutons y a déposé ses déjections. On prévient de la sorte l'évaporation des principes fécondants que la chaleur fait sortir de ces engrais.

De même il est à propos de tirer parti des chaleurs intenses pour détruire à l'aide de hersages multipliés les semences des parasites poussant sur ces jachères et les racines de celles dont il n'est possible d'opérer la destruction qu'en les faisant dessécher par le soleil. On ne doit jamais perdre de vue que l'on s'expose, en négligeant de faire exécuter ces divers travaux aratoires en temps opportun, à ne retirer des terres infestées de parasites ou sur lesquelles on laisse évaporer les parties fluides des engrais, que des récoltes très-médiocres pendant plusieurs années, quoiqu'elles aient été fumées copieusement.

L'efficacité des hersages exécutés pendant les grandes chaleurs a été constatée par les agriculteurs de toutes les époques. Ce qui le prouve clairement, c'est que l'on entend répéter depuis longtemps par les praticiens les plus observateurs: *Labour d'été vaut fumier.* Or, le fait qu'ils accusent en s'exprimant ainsi, les théoriciens ne pourraient-ils pas soutenir à bon droit qu'il est dû à ces circonstances; 1° que les labours améliorent la fertilité du sol, en y introduisant les agents atmosphériques; 2° que le soleil provoque la fermentation dans les détritus organiques existant dans la couche arable; 3° qu'il résulte de cette fermentation une combinaison convenable entre les éléments organiques et inorganiques constituant le composé alibile, en d'autres termes la sève dont s'emparent les spongioles placées à l'extrémité des racines des végétaux.

Si l'expérience a mis les praticiens à même de reconnaître les services signalés qu'ils pouvaient retirer, pour féconder leurs terres, de l'action dévorante du soleil en été, elle a dû aussi leur faire remarquer qu'elle fait courir les plus grands dangers à la santé des animaux domestiques. Ainsi ils ont dû constater plus de maladies inflammatoires et de congestions sanguines parmi les bestiaux en été qu'en hiver, et surtout quand la chaleur était accablante et le temps chargé d'électricité.

Je crois utile de rapporter à cet égard mes opinions sur les causes déterminantes de celles de ces maladies dont l'issue est le plus souvent funeste. N'ayant pas fait d'études sur l'art de traiter les bestiaux en général dans une école spéciale, et mon système de culture me forçant à augmenter chaque année leur nombre dans mes étables, les pertes que j'essuyai de leur côté à mon début dans la carrière agricole, me parut un devoir de rechercher, si les circonstances atmosphériques de cette saison estivale n'étaient pas de nature à les faire naître et quels étaient les symtômes précédant ce genre de maladies.

Je dois donc dire que mes observations m'ont amené à penser, lorsque j'eus remarqué plus de congestions et d'indispositions graves pendant les mois de juin et juillet que dans les autres mois de l'année, qu'elles étaient occasionnées par la température élevée de la saison caniculaire. Ces remarques me faisaient également penser que les bestiaux contractaient plus ou moins de prédispositions à ces maladies, suivant qu'ils avaient reçu, depuis leur naissance, une nourriture constamment substantielle et suffisante ou une alimentation irrégulière et qu'ils étaient plus ou moins exposés à respirer un air embrasé. Je concluais de là que cet air chaud devait précipiter les pulsations du cœur et causer des troubles dans l'organisme; enfin que les aliments avariés, leur insuffisance à certaines époques de l'année, la réplétion irrégulière des vaisseaux sanguins, pouvaient rendre les tissus moins résistants et plus impressionnables aux vissicitudes de la température. Ce qui corroborait en quelque sorte ces hypothèses, c'est que j'avais constaté moins de cas de mortalité et beaucoup moins de maladies chez les bestiaux tenus constamment en parfait état de chair et respirant un air frais et salubre

Mais laissons aux vétérinaires le soin d'en expliquer les causes réelles. Quelles qu'elles soient, il ressort de ma digression et des faits qui précèdent ce sage enseignement : qu'il est souverainement intéressant, pour un agriculteur d'exercer sur la santé de ses bestiaux la surveillance la plus assidue n'importe dans quelle saison, et qu'il s'apprenne à les soulager dans leurs indispositions.

Il devrait donc s'habituer: 1° à reconnaître les symtômes précédant une maladie quelconque, notamment les congestions; 2° à pratiquer des saignées quand ces symtômes lui en indiquent l'urgence; 3° à enfoncer un trocart ou un couteau, dans le point milieu du rumen, aussitôt qu'une vache est sur le point d'être asphyxiée par les gaz que font développer outre mesure dans ses intestins les trèfles et la luzerne.

Ces connaissances pratiques sont aujourd'hui plus nécessaires que jamais, car la science et les circonstances dans lesquelles se trouvent actuellement les cultivateurs, les fermiers surtout, démontrent de plus en plus l'opportunité de faire de la culture intensive. Or, comme cette culture ne peut se soutenir ou progresser qu'à l'aide d'une grande quantité relative de bestiaux, il devient obligatoire, afin de faire progresser également les profits réalisables de leur côté, de connaitre les moyens de les tirer des dangers que leur santé court à chaque instant et de leur faire donner tous les produits qu'on peut en retirer.

Elles me paraissent en outre d'autant plus indispensables, quand on cultive un domaine un peu étendu, que tout agriculteur doit savoir que s'il est déjà très-difficile de faire progresser le rendement du sol, il est bien plus difficile encore de régler suivant ce principe celui de producteurs tels que les animaux domestiques. Ceux-ci sont plus exposés que le sol à une infinité de vicissitudes et on ne peut négliger sans inconvénient pendant 24 heures seulement les soins qu'ils exigent, tandis que la terre ne réclame qu'à des moments donnés, et assez éloignés les uns des autres, la sollicitude du cultivateur.

Toutes les considérations dans lesquelles je viens

d'entrer doivent, ce me semble, paraître aux agriculteurs sérieusement préoccupés du désir d'élargir la
somme de leurs bénéfices, tellement intéressantes au
point de vue de leur avenir, qu'ils feraient preuve d'une
grande indifférence envers leurs intérêts les plus chers,
s'ils s'abstenaient plus longtemps de tenter le traitement
des maladies dont leurs bestiaux seront atteints. Les
pertes sèches qu'ils ont dû essuyer de temps à autre par
le fait d'une absence complète d'initiative de leur part,
quant à l'emploi de moyens préventifs ou curatifs, ont
dû d'ailleurs leur inspirer bien des fois le regret de ne
pas s'être mis en mesure, à l'aide d'études et d'expériences prudentes, de donner des soins en temps utile à
des bestiaux morts des suites d'une congestion ou d'une
météorisation.

Ces pertes doivent donc leur rappeler que 'ils avaient
pu saigner les uns et pratiquer une ponction dans le
rumen des autres, ils les auraient conservés. Elles
doivent aussi leur faire reconnaître qu'il est difficile
dans bien des cas de faire intervenir le vétérinaire alors
qu'il est nécessaire de leur appliquer un traitement
énergique et qu'il est préférable en ces circonstances
critiques de se porter à des expériences même infruc-
tueuses que d'attendre le concours d'un homme de l'art,
lequel n'arrive le plus souvent que pour déclarer qu'il
a été appelé trop tard. En prenant dans ces conjonctures
délicates une initiative quelconque et en l'éclairant par
des notions médicales puisées dans de bons ouvrages,
cette initiative met du moins sur la voie des connaissances pratiques.

Ces études et ces expériences sont comme on le voit
très-utiles à l'agriculteur possédant un grand nombre
de bestiaux, en le mettant en position d'éviter beaucoup
de pertes de leur côté. A plus forte raison lui sont-elles
utiles quand il a un troupeau de bêtes à laine, et a-t-il

besoin de connaître la propriété de quelques médicaments spécifiques pour le traitement des affections dont ces bêtes à laine sont la plupart du temps atteintes.

Comme les moutons vivent en commun, soit au pâturage, soit dans les étables, ils sont plus exposés que les autres bestiaux isolés dans des stalles ou en petit nombre dans un compartiment, à contracter la maladie contagieuse dont quelques uns sont affectés. Il résulte de ce fait que si l'on appliquait au traitement du piétin ou de la gale des médicaments très-efficaces, si l'on prenait le soin d'entraver la propagation de ces maladies, en renfermant dans une étable particulière les sujets malades, on éviterait de la sorte des préjudices importants. J'admets que les bons bergers déploient la plus grande activité en ces circonstances, cependant comme on les trouve difficilement et qu'ils ignorent l'action curative des drogues qu'ils emploient, il est nécessaire que le cultivateur lui donne lui-même les médicaments sur l'efficacité desquels il compte le plus et connaisse parfaitement leurs propriétés comme les soins hygiéniques réclamés par une race de bestiaux dont la santé est aussi délicate que celle de l'espèce ovine.

Quant aux moyens d'acquérir ces connaissances médicales pendant l'exercice de la profession agricole, il est très-facile de se rendre assez habile pour traiter convenablement la majeure partie des maladies que l'on remarque ordinairement dans les fermes. Il suffit de lire et relire, avec la plus grande attention, des ouvrages traitant de ces matières. Le plus complet que puissent étudier les cultivateurs, c'est *la Maison rustique* du 19e siècle, car il se compose de cinq gros volumes et le second volume est entièrement consacré à l'exposé de l'hygiène et du traitement des maladies, qu'il importe d'appliquer aux diverses races d'animaux domestiques existant en France.

Cet ouvrage est en outre recommandable par rapport à sa clarté et à sa précision et parce qu'il embrasse tous les sujets intéressant de près ou de loin la profession agricole. Aussi suis-je convaincu que si les cultivateurs utilisaient leurs soirées d'hiver à méditer dans le calme du cabinet les enseignements variés qu'il renferme, ils en feraient bientôt un ami, un conseil.

Les enseignements qu'ils y puiseraient les engageraient à contrôler par des expériences la validité des théories sur lesquelles les collaborateurs de cet ouvrage les appuient, et à faire participer leur intelligence dans une plus large mesure à la réalisation des résultats qu'ils cherchent à obtenir de leurs bestiaux et de leurs terres labourables. En la faisant ainsi concourir, tout autant que leur activité physique, à l'application des procédés employés en vue de faire arriver les bénéfices recherchés par eux de ces deux côtés, ils rendraient ces résultats plus durables et plus lucratifs. Ils commettraient assurément beaucoup moins de ces inconséquences dont ils font preuve lorsqu'ils demandent sans cesse des récoltes épuisantes à leurs terres et ne lui restituent pas des engrais en proportion de leurs exigences, ou lorsqu'ils entretiennent dans leurs étables toutes les races de bestiaux, sans se préoccuper le moins du monde du soin d'améliorer leurs formes, leurs aptitudes et leurs facultés productrices.

Les études agronomiques doivent avoir pour but, de la part de qui s'y livre avec ardeur, de se mettre au courant des méthodes culturales les plus propres à rendre de plus en plus fructueuse l'industrie agricole qu'il a l'intention d'exercer ou qu'il exerce. Telle n'a pas été malheureusement la conduite de tous les jeunes agriculteurs sortant des Instituts agricoles. Aussi entend-on dire très-souvent, avec beaucoup de raison, que si les praticiens ont tort de ne pas se rendre compte par des expériences du mérite des théories publiées par les agronomes et les savants les plus autorisés à les produire, il faut également reconnaître que la plupart des agriculteurs ayant suivi, dans des fermes-écoles, un cours spécial sur l'agriculture et l'économie domestique, ne paraissent guère l'emporter sur les premiers par des récoltes plus abondantes ou du moins par des bénéfices nets plus considérables.

Cet objection invoquée par quelques agriculteurs, afin de motiver leur persistance à ne pas se porter à des études approfondies touchant leur profession, ne fait que confirmer tout ce que j'ai dit jusqu'ici. Les faits sur lesquels ils se fondent m'autorisent à leur faire observer que les routiniers et les agriculteurs théoriciens éprouveraient beaucoup moins de déceptions si les premiers raisonnaient leurs opérations aratoires et si les seconds entraient davantage dans leur exécution; si les uns et les autres s'éclairaient avec les lumières de la science et de l'expérience.

La conduite véritable à tenir, en ce qui concerne les bestiaux et les études agronomiques, peut se résumer dans la proposition suivante et dans l'application des moyens que je vais indiquer. Puisque les bestiaux produisent, les fumiers ce que j'appelle les matières premières et que celles-ci donnent naissance aux récoltes, quels sont les moyens d'augmenter la production de ces matières créatrices? Quels sont les moyens de faire progresser la somme des profits que sont susceptibles de donner ces animaux domestiques, de manière à ce que ces profits diminuent graduellement le prix de revient de leurs déjections, lesquelles sont, ai-je dit, les éléments reproducteurs des récoltes?

Ces moyens consistent, à mon sens: 1° à améliorer les diverses races d'animaux domestiques fabricant les engrais dont il est besoin pour alimenter les plantes utiles; 2° à les rendre l'objet de spéculations habiles afin que les bénéfices réalisés par la vente de leurs produits amoindrissent les frais généraux; 3° à acquérir des connaissances spéciales sur la manière de les soigner, d'accroître leurs facultés productrices et de leur faire payer en quelque sorte la nourriture qui leur est accordée au prix le plus élevé possible; 4° à faire progresser le rendement des terres au moyen d'expériences comparatives entre les divers procédés préconisés et au moyen d'avances proportionnées aux résultats que l'on poursuit.

Tels sont les moyens de résoudre cette proposition. Or, peut-on contester qu'il soit possible pour un agriculteur, instruit, dans l'aisance et déterminé à mettre en œuvre tout ce qui peut le conduire à la prospérité, de suivre tous les préceptes contenus dans ces moyens, et que leur application persévérante aura pour effet de rendre sa culture de plus en plus intensive et lucrative.

JUILLET.

Comme il entre dans les habitudes d'un grand nombre de cultivateurs en gros, de préparer les terres qu'ils se proposent d'ensemencer en colza, aussitôt après la rentrée de leurs foins, j'espère attirer leur attention en leur faisant connaître les procédés employés en Flandre dans le but de favoriser la réussite de cette plante industrielle

Ces procédés ont pour objet d'abord de pourvoir le sol destiné au colza des éléments nutritifs qu'il recherche tels que l'azote et la potasse ; ensuite de faire intervenir dans la couche arable un agent sans lequel la germination de cette plante ne peut avoir lieu, l'humidité.

Or, le moyen de satisfaire la première de ces deux conditions, c'est d'épandre sur les labours des tourteaux concassés et en outre de la suie ; car les tourteaux contiennent beaucoup plus d'azote que les fumiers et un peu de potasse. La suie de son côté contient également ment beaucoup de substances alibiles, mais ce qui la rend particulièrement utile au colza, c'est qu'elle a la propriété de chasser et de faire périr les pucerons lesquels le dévorent si souvent. Il y a lieu de croire que cette propriété est due à l'odeur âcre qu'elle exhale et à l'huile empyreumatique qu'elle renferme et dont elle imprègne le sol, en s'incorporant dans ses molécules.

On remplit la seconde condition, c'est-à-dire que l'on rend la couche de terre végétale absorbante à l'instar d'une éponge, en pulvérisant sa surface à l'aide du rouleau et de la herse. Cette couche étant ainsi ameublie retient plus longtemps les rosées ou les pluies qui la pénètrent et se volatilisent si facilement en juillet quand la sécheresse se prolonge et quand la terre renferme beaucoup de mottes desséchées par le soleil.

Cette dernière condition est non moins nécessaire que la première puisque sans humidité le germe ne peut sortir de la semence et s'implanter dans le sol. Ce germe ne peut s'assimiler les engrais s'ils ne sont suffisamment dilués par l'eau. Dès lors, comme il arrive très-souvent que la chaleur est très grande en juillet et que les pluies y sont plus rares qu'en tout autre mois de l'année, il est de la plus grande importance de donner aux terres à ensemencer en colzas une préparation aussi soignée que celle accordée aux lins et de faire suivre la herse par le rouleau dans la crainte que quatre heures plus tard il ne soit plus possible d'écraser les mottes.

Je dois ajouter que les Flamands ne se contentent pas seulement de l'emploi d'une culture très-soignée envers le colza, ils ont en outre recours à un procédé plus apte encore qu'un ameublissement parfait de la couche arable, à déterminer la germination et en même temps la nutrition des semences de cette plante. Ainsi ils ont l'habitude d'arroser avec du purin à l'aide d'un tonneau, le champ ensemencé en colza, pour peu qu'ils pensent que la sécheresse est dans le cas de se prolonger.

Dans cette prévision et afin de se trouver toujours en mesure de ranimer la végétation de leurs récoltes paraissant languir, les cultivateurs flamands s'attachent tout particulièrement à recueillir soigneusement le purin provenant de leurs étables et de leurs fosses à fumier. Cet engrais liquide connu sous le nom d'engrais flamand est en outre enrichi avec des tourteaux qu'on y fait pourrir et des vidanges. Étant ainsi concentré et pourvu de tous les éléments concourant à la nutrition des végétaux, cet engrais liquide est souverainement substantiel par cette double raison qu'indépendamment de contenir des éléments immédiatement assimilables ;

il jouit de plus d'une grande propriété hygrométrique.

Cette propriété a d'abord une importance capitale lorsqu'il s'agit de seconder la végétation des plantes dans leur premier âge, alors qu'elles ne peuvent encore abriter le sol avec leur feuillage, contre l'évaporation des fluides qu'il renferme. Ensuite il est très avantageux d'avoir sans cesse sous la main une nourriture toute élaborée, une nourriture très propre à donner en peu de jours une vigueur étonnante à des plantes languissant par le fait de circonstances dont l'intervention de cet auxiliaire peut seule entraver les conséquences funestes.

Ce qui prouve du reste combien l'engrais liquide est considéré en Flandre, comme étant un auxiliaire utile et indispensable, c'est l'empressement que mettent les cultivateurs du Nord à recueillir toutes les matières susceptibles d'enrichir cet engrais et d'en accroître la quantité.

Cette sollicitude jointe à l'esprit spéculatif qu'ils manifestent dans toutes leurs opérations aratoires, sont les causes réelles de leur supériorité sur les autres cultivateurs français. On ne peut se refuser à reconnaître qu'ils raisonnent leurs actions plus que ces derniers. Ainsi j'en donnerai comme preuve les exemples que je vais tirer de la culture spéciale dont je viens de parler.

Pourquoi préfèrent-ils semer leur semence de colza en lignes plus qu'à la volée? et pourquoi se rattachent-ils autant à la culture de cette plante industrielle? C'est parce que concernant la première question, ils se sont assuré par des essais que la semaille en lignes facilitait l'extraction hors de ces lignes des sujets destinés à être repiqués ailleurs et rendait moins coûteux les frais de sarclage, d'espacement et de binage, et relativement à la seconde question parce qu'il est plus facile en lui accordant les mêmes soins et engrais que ceux employés envers les lins et betteraves, d'attendre de magnifiques colzas dans les terrains impropres à ces plantes.

Ce dernier avantage est très important car il est du plus grand intérêt de pouvoir compter dans des terres de qualité moyenne, sur la réussite d'une plante aussi susceptible de donner un bénéfice parfois non moins élevé que les lins et les betteraves. Et puis on doit également savoir que comme la récolte du colza a lieu en juillet, cette circonstance permet de remettre la terre qu'il occupait et que l'on ensemence ordinairement en blé, en parfait état de culture. On doit enfin savoir que cette plante n'épuise en majeure partie que le sous-sol et entrave davantage que le lin par rapport à l'abondance de son feuillage, l'évaporation des fluides fécondants renfermés dans la couche arable.

Mais ces préoccupations ne sont pas les seules que l'agriculteur doive envisager avec le même intérêt pendant le cours du mois de juillet. Il ne doit pas perdre de vue que les chaleurs excessives si communes en juillet lui font un devoir de redoubler de surveillance envers ses animaux domestiques dans la crainte que des congestions ou des tympanites ne viennent inopinément mettre leur existence en danger; que ces chaleurs sont très propres à favoriser la destruction des herbes enfouies par les labours; qu'il lui importe beaucoup de tenir sa besogne ordinaire au courant afin que celle-ci ne vienne pas grossir hors de propos, celle si intéressante que va lui causer la rentrée de ses récoltes.

Quand on jouit de toute sa liberté d'action on hésite moins à accorder des soins minutieux en vue de sauvegarder ses récoltes, même d'importance secondaire, telles que les hyvernaches, les seigles et les orges. Comme la maturité de ces dernières se déclare dans la seconde quinzaine de juillet, il me parait très-utile d'entrer dans le détail des diverses manutentions que chacune d'elle exige pour les obtenir dans d'excellentes conditions.

Je dirai donc concernant les hivernaches que je crois prudent lorsqu'elles sont très abondantes et que les ouveaux se touchent, de retourner ces ouveaux aussitôt que leur surface exposée aux rayons du soleil a perdu son eau de végétation ; puis de mettre ces ouveaux en moyettes couvertes contenant seulement de six à dix bottes quand ils paraissent suffisamment secs. En faisant ces moyettes plus volumineuses, on court le risque de causer l'altération de la paille et du grain enfermé dans leur intérieur, surtout lorsque la température reste humide. Aussi doit on subordonner leur volume et leur confection à l'état de siccité des ouveaux d'abord, ensuite à leur taille et aux circonstances atmosphériques au milieu desquelles on opère. J'ajouterai encore que plus une moyette occupe d'espace, plus il est difficile de l'abriter convenablement et solidement contre la pluie et le vent, à l'aide de la botte qui la recouvre ; moins il est facile à la chaleur et au vent de la pénétrer et de provoquer ainsi l'évaporation de l'humidité qui détermine dans son intérieur la fermentation occasionnée par l'accumulation des ouveaux contenant encore plus ou moins de sève et de la chaleur à laquelle on les a exposés.

Je rappelerai concernant la récolte du seigle la destination donnée à sa paille Dès lors, comme cette paille n'est résistante et élastique qu'autant qu'elle n'est pas trop desséchée par le soleil ; comme aussi son grain ne devient renflé et sec dans les épis qu'autant qu'il a séjourné pendant quelque temps au milieu des champs, le moyen, à mon sens, d'obtenir ces avantages, consiste à lier le seigle aussitôt qu'il est fauché s'il ne contient pas dans une trop forte proportion des herbes vivaces de haute taille ; puis à mettre les gerbes en moyettes de dix bottes.

Ces moyettes désignées dans les campagnes sous le nom de *lanternes* sont ainsi façonnées : on dresse sur leur base neuf bottes, on les serre les unes contre les autres en les évasant un peu par la base, on en serre les épis dans un double lien et on recouvre cette moyette avec la dixième botte quand le temps parait disposé à devenir pluvieux ; sinon on laisse les épis s'épanouir en quelque sorte au soleil.

Enfin le moyen d'assujettir solidement la botte servant d'abri contre la pluie, consiste à étendre les trois ouveaux dont elle est composée autour de la moyette et du lien en serrant les épis et à relier ces trois ouveaux sur ce lien de manière à ce que tout le corps de la moyette ressemble lorsqu'elle est recouverte à un cône très régulier mais un peu évasé à sa base.

Les résultats qu'il importe d'atteindre lorsqu'il s'agit de faire acquérir au grain et à la paille des récoltes la qualité qui en constituent la valeur vénale et nutritive peuvent se résumer dans ces propositions : 1° faire sortir hors des tiges avant de les renfermer dans des moyettes quelconques, la majeure partie du liquide qu'elles contiennent, afin d'empêcher ces tiges de fermenter dans des circonstances données, de dévier et de s'affaisser quand la pluie les ramollit ; 2° entraver le mieux possible la pénétration des eaux pluviales dans l'intérieur de ces moyettes.

Je sais très-bien que les cultivateurs soigneux n'apprendront rien de nouveau dans tout ce que je viens de mettre en lumière ; cependant j'ai cru devoir les rappeler car malheureusement le plus grand nombre perd trop souvent de vue les raisons majeures leur prescrivant l'opportunité de mettre en œuvre les mesures propres à satisfaire complètement les désirs qu'ils conçoivent à l'égard des récoltes dont j'ai parlé comme des céréales dont j'aurai l'occasion de parler bientôt.

Au surplus, quand bien même le temps resterait au beau fixe après la confection des moyettes, je ne vois pas pourquoi on regretterait d'avoir péché par excès de prudence. Les moyettes ne sont pas des passe-temps inutiles; car elles n'apportent guère de retard dans la besogne des moissonneurs, surtout lorsqu'elles se composent de gerbes liées puisqu'ils n'ont plus à revenir sur leurs pas et peuvent poursuivre leur besogne sans désemparer et sans avoir à se préoccuper de celles qu'ils ont faites.

Les cultivateurs de leur côté trouvent dans ces manutentions d'abord une plus grande sécurité contre les dommages énormes qu'ils éprouvent si souvent par le fait de la température tantôt trop sèche, tantôt trop humide; ensuite ils doivent regarder, comme étant des compensations avantageuses, les résultats que je vais mettre en relief. Ainsi l'herbe renfermée dans les *moyettes* protégées par une couverture et solidement *assises* sur le sol, de même la paille des céréales, sont plus tendres et plus savoureuses que lorsqu'elles ont été desséchées outre mesure par le soleil en *javelles* ou en *ouveaux*. Et comme la chaleur ambiante pénètre facilement ces *moyettes* si elles n'ont pas trop de diamètre, elle fait affluer dans les épis le reste de sève répartie dans les tiges tout en en faisant évaporer l'humidité.

Il me reste à parler de la récolte des orges, d'une céréale dont il est très-important d'améliorer la qualité du grain et de faciliter sa séparation d'avec l'appendice incommode placé à l'une de ses extrémités.

Le moyen d'obtenir ces deux résultats consiste, 1° à lier l'orge aussitôt qu'elle a été fauchée; 2° à mettre les gerbes en dizeaux de quinze bottes; 3° à incliner ces gerbes légèrement du côté de leurs épis, de manière à ce que les eaux pluviales s'écoulent aisément; 4° à serrer fortement ces gerbes les unes contre les autres ; 5° à laisser les dizeaux ainsi façonnés exposés aux alternatives de sécheresse et d'humidité en face du vent soufflant du Sud-Ouest jusqu'au moment où les barbillons attachés aux grains se brisent facilement sous la pression des doigts.

L'observation rigoureuse de toutes ces prescriptions me paraît rigoureusement nécessaire par ces raisons : 1° qu'il n'est guère possible de mettre les gerbes de l'orge en moyettes vu que leur paille est de taille moyenne et que leurs épis empêchent de leur donner une assiette convenable ; 2° qu'il n'est pas plus possible de les protéger à l'instar des autres céréales à l'aide d'une gerbe ; 3° que le grain germe avec une extrême facilité dès qu'il est humide pendant **24** heures seulement. Je conclus de là que ces pratiques sont seules susceptibles de lui faire acquérir les qualités qui assurent sa valeur marchande.

D'un autre côté comme la cause des difficultés que l'on éprouve à briser les barbillons est due à ce qu'une espèce de gomme résineuse consolide les fibres de ces barbillons, les fixe au grain, comme celle qui fixe la partie textile autour de la paille du lin et du chanvre, il est de la plus grande importance de faire dissoudre cette résine par la température variée résultant des alternatives d'humidité et de sécheresse. Dès lors en amoncelant l'orge suivant les dispositions que j'ai indiquées elle peut essuyer sans le moindre inconvénient des pluies de courte durée. car la forme anguleuse des dizeaux, la déclivité de la surface composée d'épis que l'on a exposés au vent du Sud-Ouest, fait prendre au grain plus de volume, de blancheur et de densité que s'il reposait sur la terre; elles lui permettent en outre ainsi qu'à la paille de se conserver pendant un plus long espace de temps, dans d'excellentes conditions.

Tandis que les moissonneurs donnent aux céréales, les soins dont j'ai fait ressortir les avantages, l'agriculteur doit encore presser l'exécution d'autres travaux non moins utiles à d'autres titres ; par exemple de faire labourer leurs terres sortant de minettes à grain, de lin, de colza et de faire raffermir ces terres labourées avec un rouleau très pesant, afin qu'elles conservent le peu d'humidité qui y reste et que cette humidité et la chaleur, qui sont des agents fermentatifs, servent à convertir en humus les détritus organiques enfouis par la charrue.

Il n'est pas moins intéressant à un autre point de vue de se porter à cette autre prévision quand la moisson est ouverte, de se préoccuper de la quantité de semence dont on aura besoin pour reproduire les récoltes que l'on va rentrer. La récolte destinée à servir de semence ne doit donc être fauchée que lorsqu'elle est complètement mûre, tandis que celle que l'on a l'intention de vendre en partie ou de faire consommer par les bestiaux en totalité, ne doivent être fauchées que lors qu'elles sont à peine mûres.

Cette préoccupation est nécessaire parce que dans le premier cas la semence alimente d'autant mieux le germe qui en ressort, qu'elle renferme une quantité plus forte d'éléments alibiles ayant atteint le degré suprème de la perfection; parce que dans le second cas la paille des céréales et des fourrages est d'autant plus tendre, nutritive et appétissante que quand celle moissonnée était encore pleine de sucs.

Jusqu'ici je n'ai fait envisager que les prévisions utiles à prendre en juillet en vue de la moisson; je commettrais un grave oubli si je ne faisais pas observer quelles sont les mesures de précaution dont les terres ensemencées quatre mois avant la moisson en prairies artificielles, en luzerne notamment, doivent devenir l'objet de la part du cultivateur aussitôt que les récoltes dans lesquelles on les a semées ont été enlevées.

Mon expérience personnelle m'autorise à déclarer à leur sujet : que les cultivateurs compromettent plus ou moins la vigueur et la durée de ces prairies lorsqu'ils les laissent raser de près par leurs bêtes à laine surtout, aussitôt après l'enlèvement de la récolte qui les protégeait.

En effet le trèfle et la luzerne particulièrement projettent pendant les quatre premiers mois, suivant leur germination dans la couche arable, une racine pivotante de laquelle ressortent, l'année suivante et pendant le cours de l'automne et de l'hiver, des racines latérales. La couronne donnant naissance à leurs organes foliacés ne se fortifie et ne s'épanouit à la surface du sol que lorsque ces racines lui transmettent des sucs nutritifs et qu'elle peut croître en toute liberté par suite de l'enlèvement de la récolte qui lui disputait ces sucs.

Donc en laissant les moutons ronger cette couronne alors qu'elle est à peine formée, alors que l'unique racine qui la rattache au sol n'est pas suffisamment fortifiée, on laisse de la sorte les moutons soulever, déplanter, casser et détruire une plus ou moins grande partie des tiges garnissant ces prairies. Aussi en résulte-t-il l'année suivante des vides nombreux, et doit-on s'expliquer pourquoi ces vides ont lieu, de même pourquoi les prairies artificielles permanentes telles que les luzernes et sainfoins ou manquent de vigueur ou durent peu d'années quoiqu'ayant été magnifiques et bien garnies la première année.

Évidemment leur ruine est due à ce qu'en permettant aux bestiaux de la brouter prématurément, ces bestiaux détruisent des organes indispensables, les organes devant donner naissance aux radicelles ressortant du pivot des luzernes et sainfoins, aux spongioles qui les terminent et aux parties herbacées de ces plantes dont on retire les fourrages. Le préjudice que l'on se cause ainsi est d'autant plus important, que l'on a pris plus de mesures pour assurer leur durée et leur abondance pendant plusieurs années, car on est privé, en se trouvant contraint de défricher prématurément des prairies permanentes, d'une source avec laquelle on fertilise l'exploitation; et les opérations culturales, données en vue de favoriser leur réussite, ne sont pas compensées par des avantages équivalents à ceux que l'on cherchait.

Cette théorie, sur les causes du peu de durée des prairies, me paraît tellement concorder avec les faits, que je ne crains pas d'affirmer que les agriculteurs qui se renseigneront sur son mérite en prenant le soin, sur une pièce de luzerne de 20 hectares, par exemple, d'empêcher leurs bestiaux pendant un an de paître, la moitié de cette étendue et de suivre sur la contre-partie leurs habitudes, partageront assurément les mêmes opinions que celles que je viens d'émettre.

Puisque j'ai eu occasion, en parlant de la sollicitude qu'il importait d'accorder aux prairies artificielles de première année, de citer entr'autres une plante avec laquelle on établit pendant une longue période d'années la prairie la plus durable et celle donnant relativement la plus grande quantité de fourrages, de la luzerne en un mot, je m'empresse de réparer l'oubli que j'ai commis en Mai en omettant de faire connaître en quoi consistent les procédés susceptibles de favoriser sa production.

La luzerne a été appelée avec raison, il y a bientôt trois siècles, par Olivier de Serres, le *Trésor des ménages*, par cette raison qu'il avait sans doute observé que sa racine pivotante s'implantait dès la seconde année dans le sous sol, qu'elle s'y ramifiait de plus en plus; qu'elle alimentait par conséquent la tige de cette plante avec des éléments alibiles qu'aucune autre plante usuellement cultivée était incapable d'aller puiser aussi profondément.

La luzerne améliore dès-lors le terrain qu'elle occupe d'autant mieux qu'elle y existe pendant un plus long espace de temps. D'un autre côté elle fertilise d'une part le domaine sur lequel elle prédomine d'abord à l'aide de la quantité énorme de fourrages qu'elle livre aux bestiaux, ensuite à l'aide des substances nutritives extraites du sous-sol.

Or, comme cette dernière source de fécondation est exploitée sans qu'il en coûte à l'agriculteur, de même aussi celle qu'il trouve du côté de l'atmosphère, la culture de la luzerne particulièrement est plus avantageuse que celle de toute autre plante puisqu'elle est pourvue d'organes plus aptes à puiser largement dans ces deux réservoirs.

Je répéterai donc à son égard l'assertion d'Olivier de Serres lorsqu'il disait que la luzerne était un trésor dans les mains du cultivateur. Elle est un trésor pour celui qui s'apprend par des expériences multipliées à seconder sa végétation et à tirer profit des fourrages qu'elle donne, au moyen des produits que ces bestiaux fabriquent en les consommant.

Je puis dire, concernant la culture de cette plante, que l'expérience m'a fait remarquer ; 1° qu'il était prudent de n'ensemencer un champ en luzerne qu'alors qu'il n'y avait plus lieu de craindre que des gelées tardives ne vinssent en détruire le germe; 2° qu'il était indispensable de répandre sur le sol, en même temps qu'elle était semée, des engrais contenant les éléments nutritifs qu'elle recherche, du carbonate de chaux et de l'azote; 3° d'enfouir ces engrais et sa semence au moyen d'un hersage léger puis d'un roulage afin que ses premiers organes nourriciers trouvent des éléments alibiles à leur portée dans la couche superficielle du sol, alors qu'ils sont encore très délicats pendant les premiers mois de leur végétation

Quand ces premières conditions ont été remplies on est presque toujours certain de voir les jeunes luzernes ou sainfoins se développer avec la plus grande vigueur. Cependant comme elles ne suffiraient pas pour prolonger leur durée et permettre à leurs racines de vaincre les résistances qu'elles rencontreraient trop prématurément de la part du sol en culture, je dois ajouter qu'il importe, lorsqu'on se propose d'établir une luzernière sur un terrain dont le sous-sol est perméable, non-seulement de rendre la couche arable plus épaisse en la labourant le plus profondément possible, mais encore de la fertiliser fortement pendant deux années consécutives, et de faire servir les avances faites d'abord en vue de la luzerne, à la production de deux plantes sarclées.

Ces diverses opérations aratoires ont pour effets, les premières de favoriser l'implantation de la racine pivotante de la luzerne à une plus grande profondeur, puis la bifurcation de son extrémité inférieure; les secondes de débarrasser le terrain qu'elle doit occuper des semences et des racines vivaces, des herbes parasites dans le cas de contrarier sa végétation.

Outre qu'elles aident puissamment la luzerne à prendre plus de rusticité et de développement pendant la première phase de sa croissance, ces façons culturales la mettent plus vite en position de subir, sans le moindre danger pour son existence, les vissicitudes de la température.

Ces conseils relatifs à la culture de la luzerne, de même ceux qui les précèdent à l'égard des prévisions de tout genre auxquelles il me paraît si intéressant de se porter pendant tout le cours du mois de juillet par rapport à la moisson, peuvent se résumer dans ces deux préceptes :

1° concourir aux enfantements de la nature dans la mesure des connaissances indiquées par la science et la pratique comme devant seconder efficacement ces enfantements ; 2° s'appliquer à prévoir les incidents que suscite la température et se mettre constamment en situation de prévenir ou de réparer les dommages que l'on redoute ou que l'on éprouve.

Je ne puis invoquer, afin de déterminer les cultivateurs à mettre ces préceptes en pratique, comme à se montrer désormais plus empressés à expérimenter les enseignements qu'ils reçoivent des agronomes et des praticiens ayant donné des preuves incontestables d'habileté, un meilleur argument que celui qu'ils m'offrent eux-mêmes en reconnaissant le tort qu'ils ont eu tantôt, de ne pas avoir suivi les bonnes inspirations qui leur furent suggérées par la température ou par le mauvais état de leurs terres, tantôt de ne pas avoir fait l'expérience des procédés dont ils avaient proclamé la supériorité sur ceux employés par eux.

Je leur dirai donc: additionnez ensemble, après en avoir évalué la valeur, les diverses sommes auxquelles s'élèvent les pertes que vous avez essuyées par rapport à l'inconséquence régnant entre vos paroles et vos actes, et par rapport à vos omissions et négligences. Mettez vous sans cesse en regard de cette addition, si vous tenez à faire progresser votre bien-être matériel et si l'avenir de vos enfants vous inquiète, car vous ne tarderez pas à reconnaître que le total de ces sommes volontairement perdues en quelque sorte, comblerait au-delà les aspirations que l un et l'autre vous font concevoir. Or, si vous vous prêtiez à cette étude si instructive, elle aurait de plus pour résultat de vous donner le courage de vous affranchir des habitudes regrettables auxquelles est dû le malaise dont vous vous plaignez.

AOUT.

Je crois pouvoir me permettre d'avancer qu'un très-petit nombre de cultivateurs ne peuvent guère, au moment où ils font moissonner leurs récoltes, rechercher les causes déterminantes de la médiocrité ou de l'abondance des unes et des autres. Leur intérêt cependant leur fait un devoir de se porter à ces recherches ; car cette étude rétrospective aurait pour résultat de les amener à prendre des mesures plus en harmonie avec les exigences de leurs terres et des plantes qu'ils cultivent.

Cette étude me paraît d'autant plus opportune dans une circonstance telle que celle de la moisson, que la surveillance qu'ils exercent chaque jour sur leurs moissonneurs leur donne l'occasion et le loisir de se remettre en mémoire les procédés qu'ils ont employés l'année précédente en vue de seconder la végétation de leurs récoltes. Et puis comme ils doivent commencer leurs semailles presqu'aussitôt après la terminaison de la moisson, s'ils envisageaient de près l'état de fertilité et de culture de leurs terres à ensemencer, ils feraient en sorte, pendant l'espace de temps assez prolongé qui s'écoule entre la moisson et la récolte, de prévenir les mécomptes qu'ils auraient reconnus comme devant être attribués à l'insuffisance des moyens d'action mis précédemment en œuvre, en soignant davantage les façons aratoires, à accorder à leur sole et en complétant sa fertilisation à l'aide d'engrais achetés au dehors.

Cette étude enfin aurait pour effet de leur faire
considérer leur profession à un point de vue plus spéculatif que celui auquel ils se placent ordinairement et
partant de ce principe de leur faire contracter l'habitude
de tirer tout le parti possible des ressources et des enseignements que leur expérience et leur aisance les mettent
en position d'appliquer, pour assurer le succès final de
leurs opérations.

En tenant ainsi compte des faits les plus propres à les
éclairer et à les décider à modifier leur routine, ils se
trouveraient insensiblement conduits dans des voies de
plus en plus progressives. L'accroissement, de leurs
résultats, leur habileté professionnelle devenue également
ment plus grande par suite de ces préoccupations et
d'expériences décisives à leur sujet, stimuleraient de
plus en plus leur ardeur, car ils remarqueraient bientôt
que le champ à explorer est immense et que ces résultats
sont en raison de l'intelligence et de la persévérance
apportées dans les investigations ayant pour objet de les
faire grossir.

Les réflexions auxquelles je viens de me livrer em-
brassent le passé Elles ont, comme on le voit, une très-
grande importance au point de vue de l'accroissement des
lumières et de l'aisance des cultivateurs qui en feront
leur projet Examinons quelles sont celles auxquelles ils
doivent se porter en même temps lorsqu'ils se promènent
sur leurs terres pendant que les moissonneurs en fauchent
les récoltes.

Ils devraient se dire : la valeur marchande et la valeur
nutritive d'une récolte quelconque étant en raison de
l'état dans lequel elle a été rentrée dans les granges, il
importe d'employer les procédés reconnus les plus aptes
à lui assurer la qualité constituant l'une ou l'autre de
ces valeurs.

Leur expérience devrait dès lors leur rappeler que ces

procédés consistent, quand le vent parait persister à
rester fixé entre le Sud et le Sud-Ouest, à faire mettre
les blés en moyettes couvertes non liées, au fur et à
mesure qu'ils sont fauchés

La confection de ces moyettes augmente il est vrai la
besogne des moissonneurs et coûte de 2 à 5 fr. de
l'hectare en sus du prix accordé aux tâcherons pour
cette étendue de terrain. Mais cette considération a une
médiocre importance quand il paraît prudent de recourir
à ce travail supplémentaire pour sauvegarder la récolte
et pour permettre aux ouvriers de poursuivre sans dé-
samparer le fauchage des blés dans le cas de s'égrainer
sur pied s'ils n'étaient mis bas avant leur complète
maturité. Ne vaut-il pas mieux dans ce cas, et lorsque le
temps inspire des inquiétudes, acheter sa sécurité,
moyennant un sacrifice de deux ou trois cents francs au
total, que de courir le risque de perdre deux ou trois
mille francs? Puisqu'on s'assure contre l'incendie et
que les sinistres causés par le feu sont beaucoup plus
rares que ceux résultant de l'intempérie des saisons, ne
serait-ce pas montrer de l'inconséquence et une insouciance coupable que de s'abstenir de prévenir les dangers
à craindre d'un côté comme de l'autre?

Un des moyens les plus sûrs de mettre les blés à l'abri
des dangers que l'on redoute, c'est de les renfermer dans
des moyettes ne contenant que 7 à 10 bottes au plus. Ces
moyettes sont préférables à celles qui sont plus fortes, à
moins toutefois que les blés ne soient *lentilleux* et de
très-petite taille. En effet, plus leur diamètre est large,
moins il est facile au vent et à la chaleur de les traverser
et de dessécher, en quelques jours seulement, les herbes,
la paille et les épis; et plus elles occupent d'espace et
prennent de temps proportionnellement aux autres pour
les façonner, moins il est facile de les protéger convenablement contre la pluie à l'aide de la gerbe qui les
abrite.

C'est donc pourquoi on remarque dans les grosses
moyettes tant de paille altérée et d'herbes couvertes
de moisissures, lorsque la pluie tombe pendant plusieurs
jours consécutifs. Ce sont précisément les inconvénients
et les passe-temps qu'elles causent aux moissonneurs
pour les faire et les lier, puis les dommages existant
autour et à la base des moyettes contenant comme celles
d'autrefois de deux à trois dizeaux, qui ont fait
abandonner ces dernières et les remplacer par des
moyettes de sept à dix bottes. Celles-ci du moins n'exigent pas les mêmes précautions et combinaisons. On les
improvise en quelque sorte et comme les agents externes
les pénètrent avec la plus grande facilité, on peut les
faire lier sans le moindre inconvénient quelques jours
seulement après qu'elles ont été dressées, aussitôt que
les herbes renfermées dans le bas des tiges paraissent
avoir perdu la majeure partie de leur eau de végétation.

Aussi doit-on en présence de ces deux procédés dont
l'un comporte des lenteurs et des dangers, dont l'autre
est accepté sans trop de protestation par les moissonneurs, accorder la préférence à ce dernier plus avantageux
et plus expéditif à tous les titres. Mais comme ce genre
de moyettes ne remplit complètement le but que l'on se
propose en l'employant, qu'autant qu'elles sont confec-
tionnées avec un grand soin, je crois nécessaire d'expliquer comment on doit les façonner et pourquoi les
prescriptions que je vais indiquer sont indispensables.

Je ferai donc observer qu'il importe d'assembler
ensemble trois ouveaux, de les dresser, d'en relier solidement avec un lien l'extrémité supérieure et d'en évaser
la base, puis de mettre autour de ce noyau en les serrant
le mieux possible les uns contre les autres une double
enveloppe d'*ouveaux*, de relier également leur sommet
avec un autre lien sur celui enserrant les épis de ce
noyau; enfin de couvrir ce cône avec trois ouveaux reliés

à leur tour sur la moyette le plus près possible de la
base des tiges et sur les deux liens précités, après avoir
reparti ces tiges sur la surface déclive de ce cône.

Il ressort de cette explication que plus la moyette
décrit un angle régulier lorsqu'elle est recouverte, plus
les ouveaux sont serrés les uns contre les autres et plus
les tiges sont maintenues dans une position verticale
dans ces ouveaux adossés sur le noyau, plus aussi cette
moyette résiste aux secousses qu'elle reçoit de la part du
vent d'Ouest surtout si les trois liens dont j'ai parlé ont
été fortement assujettis les uns sur les autres.

Quoiqu'il en soit, comme les blés peuvent être rentrés
dans les granges peu de jours après qu'ils ont été
fauchés, je trouve plus prudent et plus expéditif d'en
lier les ouveaux aussitôt qu'ils sont suffisamment séchés
par le soleil, lorsque le baromètre fait espérer plusieurs
jours consécutifs de beau temps. La prudence fait en
même temps d'un autre côté un devoir, quand on n'a pas
le loisir de les engranger parce qu'une maturité égale
se fait remarquer sur toute la sole, de mettre les gerbes
du blé en lanternes comme celles du seigle, et de les
abriter contre la pluie pendant quelques jours avec la
botte façonnée en vue de servir de couverture

Ce genre de moyettes, lorsqu'elles ne sont pas couvertes
procurent au cultivateur ces deux avantages : celui
d'exposer les épis du blé directement aux influences
desséchantes du soleil et celui de *parer* le grain qu'ils
renferment. D'où il résulte que le grain se sépare par
suite lors du battage, avec la plus grande facilité, des
enveloppes qui le contiennent, et que la paille se conserve
très-saine et très-appétissante pour les bestiaux

On obtiendrait il est vrai les mêmes avantages en
mettant les blés en dizeaux de quinze bottes comme les
orges et en exposant leurs épis au vent du Sud-Ouest,
mais on leur ferait courir sous cette forme, si le temps

restait humide pendant plusieurs jours, les plus grands risques, car leur paille fermente et s'altère plus vite que l'orge; elle est plus perméable à la pluie et elle oblige le cultivateur assez imprudent pour en mettre suivant ces dispositions une quantité trop considérable, à démonter ces dizeaux quand ils ont été traversés par les eaux pluviales et à les remettre en lanternes jusqu'au moment où les gerbes sont devenues sèches.

Il est donc bien préférable de recourir en premier lieu, dans les années où la température se montre incertaine et variable, aux moyettes couvertes non liées et aux moyettes en lanternes. Sous cette dernière forme, les blés peuvent supporter sans inconvénient des pluies passagères, attendu que les lanternes présentent beaucoup de surfaces et de cavités dans leur intérieur. Dès lors les eaux pluviales s'écoulent d'une part en suivant les tiges du blé placées ainsi dans une position verticale et disparaissent complètement de l'autre hors des bottes par le fait du souffle du vent et du rayonnement de la chaleur.

Quant aux indications propres à faire connaitre le moment opportun de faucher une récolte quelle qu'elle soit, l'expérience a démontré depuis longtemps que ce moment était arrivé quand l'épi et la partie supérieure de la tige qui le supporte ont perdu toute leur verdeur. Elle a dû également faire remarquer que s'il est du plus grand intérêt de saisir cette circonstance très-passagère, aussitôt qu'elle se déclare, c'est parce que si l'on attend pour faucher une récolte que les tiges paraissent uniformément mûres on commet une imprudence très-grande.

En effet, ne s'expose-t-on pas ainsi à perdre une quantité de grain suivant que le vent fait battre plus ou moins les épis les uns contre les autres? Et le vent ne fait-il pas en outre casser ou coucher par terre les tiges

dont la sève n'entretient plus la flexibilité ; D'où s'en_
suivent des dommages importants ? N'est-il pas plus
rationnel de les éviter et de faire affluer le reste de cette
sève existant encore à la base de ces tiges, vers les épis
en dressant cette récolte en moyettes, puisqu'il est de fait
que le soleil a la propriété de l'attirer vers lui, et qu'en
mettant ces tiges dans une position verticale, on
complète de la sorte la maturité du grain ?

Ce qui confirme du reste ces assertions, c'est cette
remarque : les blés récoltés en partie dans le même
champ peu de jours après qu'ils ont été fauchés, donnent
au battage un grain très-maigre, tandis que la contre-
partie mise en moyettes et laissée exposée pendant un
plus long espace de temps à l'influence des agents atmosphériques, donné un grain plus pesant, plus renflé, plus
nourri.

Cette remarque permet donc de conclure : que la
supériorité du grain obtenu en dernier lieu, est due à ce
que non seulement les épis se sont attribués en totalité
la sève restée dans la base des tiges, mais que ces tiges
ont en outre servi de canaux conducteurs de l'humidité
existant dans la terre sur laquelle elles reposent.

Les faits pratiques que je rapporte, comme les réflexions dont je les accompagne, prouvent que dans une
circonstance aussi délicate que celle de la moisson, on
doit bien se garder de passer par dessus les mesures les
plus secondaires quand elles sont dans le cas de procurer
un avantage quelconque, puisqu'elles contribuent toutes
plus ou moins à grossir le chiffre total des bénéfices.

Il ressort en outre de ces réflexions, que le mois
d'août est celui dans lequel doivent être prises des
déterminations de nature à élargir les sources principales
de ces bénéfices. Ainsi c'est pendant le cours de la
moisson que les cultivateurs en position d'entretenir
toute l'année sur leur exploitation un troupeau de bêtes

à laine, sont appelés à se rendre le plus exactement compte des ressources alimentaires qu'ils pourront trouver pour leur troupeau sur les chaumes.

Ils doivent dès lors, dans cette prévision, conserver en réserve un capital disponible destiné à payer l'achat d'une quantité de bêtes à laine proportionnée à l'abondance et à l'étendue du pâturage présumé sur ces chaumes. En se tenant de la sorte en situation de faire des achats avantageux et de tirer bon parti dn pâturage exceptionnel qu'ils rencontrent, si leurs moutons sont déjà en état de chair, ceux-ci acquerront pendant les trois mois qui leur restent jusqu'au déparcage, une plus-value. Or celle-ci en donnant d'une part un bénéfice net plus ou moins important et leurs terres rendant de l'autre par une quantité plus forte d'hectolitres et de gerbes une autre plus-value, ce capital rapporte des intérêts très élevés en peu de mois, et grossit, dans l'avenir suivant, attendu que ces terres ont été largement fécondées et suivant les spéculations dont on les rend par suite l'objet.

Ce qui doit encore engager les cultivateurs à tenir en réserve ce capital et à lui donner autant que possible cette destination, c'est qu'ils savent par expérience que le parcage des moutons, pendant les trois derniers mois de leur stabulation dans les champs, est supérieur à celui qui a lieu avant cette période. Il est supérieur d'abord parce que les déjections de ces bestiaux sont beaucoup plus abondantes, ensuite parce que le soleil en fait de moins en moins évaporer les parties volatiles, par la raison qu'il perd en automne de plus en plus son action desséchante.

Mais en même temps que l'on décide qu'elle sera la quantité de bêtes à laine que l'on achètera, il me parait non moins à propos de décider si ces bêtes seront livrées avec d'autres choisies dans le troupeau, à la reproduction. Cette décision est nécessaire, car quelques agriculteurs font saillir leurs brebis en août. D'un autre côté la reproduction des races exige l'emploi de dispositions préalables difficiles à prendre instantanément. Ainsi comme on doit toujours s'imposer rigoureusement le devoir d'améliorer la race à laquelle on accorde la préférence par voie de l'élection et à l'aide de béliers d'une belle conformation et doués des aptitudes que l'on tient à faire progresser dans cette race, il importe d'avoir le temps de choisir les types reproducteurs et de savoir où on pourra se les procurer. Il importe par conséquent, à ces divers égards, de décider dès le commencement d'août, quand on a l'intention d'élever des agneaux, si l'on fera arriver la parturition des brebis soit fin décembre soit fin mars.

Comme ces deux époques sont choisies à ces deux dates si différentes par rapport à des considérations présentant une grande valeur à divers points de vue, je vais reproduire les raisons que font valoir les partisans de l'un ou de l'autre mode d'élevage pour justifier celui qu'ils suivent.

Ceux qui préfèrent faire naître les agneaux dans le courant de mars, disent : les brebis mettant bas tardivement coûtent moins à nourir à l'étable, car il n'est pas aussi indispensable de les alimenter pendant toute la durée de l'hiver avec des nourritures chères telles que des légumes, des foins, des moutures ou du fourrage à grain, que celles dont la parturition a lieu vers la fin de décembre. Ensuite, ajoutent-ils, le pâturage des minettes, orges, trèfle blanc, etc., étant ouvert dans le courant d'avril, ce pâturage favorise la production du lait dans les mamelles des brebis ; celles-ci y puisent une nourriture appropriée à leurs besoins, et les agneaux les plus vigoureux les épuisent beaucoup moins en cette saison, attendu qu'ils s'occupent de leur côté à se repaître de ces

prairies aussi tendres que substantielles. Donc les unes
et les autres se trouvent parfaitement de ce régime plus
en rapport avec leurs goûts, et les exigences de leur
constitution.

Les cultivateurs préférant le courant de décembre
comme époque de la parturition de leurs brebis motivent
leur préférence par ce raisonnement : Les agneaux précoces, disent-ils, acquièrent pendant les trois ou quatre
mois précédant le moment où on les conduit dans les
pâturages, plus d'aptitude à se repaître exclusivement
des prairies mises à leur disposition, car leurs organes
digestifs ont eu un espace de temps suffisant pour
atteindre la majeure partie de leur développement. Aussi
peut on les séparer complètement sans le moindre
inconvénient de leurs mères, en vue de les sevrer, et
cette séparation permet-elle à celles-ci de réparer leur
épuisement aussitôt qu'elles sont entrées dans les pâturages, de se remettre en chair et de reprendre assez
de vigueur pour supporter sans danger la stabulation
permanente au parc dans le courant de mai.

D'un autre côté, en isolant les agneaux de leurs mères
dès le 15 avril, leur sevrage s'opère sans que leur santé
en souffre, et comme leur tempérament a eu tout le
temps nécessaire pour se fortifier, de cette date à celle
où il est à propos de les confondre avec les brebis dans
le parc, ils s'accommodent non moins bien que celles-ci
de cette stabulation et ils ne pensent plus à se pendre à
à leurs mamelles, d'ailleurs les brebis les repoussent
quand ils persistent à s'alimenter de nouveau à ces
sources.

Enfin, ajoutent-ils, les agneaux précoces sont moins
sujets que les tardifs à contracter la dyssenterie qui les
décime en septembre et octobre quand les nuits sont
froides et le temps pluvieux. Et comme ils l'emportent
sur ces derniers en taille et en volume, qu'ils ont plus

de *branche,* on les vend beaucoup plus cher après le déparcage. Dès lors les bénéfices à réaliser de leur côté et du côté de leurs mères mises ainsi prématurément en position de se réparer, sont relativement plus considérables que ceux obtenus dans le premier cas puisque les uns et les autres ont l'avantage, en vivant séparément pendant un mois, de mettre respectivement à profit la nourriture substantielle qui leur est accordée à discrétion.

La différence du coût résultant d'une parturition précoce ou tardive, ne repose donc en définitive que sur celle de la nourriture donnée aux brebis dans l'un ou l'autre cas. Ce qu'il importe par conséquent de connaître, c'est de savoir si les avantages invoqués par les partisans de ces deux manières d'élever les agneaux pour justifier celle qu'ils emploient, se trouvent à peu près les mêmes de part et d'autre.

Les expériences seules peuvent fournir des renseignements utiles à cet égard. Cependant je me permettrai de produire les opinions que m'ont suggérées celles auxquelles je me suis livré dans le même but et de déclarer qu'elles m'autorisent à penser que c'est à tort que quelques cultivateurs tiennent à n'obtenir leurs agneaux qu'aux approches du pâturage, attendu qu'ils ne doivent jamais se laisser arrêter par des considérations ayant pour objet de faire des économies sur la nature des aliments dont leurs bestiaux peuvent avoir besoin dans des circonstances données. Je motive cette assertion par ce principe admis chez tous les agriculteurs de progrès : que les bestiaux, quels qu'ils soient et quelle que soit la spéculation portée à leur endroit, ne rapportent promptement de gros bénéfices qu'autant qu'ils ont été constamment bien nourris soit à l'étable, soit au pâturage.

Partant de ce principe, ne suis-je pas fondé à dire que si les cultivateurs faisant arriver la parturition de leurs brebis **en décembre,** sont obligés de donner à ces brebis, dès leur rentrée du parc, une nourriture dépassant la ration d'entretien, celles qui restent vides ou qui avortent prennent de la chair ou de la graisse, tandis que celles restées en état de gestation, font affluer en plus grande abondance dans le sujet renfermé dans leur sein et dans leurs mamelles, les éléments alibiles aptes à rendre d'une part ce sujet plus volumineux et plus robuste et de l'autre à produire pour son usage, après sa naissance, en quantité plus forte un lait très-nutritif.

Or, puisque l'économie recherchée par les partisans de l'élevage tardif, ne porte que sur quelques hectolitres de légumes et de moutures pour 150 brebis par exemple, il me parait plus rationnel de suivre en vue de s'assurer les avantages si grands que j'ai mentionnés plus haut, ces procédés: 1° de nourrir les brebis mères avec de la paille de froment, du foin, des betteraves hachées et de la mouture dans la boisson; 2° de graduer la dose de ces nourritures et de les varier suivant que ces brebis approchent du terme de leur délivrance; 3° de mettre dans leur boisson outre du grain réduit en farine, du sel et de la graine de lin bouillie afin de la rendre mucilagineuse. Le sel et les mucilages facilitent les digestions en lubrifiant et en stimulant les organes intestinaux.

Je dois faire observer en outre pourquoi je recommande la mouture et pourquoi je parais retrancher de ce régime alimentaire les fourrages à grain. Cette recommandation est due à ce que j'ai appris par expérience qu'il était plus avantageux à différents titres de ne donner aux animaux domestiques en général et même aux chevaux que sous forme de farine grossière, les grains contenus par les récoltes servant ordinairement à leur alimentation. En effet, en administrant ces grains sous cette forme, la quantité qu'on leur accorde, peut être plus aisément réglée, et il est facile d'en augmenter la dose sans qu'il y ait lieu de craindre qu'elle ne soit gaspillée en pure perte, suivant l'effet que l'on veut produire.

Quant au moyen de convertir tous ces grains en farine, lorsqu'on possède un manège, cet auxiliaire permet de faire en quelques heures et très-économiquement une provision pour plusieurs jours de moutures et de légumes hachés. Il sert en outre à mettre en mouvement les instruments inventés et perfectionnés depuis trente ans dans le but d'abréger la durée et de diminuer le coût des façons ayant pour objet de rendre ces nourritures plus assimilables et de prévenir les pertes et gaspillages qui avaient lieu avant leur emploi.

Mais revenons à l'élevage des agneaux et cherchons à découvrir si l'économie dont j'ai parlé en dernier lieu est réelle. J'admets que les éleveurs faisant arriver leurs agneaux tardivement sont dispensés pendant deux ou trois mois de donner à leurs brebis des betteraves et des moutures. Cependant comme il ne leur est pas possible de leur refuser chaque jour deux rations de fourrages à grain, à moins de commettre une imprudence insigne, telle que celle entr'autres de débiliter leur constitution au point de les rendre incapables de mettre bas, je crois, en évaluant d'une part la valeur de ces fourrages et de l'autre celle de l'hectare de betterave consacré à l'entretien de 150 brebis pendant 5 mois et de quelques sacs de déchets de grains, que cette économie est très-contestable, ou du moins qu'elle ne compense pas à beaucoup près les avantages que je viens de faire ressortir pour démontrer la supériorité au point de vue des bénéfices, de la parturition précoce sur celle tardive.

Et puis, qu'arrive-t-il la plupart du temps chez les éleveurs trop préoccupés du désir de faire des économies de nourritures ? beaucoup de brebis avortent en mettant bas sans avoir de lait dans leur pis. On subit ainsi, dès le

début, des pertes irréparables et de plus on se cause
dans l'espoir de prévenir ces pertes déjà très-regret-
tables, d'autres préjudices d'autant plus importants
qu'ils sont très-difficiles à apprécier. On laisse par
exemple à dessein dans les gerbes de blé plus ou moins
de grain; on donne des hivernaches ou des dravières en
bottes. Or, le grain que ces divers fourrages contiennent
se perd en partie dans la cour et en partie dans les
étables. Enfin le berger, quelle que soit la surveillance
exercée sur lui, trompe plus ou moins son maître ou nuit
singulièrement à la santé de ses mères à agneaux, car
il abuse trop souvent des facilités qu'il peut rencontrer
sous ce rapport et il surcharge de temps à autre outre
mesure l'estomac de ses brebis alors qu'elles sont
pleines.

Maintenant que j'ai mis en lumière les différentes
opinions auxquelles obéissent les cultivateurs s'adonnant
à la reproduction des bêtes à laine, il me reste à compléter la revue des préoccupations qu'ils doivent envisager
dans le mois d'août, concernant le dernier sujet dans
lequel je viens d'entrer par quelques réflexions sub-
sidiaires.

Ainsi les cultivateurs désirant s'engager dans l'expérience du mode d'élevage que je parais préconiser,
doivent réformer les brebis devenues impropres à la
reproduction et les retirer de leur troupeau avant de
déboucler les béliers. Après leur exclusion on met ces
béliers en position de saillir dès le 15 août afin que les
agneaux arrivent vers la fin de décembre. Plus ils
apporteront de sévérité dans le choix des types reproducteurs, plus la nourriture qu'ils leur prodigueront
leur rendra en échange de sa valeur, les intérêts élevés.

Ils auront en outre grande raison de se remettre en
mémoire à cet égard, que les causes du dégoût éprouvé
depuis quelques années par un grand nombre d'entr'eux

envers l'élevage des agneaux sont dues à ce qu'ils se sont plus ou moins écartés des prescriptions dont j'ai parlé, lesquelles ont pour objet de prévenir les pertes et de faire naître les bénéfices. Ils devront dès lors ne jamais oublier, au sujet de l'élevage ou de toute autre spéculation, qu'il est de la plus grande importance de prendre toutes les mesures que l'on sait devoir favoriser le but vers lequel on se porte.

Ils feront bien également de se rappeler qu'un troupeau de bêtes à laine favorise la production de certaines exploitations non seulement par ses déjections, mais par le piétinement, par le raffermissement qu'il procure au sol; que la cherté de plus en plus grande qu'atteint la viande de mouton, cherté qui démontre clairement son insuffisance donne lieu d'espérer que ceux qui s'éclaireront avant les autres par des expériences méthodiques sur la manière d'améliorer et de reproduire leurs bêtes à laine le plus profitablement possible, rencontreront les premiers dans l'avenir de ce côté, une source abondante de fécondation et de bénéfices.

Peut-on considérer comme une illusion l'espérance que je laisse entrevoir, quand il est hors de doute que le prix de cette espèce de bestiaux est deux fois plus élevé que celui qu'il atteignait en moyenne avant 1830 et que la valeur marchande des nourritures avec lesquelles on les alimente est restée à peu près la même depuis 1840? Et ces faits ne prouvent-ils pas à leur tour qu'il y a avantage à augmenter chaque année la production des fourrages afin qu'il soit possible d'accroître dans une égale proportion, le nombre des machines douées de cette double faculté de celle d'enfanter des matières premières servant à créer des produits très-recherchés, de celle de remettre en échange des aliments avec lesquels on les entretient, un intérêt très-rémunérateur?

Évidemment on peut opposer contre ce programme de

culture des objections très-sérieuses ; mais à quoi servirait-il de les produire et de les discuter? elles m'entraîneraient d'ailleurs très loin. Je crois préférable de tenir ce langage aux cultivateurs en gros ; vous vous retranchez derrière les difficultés de tout genre pour expliquer les raisons pour lesquelles vous restez dans votre état stationnaire, et ne pouvez sortir du malaise dont vous vous plaignez. Or, que vous a valu depuis vingt ans votre persévérance dans vos habitudes consistant à retirer invariablement de vos terres 80 ou 90 % de plantes épuisantes, de plantes dont vous réalisiez en majeure partie la valeur sur les marchés? Beaucoup d'entre vous sont restés dans la même position grâce à leur sobriété, à leur économie, à leur travail et à leur énergie; d'autres ont perdu leur patrimoine, car ils n'ont pu surmonter à l'aide d'une production plus abondante le flot grossissant des charges de toute nature qui est venu empirer chaque année leur position. Quels sont donc ceux qui sont parvenus à accroître chaque année leur aisance? Quelques cultivateurs isolés répudiant ces traditions qui ne sont plus de notre époque et ayant rendu leur culture intensive en faisant progresser en même temps le nombre de leurs bestiaux et les bénéfices résultant de la vente de leurs produits.

Si ces assertions sont aussi exactes que je le pense, elles me permettent d'avancer que le moyen de sortir de cette situation précaire, décevante même, c'est de mettre en pratique les principes renfermés dans cette proposition : reporter désormais sur les animaux domestiques toute la sollicitude que l'on a accordée jusqu'ici trop exclusivement à la culture des plantes industrielles, c'est-à-dire mettre cette culture au second plan en avivant désormais en premier lieu, par tous les moyens possibles, la source des engrais, la source de laquelle dépend la progression du rendement du sol.

Je ne puis invoquer en faveur de cette proposition et de la nécessité impérieuse de mettre en œuvre à l'avenir les principes de culture qu'elle parait indiquer, de meilleurs arguments que ceux que me fournissent les causes ayant donné lieu aux résultats donnés par les récoltes. Ainsi ces résultats recueillis pendant le mois d'août, mettent les cultivateurs à même de remarquer qu'une récolte est devenue abondante par rapport à telle circonstance ; que la médiocrité d'une autre est due à ce qu'il a négligé de prendre telle mesure avant ou au moment de son ensemencement.

Cet examen met par cela même l'agriculteur sérieusement en peine de s'instruire par des observations et d'opérer de mieux en mieux, en position de combiner les moyens qu'il juge devoir seconder efficacement la végétation des semences qu'il va confier en septembre à sa sole de jachères. Cet examen le met de même en position d'éviter le retour des insuccès qu'il vient d'éprouver. Aussi, y a-t-il lieu de penser, s'il tenait compte des enseignements, qu'il y puiserait, qu'il se ferait un devoir de labourer ses terres destinées aux céréales aussitôt qu'elles seraient débarrassées des récoltes dérobées occupant les jachères ; en outre de féconder avec des composts et des engrais commerciaux celles qu'il ne pourrait fertiliser à l'aide du parc et de ses fumiers.

Il oublierait d'autant moins ce qui est de nature à favoriser un rendement supérieur en paille et en grain de la part des céréales d'hiver, qu'il se rappellerait que le prix de revient d'un hectolitre de blé, s'élève en moyenne, pour le département de la Somme, à 15 fr. au moins. Ce fait le conduirait forcément à se tenir ce simple raisonnement : en faisant des avances en achats d'engrais, ces avances seules contribuent à accroître la quantité des hectolitres obtenus à l'hectare. Dès lors, comme elles n'entrent que pour une partie dans leur prix de revient, et comme les dépenses, en frais de culture, fermage et impôts, restent toujours les mêmes, il y a évidemment avantage à se montrer prodigue à leur endroit, puisque les excédants d'engrais sont utilisés par la récolte subséquente.

Maintenant que j'en ai fini avec tout ce qui regarde les travaux à faire exécuter en août, et que j'ai mis en relief les préoccupations auxquelles les agriculteurs devaient se porter, j'invite, en terminant cette revue mensuelle, les cultivateurs appartenant à la moyenne comme à la grosse culture à embrasser leurs conséquences à tous les points de vue que je leur ai fait envisager. Afin qu'ils reconnaissent que si la prévoyance a été considérée dans tous les temps comme étant la qualité prédominante chez les hommes réputés sages, ils doivent déployer les plus grands efforts pour acquérir cette qualité. Leurs intérêts les plus chers, leur prescrivent ce devoir, car tous sans exception ont dû plus ou moins s'adresser le reproche de ne pas avoir limité par des mesures préventives l'étendue des incidents qui se sont manifestés et de ne pas avoir préparé de longue-main les résultats qu'ils recherchaient.

SEPTEMBRE.

De même que la qualité des récoltes dépend de la sollicitude accordée pendant le cours de le moisson, leur abondance dépend de celle apportée dans la préparation des terres sur lesquelles elles ont été ensemencées.

Cette sollicitude consiste : 1° à ameublir convenablement toutes les pièces de terre ayant porté des récoltes dérobées dont se compose la sole de blé ; 2° à fertiliser de nouveau ces terres avec du fumier, ou avec du parc ou des engrais commerciaux ; 3° à détruire les semences et à enlever hors de ces terres les racines vivaces des herbes que l'on sait devoir disputer avec avantage aux céréales les éléments alibiles renfermés dans la couche arable ; 4° à commencer les ensemencements de ces céréales à dater du 20 septembre au plus tard.

Voyons maintenant comment et pourquoi les pratiques culturales contenues dans cette proposition assurent la réussite des récoltes, quand la température toutefois leur est, en outre, propice. Si je parviens à expliquer les causes déterminantes de leur abondance et de leur médiocrité, les moyens de prévenir les insuccès ressortiront nécessairement de cette étude.

Mais avant d'entrer en matière je crois très-utile de rappeler aux cultivateurs exclusivement praticiens, au sujet des quatre termes dont se compose la proposition que je viens de poser, les remarques qu'ils ont dû faire bien des fois. Ainsi, ils ont dû remarquer que les racines des végétaux se prolongeaient et se ramifiaient dans le sein de la couche de terre végétale, suivant que cette couche avait été fertilisée, divisée, mélangée et fouillée profondément. Ils ont dû de même remarquer que la taille des récoltes était en raison de la longueur et de la multiplicité de ces racines et qu'un ameublissement superficiel avait pour conséquence de rendre le sol trop compacte après les fortes averses, de favoriser par cela même la végétation des plantes adventices dont les racines ne s'alimentent qu'à une faible profondeur, et de permettre de la sorte à ces ennemis si redoutables des céréales de s'attribuer la majeure partie des substances nutritives renfermées dans la couche arable.

Or, ces remarques n'indiquent-elles pas comme étant une mesure très-rationnelle à prendre aux fins d'obtenir d'une part les avantages et de prévenir de l'autre les préjudices ressortant des faits observés, celle de saisir, dès le mois de juillet, toutes les circonstances propices à la germination et à la destruction des herbes adventices, toutes les circonstances propices aux labours et aux hersages afin que ces plantes ne puissent plus causer ultérieurement de dommages aux récoltes? Je veux dire par là qu'on doit s'empresser de remettre en culture les terres composant la sole de jachère au fur et à mesure que les récoltes dérobées dont on les couvre sont enlevées, puis d'ameublir convenablement ces terres et de les raffermir aussitôt avec le rouleau de manière à entraver l'évaporation des fluides fécondants qu'elles contiennent.

En répétant ces mêmes façons aratoires jusqu'à l'époque des semailles, chaque fois que la surface du sol paraît infestée d'herbes, et toujours par beau temps, on parvient de la sorte à expurger complètement la jachère et à réserver exclusivement aux céréales tous les éléments alibiles qu'elle a absorbés aux dépens de l'atmosphère et ceux existant dans les engrais répartis sur cette jachère.

Quand la couche de terre végétale a reçu une préparation aussi rationnelle, elle est, il est vrai, dans les meilleures conditions possibles pour seconder la végétation des semences qu'on lui confie. Cependant ce concours tout artificiel ne serait pas de longue durée ni assez puissant si on ne le pourvoyait pas, en outre, d'une quantité suffisante de substances nutritives appropriées aux appétits de la plante qu'elle doit alimenter.

En effet, les façons culturales ne font intervenir dans le sol ameubli que des agents dont l'action spéciale est de déterminer la combinaison des éléments de nature différente dont se nourrissent les végétaux, puis de les leur faire s'assimiler. Or, puisque la science et même la pratique ont démontré que la production des plantes résulte de la relation étroite établie entre les agents provenant de l'atmosphère, tels que les gaz, l'humidité et la chaleur et les matières organiques et inorganiques entrant dans la constitution de ces plantes, on doit comprendre que cette production ne peut devenir brillante qu'autant que chacun des coopérateurs appelés à la faire croître et fructifier y apporte une part suffisante de l'action qui lui est propre.

Je conclus de là qu'il est d'une importance égale de cultiver et de fertiliser le sol suivant les enseignements donnés par les faits pratiques et par leur analyse. J'ajouterai, en outre, à titre de complément à la théorie qui précède, qu'il n'est pas moins important d'enfouir les fumiers et d'épandre les engrais pulvérulents sur ces dessolements quelque temps avant les semailles, car l'ameublissement qu'elles reçoivent avant leur ensemencement donne aux engrais, quels qu'ils soient, l'aisance de se combiner entr'eux, et il donne aux agents tirés de l'atmosphère celle de confondre et de transformer en sève les matières organiques et inorganiques dont ils se composent.

Mais comme ces explications, tirées de l'analyse des faits précités, démontrent seulement la nécessité de cultiver et de fertiliser les terres labourables suivant les exigences des plantes avec lesquelles on les ensemence, je trouve très-intéressant de démontrer également celle de diminuer le prix de revient des récoltes.

Ce prix étant évalué d'après le montant des fermages, des contributions et de la valeur des labours et engrais accordés au sol, ce qu'il importe essentiellement de mettre en lumière, c'est le moyen de faire descendre ce prix de revient.

Je dirai donc à son égard que les avances en engrais peuvent seules satisfaire cette pensée spéculative. En effet, comme ils font foisonner les récoltes, ils font par cela même progresser ultérieurement le rendement du sol. Et comme la valeur des fermages, des contributions et de la main-d'œuvre reste invariable, la somme dépensée en achats d'engrais fait seule varier le prix de revient en plus ou en moins.

Dès-lors en augmentant cette dernière, laquelle est répartie sur la quantité des produits obtenus et accroît le rendement dans une proportion plus forte que les façons aratoires, il en est de cette dépense comme de celle qui a lieu quand on dépasse la ration d'entretien avec laquelle on fait prendre de la graisse et plus en plus de volume à un animal mis à l'engrais, c'est-à-dire qu'il y a avantage à la faire largement. Serait-elle même excessive, cet avantage n'en subsiste pas moins, car les engrais superflus créent dans la couche arable une réserve en humus, laquelle augmente non-seulement la valeur vénale du fonds qui la contient, mais encore la puissance productive de ce fonds.

Aussi n'importe à quel point de vue on se place pour résoudre cette question, à savoir s'il y a bénéfice à faire de fortes avances en achats d'engrais, on se trouve continuellement conduit à conclure : que l'avance qui rapporte les intérêts les plus élevés dans l'industrie agricole, est celle ayant pour objet de rendre la couche de terre végétale de plus en plus fertile.

Cette conclusion est, du reste, celle sur laquelle les opinions des agronomes et des praticiens sont les plus unanimes et sur laquelle il est le plus facile d'être fixé d'une manière certaine. Il suffit pour cela de rechercher les causes auxquelles on peut attribuer la prospérité dont jouissent quelques cultivateurs. Comme on reconnaîtra évidemment que cette prospérité est due aux soins qu'ils ont apportés constamment dans la préparation et la fertilisation de leurs terres, on reconnaîtra en même temps que les économies réalisées par ces cultivateurs résultent moins des privations et des fatigues qu'ils se sont imposées, que des déboursés importants qu'ils ont faits en vue de rendre leurs récoltes de plus en plus abondantes.

Mais, objectera-t-on, on ne trouve pas toujours à acheter à proximité de chez soi des engrais substantiels, et ceux retirés de la ferme sont insuffisants. Cette objection est, à mon sens, plus spécieuse que sérieuse, car si les cultivateurs se préoccupaient autant qu'ils le disent de l'insuffisance des fumiers, ils s'appliqueraient plus qu'ils ne le font généralement, ou à augmenter la production des nourritures à l'aide de laquelle ils peuvent augmenter également le nombre de leurs bestiaux, ou bien ils sèmeraient sur leurs premiers dessolements, après orge, minette, trèfle incarnat et seigle consommé en vert par les bestiaux, des vesces, des buccailles et des colzas destinés à être enfouis, afin que ces récoltes réparent avec leurs détritus l'épuisement de leur jachère.

En mettant en œuvre simultanément ces deux manières de féconder leurs terres, leurs blés dont la paille sert de base aux fumiers, trouveraient de la sorte dans la couche arable, après l'emploi persévérant de ces pratiques culturales, en quantité suffisante, les éléments nutritifs dont ils auraient besoin pour faire fructifier leurs épis et faire atteindre à leurs tiges toute l'extension dont elles sont susceptibles.

On doit d'autant moins hésiter à recourir à l'emploi du dernier moyen, que l'ensemencement des plantes précitées, lesquelles sont les plus aptes à engraisser le sol, n'entraîne pas dans des dépenses onéreuses ; que ces plantes sont celles qui puisent à même du grand réservoir de l'atmosphère la plus forte somme des éléments alibiles qu'il renferme ; que les engrais organiques sont ceux qui sont le plus promptement assimilés par les racines des végétaux.

Mais comme la fécondation causée par l'enfouissement de ces plantes est en raison de leur abondance, je ferai observer qu'il est très-intéressant de seconder leur végétation soit par une préparation convenable du terrain dans lequel on les enfouit, soit à l'aide de composts et d'autres matières fertilisantes. En leur accordant cette double assistance, la fumure est rendue d'un côté plus puissante et plus permanente et de l'autre elle contient dans des proportions plus considérables des sucs nutritifs qui ont non seulement la propriété d'être immédiatement assimilables, mais encore de favoriser particulièrement la croissance des premiers organes des plantes.

Mais comme aussi on peut objecter que ces récoltes engrais sont plus propices à la nutrition des tiges et des branches des céréales qu'à celle de leurs épis et qu'il est plus avantageux de féconder la végétation de ces derniers organes que des premiers, je répondrai à cette objection par ce raisonnement.

Il est intéressant au même degré de mettre à la disposition des racines des végétaux des engrais organiques et inorganiques afin d'obtenir l'un et l'autre résultat. Il est regrettable, conséquemment, que les cultivateurs méconnaissent ces principes en s'abstenant, comme ils

le font généralement, d'acheter dans une large mesure
des engrais commerciaux, et en délaissant des matières
plus fertilisantes que les fumiers qui ne leur coûteraient
que la peine de les enlever. Ils devraient, dès-lors, toujours user des moyens fécondants dont ils ont la libre
disposition, tels que ceux sus-indiqués et pourvoir leurs
terres des éléments qu'elles ne contiennent pas en quantité suffisante et qu'ils savent devoir réagir sur la
production du grain.

J'ajouterai, concernant l'achat des engrais renfermant
ces éléments si nécessaires et concernant les fraudes
commises par ceux qui en font commerce, que les peines
sévères appliquées aujourd'hui aux fabricants d'engrais
de mauvaise foi, doivent faire revenir les agriculteurs
des préventions que leur inspiraient les engrais commerciaux.

D'un autre côté leur intérêt les engage à reconnaître
par des expériences les bénéfices qu'ils en retireraient
s'ils les employaient, d'autant mieux que celles qui ont
été faites à leur sujet par les chimistes ont prouvé
clairement qu'ils étaient supérieurs très-souvent aux
fumiers par rapport à leur plus grande richesse en
substances minérales. Et puis l'instruction que la plupart
d'entr'eux ont reçue, leur permet d'apprécier, sans qu'il
soit toujours nécessaire de les analyser, l'action particulière que chacune de ces substances joue dans la
constitution des plantes cultivées.

Mais ces pensées sur lesquelles je viens d'appeler leur
attention ne sont pas les seules qui doivent les occuper
en septembre, car en même temps qu'il leur importe
d'accorder à leurs terres tous les soins de nature à les
rendre productives, il leur importe tout autant de récolter dans les meilleures conditions possibles, pendant ce
mois très-souvent humide sous notre climat, les secondes
coupes de foins, les fèves et les légumes.

Je rappellerai, en ce qui concerne la rentrée des fèves et de la seconde coupe des foins, les procédés dont j'ai entretenu longuement mes lecteurs en juin. Leur mise en pratique est opportune surtout en septembre et octobre, car la température est si souvent humide pendant ces deux mois qu'il est bien difficile d'obtenir ces deux sortes de récoltes complètement sèches En les mettant en *cahots* en cette saison notamment ainsi que je le recommandais pendant l'été, il est plus facile de saisir au passage les circonstances se prêtant à leur rentrée dans les granges lorsqu'elles ne donnent plus lieu de craindre qu'elles s'y altèrent.

L'instabilité de la température, en automne, doit de même faire comprendre combien il importe d'apporter la plus grande diligence possible dans l'exécution des travaux aratoires qu'il est d'usage de pratiquer dans le mois de septembre. Ainsi, il est à propos de semer, dans la dernière quinzaine de ce mois, les seigles, les hivernaches, les orges d'hiver et même les blés, surtout dans les terrains froids, afin que ces céréales soient suffisamment fortifiées avant l'apparition des gelées.

En semant ces grains prématurément, outre qu'ils acquièrent assez de vigueur pour traverser les hivers très-rigoureux sans danger, on réalise de la sorte une économie très-grande dans leur ensemencement. En retardant les semailles on s'expose à ce danger que les pluies froides de l'automne refroidissent complètement les argiles et leur fassent perdre toute l'activité qu'y avaient introduite les chaleurs de l'été. Dès-lors, en les ajournant jusqu'en octobre et novembre, on court le risque de voir ces semences surprises par les gelées alors qu'elles sont encore en lait ; de les voir pourrir ou dévorées par les insectes que fait naitre l'humidité. Finalement comme la végétation marche à l'arrière-saison avec la plus grande lenteur, on expose de la sorte ces semences à des vicissitudes de toute nature, toutes très-propres à compromettre ultérieurement leur croissance.

J'ajouterai même qu'en raison de ces éventualités redoutables et afin d'entraver la propension des blés à contracter dans ces sortes de terrains la maladie connue sous le nom de noir ou de carie, il est prudent d'avancer leur germination en les chaulant avec soin et de circonscrire leur ensemencement dans ces étroites limites le 20 septembre et le 10 octobre.

Le chaulage des blés me paraît tellement influer sur leur réussite, d'après les expériences auxquelles je me suis porté à son sujet, que je me crois obligé de faire connaître non seulement le procédé que j'employais, mais encore les raisons pour lesquelles je le préférai à d'autres.

Ayant eu très-souvent l'occasion de remarquer que la carie se manifeste généralement à la suite de circonstances atmosphériques particulières, entr'autres surtout lorsqu'on n'avait pas pris le soin d'expurger la semence du blé par des criblages multipliés, des grains maigres et de la poussière charbonneuse dont elle était souillée, j'ai dû penser, en trouvant beaucoup de grains cariés dans les blés de mes voisins, qu'ils s'étaient abstenus de prendre ce soin, puis quand ces blés avaient végété pendant le cours du mois de mai, sous une température froide et humide, ou quand la couche arable trop raffermie n'avait pas permis au gaz et à la chaleur de la pénétrer. Lorsque la semence employée contenait les germes de cette maladie et des grains maigres incapables d'alimenter pendant un espace de temps suffisamment long les premiers organes de cette céréale, j'ai dû penser, dis-je, que l'on pouvait prévenir en peu d'années le retour de cette maladie et diminuer dans tous les cas l'étendue du préjudice qu'elle cause.

Je fus conduit à ces présomptions en remarquant

aussi que les cas de maladie charbonneuse étaient bien plus rares, dans les blés hersés et roulés en février et mars, que dans ceux placés à côté mais affranchis de ces façons culturales. Ces observations durent nécessairement me faire croire que le hersage du blé lequel brise la croûte superficielle du sol, donne accès aux agents atmosphériques dans son intérieur et ranime la végétation en provoquant l'émission de nouvelles spongioles à l'extrémité des racines, entravait la carie du grain du blé précisément par rapport au concours efficace que lui apportait cette pratique culturale lorsqu'elle avait lieu dans des circonstances propices et à la suite de celles que j'ai signalées.

Quoiqu'il en soit, ce moyen serait assurément très-insuffisant, si je m'en rapporte toujours à mon expérience seulement, si la semence du blé n'était complètement expurgée des grains maigres et surtout si la poussière charbonneuse infectant leur germe conservait son action malfaisante. Il serait, à mon sens, insuffisant 1° parce que les grains maigres ne peuvent alimenter convenablement l'embryon qui en ressort ; 2° parce que cet embryon, lorsqu'il est grêle et sans vigueur, est plus sujet que celui qui est plus développé à contracter cette maladie ou toute autre, et qu'il ne peut donner naissance sur la couronne du blé s'épanouissant à la surface du sol, qu'à des tiges également grêles ; 3° parce qu'en laissant l'enveloppe du grain imprégnée de la poussière, infectante échappée des capsules renfermant cette poussière, celle-ci s'unit aux substances absorbées par le germe d'abord et ensuite par les racines et vicie de la sorte le liquide circulant dans la charpente du blé.

Les praticiens, d'ailleurs, qui se sont attachés à observer les effets produits par l'emploi des semences saines et pures ou par celui de semences n'ayant reçu aucune préparation conforme à celle que je conseille, partagent les mêmes convictions que moi sur la différence des résultats obtenus dans l'un et l'autre cas. Ils admettent également que le chaulage neutralise l'infection causée ultérieurement par la poussière provenant des grains cariés aux blés dont la semence n'a pas été imprégnée de chaux.

Mais comme les procédés de chaulage sont divers et comme la préférence dont ils sont l'objet se fonde sur une raison quelconque, il me paraît utile de faire connaître celle qui me fit employer le procédé dont je vais parler.

Je faisais fuser dans un grand cuvier et dans dix hectolitres de purin très-concentré, dix décalitres de chaux vive et dix litres de *saumure* retirés du saloir. Je faisais plonger dans cette eau alcaline préalablement agitée avec une pelle, une manne remplie avec quatre décalitres de blé *épuré* avec le plus grand soin. On remuait ce blé dans la manne avec la pelle afin qu'il soit saturé complètement de cette eau, puis on mettait cette manne égoutter au-dessus du cuvier en la posant sur une traverse placée au-dessus, pendant qu'une autre manne baignait à son tour dans le même bain. Puis on vidait la première manne à peine égouttée au milieu de l'aire de la grange et l'on continuait les mêmes manœuvres jusqu'au moment où tout le tas à chauler avait reçu cette préparation.

Les résultats donnés par ce procédé aussi simple qu'expéditif étaient ceux-ci : l'eau renfermée dans ce tas de grain dans une proportion moyenne, de même le sel étaient absorbés entièrement par la semence pendant les 24 ou 48 heures qu'elle séjournait dans *l'aire*. Le sel empêchait la chaux de poudrer et d'incommoder le semeur et les domestiques qui l'aidaient à mettre ce grain dans des sacs. Or, comme le sel et le purin concentré jouissent d'une très-grande propriété fécondante, comme aussi la chaux active la germination du grain et détruit avec les alcalis qu'elle contient les germes impalpables de contagion avec lesquels elle est mise en contact, après les avoir plongés dans ce liquide, les grains étaient recouverts d'une couche d'éléments très-propres à éloigner d'une part les insectes enclins à attaquer leur germe et de l'autre à alimenter les radicelles qui en ressortent au moment où elles cherchent dans le sol la nourriture qui doit désormais contribuer pour une forte part à leur développement.

Tel était le procédé avec lequel je parvins à obtenir constamment des blés froments superbes. Cependant je dois ajouter que je crois qu'il est nécessaire de l'employer d'une manière persévérante, car j'ai la conviction que si l'on négligeait provisoirement de chauler la semence du blé, la moindre circonstance défavorable pourrait conduire le cultivateur trop confiant, vers le retour des préjudices qu'il a évités grâce à l'emploi des mesures préventives dont je viens de démontrer l'efficacité

Je dois dire également que toutes mes recommandations, au sujet des semailles, seraient, à mon sens, incomplètes, si je ne rappelais les réflexions que j'ai faites en avril pour faire ressortir les avantages attachés à l'emploi du semoir mécanique, surtout à l'égard des ensemencements dec céréales d'hiver.

Je dirai donc, concernant l'usage du semoir mécanique, que ces céréales étant plus exposées en hiver à subir des vicissitudes de la part de la température, toutes de nature à compromettre leur végétatien et même leur existence, il est indispensable de les semer en lignes. En effet, si elles deviennent trop épaisses dans ces lignes, en les *hersant* deux fois en diagonale, on éclaircit et on distance de la sorte les tiges, on les empêche de s'affamer mutuellement lors du réveil de la végétation ; puis ce *rhabillage* répété fait périr les herbes traçantes qui les enlacent. Si les tiges sont, au contraire, clairsemées dans les lignes dans le sol qu'elles occupent, en épandant d'abord en février ou mars des engrais pulvérulents très-concentrés sur la surface de la terre, en ameublissant ensuite cette surface avec la houe à main entre les lignes, on procure du même coup d'une part la nourriture dont ces céréales éprouvent un pressant besoin et on leur procure de l'autre l'assistance des auxiliaires ayant pour mission de convertir ces engrais en sève et de la leur faire assimiler.

Je ferai, en outre, observer en parlant du semoir, qu'il fait réaliser une économie très-importante au cultivateur qui sait l'employer avec discernement. Cette économie est sensible et a lieu par ces deux raisons: Comme il est d'usage d'ensemencer en blé le tiers de la totalité de l'exploitation, comme aussi le prix de vente du blé froment est très-souvent assez élevé, on fait une économie soit d'un tiers soit d'un quart de semence sur la quantité employée ordinairement lorsque cette semence est répartie avec la main laquelle est d'autant plus forte que l'étendue de l'exploitation est considérable.

Mais le point sur lequel j'appellerai surtout l'attention des cultivateurs, tout en leur faisant remarquer l'importance de l'économie résultant de l'emploi du semoir, c'est que cette économie est réalisée sans porter préjudice à l'abondance de la récolte. Je vais expliquer pourquoi.

En prenant le soin de semer les céréales d'hiver en septembre au plus tard et de répartir uniformément et convenablement leurs semences dans les petits sillons, alors que la terre a conservé suffisamment de chaleur pour les faire croître, tout grain germé donne naissance à une tige laquelle talle et parvient à occuper avant les gelées l'espace dans lequel elle est mise à même d'étendre de toutes parts ses racines et ses couronnes.

Mais, me fera-t-on observer, sans doute, il arrive très-souvent que les blés superbes avant l'hiver ne donnent que de très-médiocres résultats lorsqu'on les récolte. Je suis loin de ne pas reconnaître ce fait ; mais aussi ne suis-je pas en droit de l'attribuer à ces causes ? En laissant les tiges trop rapprochées les unes des autres, ou prendre avant l'hiver un développement herbacé trop considérable, cette excroissance et ce rapprochement excessif des racines et des tiges ont pour effet d'empêcher les agents atmosphériques d'exercer dans le sol leur influence bienfaisante et sur les organes externes des plantes, puis de contraindre les racines à se disputer la nourriture insuffisante existant dans la couche arable. Aussi est-ce là la raison pour laquelle les blés tournent en *épirolles* suivant une expression répandue dans les campagnes.

Ces effets ne doivent nullement surprendre les agriculteurs s'appliquant à s'expliquer ces effets et leurs causes déterminantes, car ils savent très-bien qu'il n'est pas possible aux tiges de prendre de la taille et de fructifier, ni aux racines de les alimenter convenablement, si les unes et les autres manquent d'espace et sont privées du concours des éléments et agents divers contribuant à leur croissance.

Assurément ces effets seraient tout différents si les touffes de blé étaient arrêtées avant l'hiver dans leur essor anormal et si elles étaient convenablement distancées. Or, ces conditions favorables à leur réussite ne peuvent avoir lieu qu'en faisant servir d'une part le troupeau à entraver la végétation des blés poussant trop vite, et de l'autre le semoir à répartir les semences suivant les dispositions naturelles de ces céréales à étendre leurs racines et leurs organes foliacés.

En faisant brouter les blés par les bêtes à laine, mais dans de prudentes limites avant les gelées, on obtient un

résultat à peu près analogue à celui que produit le pin-
cement opéré sur les branches gourmandes par les
jardiniers; cette pratique fait refluer la sève vers les
racines et les force à se prolonger, ainsi que les branches
externes rampant sur la surface du sol. Donc ce pince-
ment fait multiplier beaucoup les sources appelées, à
l'époque où la végétation reprend son cours normal, à
alimenter les organes auxquels on désire faire atteindre
le plus grand développement possible.

Comme les cultivateurs savent quelles sont les circonstances et les époques dans lesquelles il est à propos
d'ensemencer les différents terrains composant leur
exploitation, je trouve superflu d'entrer dans aucune
explication à ce sujet. Les diverses considérations que
je viens de leur mettre en vue suffisent pour leur faire
envisager sainement le parti auquel ils devront s'arrêter. D'ailleurs, le but que je poursuis, en passant en
revue les travaux aratoires incombant à chaque mois de
l'année, est de les amener à expérimenter les procédés
qu'ils emploient concurremment avec ceux que je préconise et avec les théories sur lesquelles je fonde
mes conseils.

Ces expériences comparatives sont très-opportunes,
car quoique je sois autorisé à attribuer les succès que
j'ai obtenus autrefois à l'application persévérante de
ceux dont il vient d'être parlé, le dernier mot est loin
d'être dit relativement aux moyens de rendre fructueuse
toute espèce de culture. L'amélioration des résultats
ne peut avoir lieu qu'autant qu'on les rend sans cesse
l'objet de nouvelles investigations.

Mais ce qu'il importe surtout d'observer quand on
exerce une profession aussi difficile que celle agricole,
c'est de ne se laisser jamais dominer par l'engouement,
c'est de faire passer les théories les plus concluantes par le
creuset de la discussion et des expériences limitées, c'est

enfin de se renfermer constamment dans ce programme : 1° accepter jusqu'à plus ample informé les doctrines paraissant logiques et vraisemblables lorsquelles émanent d'agronomes d'un mérite incontestable ; 2° expérimenter rationellement ces doctrines et apprécier sans passion les résultats qu'elles donnent après qu'elles ont passé dans le domaine de la pratique ; 3° poursuivre avec une ardeur infatigable la recherche du mieux.

L'observation rigoureuse de ce programme de conduite doit inévitablement conduire vers le progrès et la prospérité, les agriculteurs ayant le désir si légitime de voir leurs efforts, leurs avances et leurs expériences fructifier.

OCTOBRE.

Le mois d'octobre est le mois pendant lequel les travaux aratoires se renferment dans le cadre le plus uniforme et sont les moins nombreux, car les cultivateurs n'ont plus qu'à terminer leurs semailles de céréales d'hiver, la récolte de leurs légumes et l'écoulement sur les marchés des bestiaux parvenus aux limites extrêmes de leur valeur vénale ou de leurs facultés productrices.

Cependant, comme ils sont sur le point de rentrer leurs bestiaux d'une manière permanente dans leurs étables, je crois utile de leur faire envisager combien il est intéressant pour eux de profiter de ces loisirs relatifs toutefois pour déterminer le genre de spéculation dont chaque espèce de bétail sera rendu l'objet pendant le cours de l'hiver qui va s'ouvrir.

Il leur importe beaucoup, dès-lors, afin d'atteindre le but vers lequel doit tendre une spéculation quelle qu'elle soit, réaliser le plus de bénéfices possibles, de faire en sorte de récolter dans d'excellentes conditions les secondes coupes de foin et les légumes, puis de vendre les bestiaux jugés incapables de consommer ces nourritures avec profit.

En ne conservant que ceux qui sont doués des qualités les plus propres à diminuer le prix de revient de leurs déjections on en retire non-seulement des bénéfices plus importants par la vente de leurs produits, mais encore on retrouve plus tard dans leurs élèves les qualités qui les distinguent. En prenant, en outre, en octobre la sage précaution de les rentrer dans leurs étables et surtout le troupeau de bêtes à laine, chaque fois qu'une température trop froide ou trop humide parait de nature à compromettre leur santé, cette précaution a pour effet, d'abord, de prévenir les maladies si communes à l'arrière saison, telles que la gale, la dyssenterie, la cachexie et les affections des organes internes ; ensuite de prévenir les dommages résultant de ces maladies et du surcroît de besogne qu'elles causent.

Toutes les considérations dans lesquelles je viens d'entrer ont, comme on le voit, une importance trop majeure pour que les cultivateurs ne reconnaissent pas avec moi la nécessité absolue d'accorder à la sollicitude variée que je viens de mettre en lumière tout l'intérêt qu'elle mérite. Les bénéfices qu'ils réaliseront pendant le cours de l'hiver sont subordonnés, sous le rapport de leur étendue, à cette sollicitude tout autant qu'aux spéculations arrêtées à l'avance à l'égard des bestiaux.

Il me paraît également utile de leur faire remarquer qu'à mon sens, la plupart d'entr'eux ne se préoccupent pas assez des préjudices de tout genre auxquels ils s'exposent, en se laissant entraîner par un désir excessif de parquer et de raffermir la plus grande quantité possible des terres ensemencées en blé.

Comme d'après une maxime très-sage il est dit que l'on doit choisir parmi les inconvénients ceux qui sont les moins dommageables, les cultivateurs devraient, quand le temps est trop humide, faire coucher leurs bêtes à laine dans leurs étables, et lorsque le temps se maintient sec asseoir le parc au milieu de la sole de blé afin que le troupeau puisse, sans se fatiguer outre mesure, parcourir cette sole en tout sens lors de sa sortie du parc et lorsqu'il y rentre le soir.

Ces prudentes mesures sont d'autant plus nécessaires quand les semailles sont terminées, de même celle de changer le parc trois fois en 24 heures, que le piétinement des moutons raffermit trop les terres argileuses saturées d'eau, que leur pied fourchu détruit beaucoup de tiges de blé en pareil cas, et que leurs toisons, lorsqu'elles sont humides et reposent sur un sol également humide, perdent de leur qualité et déterminent les maladies dont j'ai parlé.

Ces maladies sont provoquées principalement par la fermentation des impuretés existant dans ces toisons et par le refroidissement excessif qu'éprouvent les bêtes à laine pendant la nuit. D'où il résulte des cas trop nombreux de gale que le berger ne peut plus traiter et enrayer en temps utile ; puis des dyssenteries et la pourriture, lesquelles font périr dans certaines années un grand nombre de ces bêtes et affaiblissent le tempérament de celles qui persistent.

Malheureusement on ne fait pas assez attention à ces inconvénients si graves, et on s'exagère les avantages résultant du parcage. Le rouleau Kroskill, le parcours du troupeau dans la sole du blé par temps sec produisent à peu près le même effet que le parcage. Et sous le rapport de la fertilité qu'il procure aux terres, il me semble qu'il serait rationnel de faire servir son influence fécondante à fortifier les parties faibles de la sole de blé de manière à ce que la récolte devienne d'une abondance égale dans toute son étendue.

On ne devrait, dès-lors, appliquer le parc que sur les terrains les plus médiocres, les plus en retard d'engrais, mais toujours sur des terrains fertilisés déjà, soit avec du fumier, soit avec des matières fécondantes achetées au commerce. On devrait, en un mot, ne le regarder que comme un coadjuvant, un auxiliaire très-utile seulement propre à donner à une terre la consistance qui lui manque naturellement et à ajouter aux éléments nutritifs qu'elle possède déjà d'autres éléments organiques pour compléter sa puissance.

Indépendamment des soins dont je viens de faire ressortir l'importance, les cultivateurs ont encore à exécuter dans le courant d'octobre, surtout vers la fin de ce mois, d'autres travaux très-intéressants. Ainsi ils ont à repiquer plus ou moins de colzas sur chaumes d'avoine et à planter, dans les herbages, bois, fossés et friches, des arbres fruitiers et forestiers.

Ces travaux sont très-intéressants par cette raison qu'il importe de les faire aboutir à des résultats plus avantageux que ceux qui ont ordinairement lieu. Il importe, conséquemment, concernant le repiquage du colza, que le plant repiqué donne en moyenne une quantité plus forte de grain que celle généralement obtenue, et qu'il soit rendu plus apte à résister contre les hivers rigoureux.

Or, quels sont les procédés en usage et ceux que je regarde comme leur étant préférables? On plante les colzas avec la charrue dans des terres qui n'ont reçu préalablement ni un engrais spécial ni un ameublissement quelconque avec l'extirpateur et le rouleau. D'où il suit que les racines du colza, privées d'abord d'une nourriture suffisante et rencontrant de nombreuses résistances du côté du sous-sol, soit du côté des grosses mottes de terre dont elles sont couvertes par la charrue, languissent pendant toute la durée de l'hiver.

Rien d'étonnant, dès-lors, si le colza planté dans d'aussi mauvaises conditions rend peu de grain, puisque la production des plantes est en raison du concours qu'elles reçoivent en engrais et en façons culturales.

Le moyen d'obtenir des résultats différents et très-supérieurs ne peut donc consister que dans un ameublissement plus parfait du sol dans lequel on veut planter du colza puis dans sa fécondation avec des engrais appropriés aux exigences de cette plante.

En ameublissant et en fumant d'une manière convenable ce sol avant l'emploi de la charrue, celle-ci dépose sur les racines du plant réparti dans le sillon une terre perméable et féconde. Ces conditions favorables permettent, par conséquent, à ces organes si importants des végétaux de se ramifier de tous côtés, de former des spongioles à leurs extrémités et de faire affluer plus tard en grande abondance dans les tiges les substances nutritives que ces spongioles absorbent dans la couche arable.

Enfin en repiquant les colzas dans le courant d'octobre plutôt qu'en novembre, on leur donne de la sorte plus d'aisance pour réparer avant l'arrêt complet de la végétation, les blessures et les pertes éprouvées par leurs racines par suite de l'arrachage du plant.

Les observations qui précèdent s'appliquent également à la plantation des arbres fruitiers et forestiers. Seulement comme ces végétaux sont d'une dimension plus forte que ceux dont il vient d'être parlé, on doit aisément comprendre qu'il est absolument nécessaire de suivre les mêmes règles de culture, mais dans une mesure proportionnée à leurs besoins et à leurs dispositions naturelles.

Il est, par conséquent, nécessaire de ne planter des arbres que dans des fosses spacieuses, d'entourer leurs racines d'une terre riche et friable et de les mettre en place dans la seconde quinzaine d'octobre, afin que les pluies abondantes, précédant ordinairement les gelées, provoquent l'émission du chevelu sans lequel leur existence court les plus grands dangers l'année suivante, quand l'été est sec et quand ce chevelu est insuffisant.

Ce qui prouve, du reste, le puissant intérêt que les cultivateurs ont à planter ces grands végétaux le plus prématurément possible, c'est la différence de vigueur et de végétation que l'on remarque entre les plantations tardives et hâtives, surtout dans les terrains conservant moins bien que d'autres l'humidité résultant des pluies.

Il faut reconnaître qu'en général on ne fait pas assez de cas des enseignements donnés par l'observation des faits et par les agriculteurs les plus compétents, et qu'on n'est pas plus empressé d'employer des pratiques rationnelles que de réformer des habitudes paraissant très-dommageables quand on se donne la peine de les envisager.

Cette critique mérite d'être motivée par l'exposé de quelques fausses mesures prises en octobre par les cultivateurs. C'est ce que je vais essayer de faire. Je dirai donc qu'il est d'usage, dans la région du Nord, d'arracher les betteraves, carottes et pommes de terre vers la fin d'octobre et plus souvent même dans le courant de novembre, puis d'ensemencer en blé les terres ayant produit ces récoltes.

Cette culture est-elle rationnelle? Je n'hésite pas à déclarer qu'elle est la plupart du temps funeste à celui qui la suit invariablement. En effet, il arrive très-souvent que l'on se trouve dans l'obligation de semer les blés mis après ces légumes, au milieu de circonstances toutes plus ou moins propres à entraver leur germination et plus tard leur développement, car tantôt la terre est refroidie à l'extrême, et elle est en mortier, ou tantôt les gelées arrivent inopinément et surprennent le germe au moment où il est encore en lait. Si, d'un autre côté, des pluies douces ne viennent, avant ces gelées, donner une consistance moyenne à ces terres profondément ameublies et faire croître les racines des blés, les tiges de ces cérérales restent maigres et ne donnent que de la paille et très-peu de grain. Finalement si le sol se trouve refroidi et raffermi à l'excès, les résultats sont les mêmes quand l'intensité des gelées ne lui rend pas la perméabilité dont les racines ont besoin pour se prolonger.

Il est bien entendu que mes critiques ne portent que sur les terrains très-argileux et dans lesquels la marne n'a pas été introduite afin de leur procurer plus d'activité et de perméabilité. Evidemment elles perdent toute leur valeur dans une foule de circonstances qu'il est inutile de citer. Mais, au demeurant, il en ressort ce précepte : que l'on doit faire en sorte de prévoir, avant de confier à une terre quelconque des céréales d'hiver, si leurs principaux organes ont acquis assez d'extension et de vigueur avant l'apparition des gelées.

Si l'expérience a fait souvent remarquer combien il est à propos, en ce qui concerne les travaux des champs, de prévenir les conséquences funestes résultant de l'intempérie des saisons, par des mesures de prévoyance, elle a dû en même temps faire remarquer que la réalisation des bénéfices que tout agriculteur cherche à retirer de ses bestiaux est également subordonnée aux bonnes dispositions prises à leur égard, soit relativement aux soins hygiéniques qui leur sont nécessaires, soit relativement aux besoins accusés par les consommateurs de leurs produits.

Ces remarques furent les causes pour lesquelles j'appelai au printemps l'attention des cultivateurs vers les ensemencements devant servir à l'alimentation des bestiaux pendant l'hiver, et je les engageai à arrêter, dès cette époque, la spéculation dont ils rendraient ces bestiaux l'objet lorsqu'ils seraient rentrés dans leurs étables. Elles me font donc un devoir de revenir sur le même sujet, mais cette fois elles auront pour but de passer en revue seulement les procédés me paraissant de nature à favoriser la réussite de ces spéculations.

Ces moyens se renferment dans les principes suivants : 1° remettre en parfait état d'entretien les étables ; 2° les aérer convenablement ; 3° ne conserver à la ferme que les bestiaux aptes à payer avec le plus de largesse, par la valeur de leurs produits, les nourritures qu'on leur donne ; 4° exercer une surveillance assidue sur ces bestiaux ; 5° stimuler le zèle des serviteurs préposés spécialement à leur entretien par une part dans les bénéfices nets réalisés ; 6° ne jamais reculer devant la vente d'un animal rendu impropre, par un incident quelconque, à désintéresser le cultivateur, seulement des soins qu'il nécessite ; 7° mettre le plus grand empressement à les soulager en attendant l'arrivée du vétérinaire, chaque fois qu'un accident ou une maladie se déclare ; 8° enfin multiplier les expériences comparatives à l'égard de tous les modes d'alimentation préconisés par les agriculteurs dont la capacité ne peut être mise en doute.

L'observation rigoureuse de ces prescriptions a assurément pour résultat final d'élargir d'abord le cercle des connaissances de ceux qui les suivent ponctuellement, ensuite de leur procurer des bénéfices plus importants que par le passé.

Mais, dira-t-on, comment déraciner les habitudes contractées dans les campagnes envers les bestiaux ? Il suffit pour cela de prendre la ferme résolution de s'habituer, quand on s'engage dans la carrière agricole, à rechercher sans cesse le mieux au moyen d'expériences multipliées, circonscrites toutefois dans de prudentes limites.

J'ai encore à signaler à l'attention des cultivateurs une pratique culturale dont on ne paraît pas connaître assez l'importance dans le département de la Somme, une pratique qui devrait être mise toujours en œuvre aussitôt après les semailles ; ce serait de labourer les terres immédiatement après l'enlèvement des récoltes qu'elles ont données.

Cette pratique est recommandable par ces raisons : 1° les chaumes et les herbes dont le sol est recouvert sont des soupapes, des fuites par lesquelles le soleil fait volatiliser les fluides alibiles connus sous le nom d'acide phosphorique et d'azote ; 2° quand les terres sont remises en culture, elles reprennent aussitôt leur propriété absorbante, laquelle est due à leur perméabilité et à la division de leurs molécules.

Dès-lors, plus on tarde à remettre en culture les terrains non destinés aux ensemencements du printemps, plus on les prive non-seulement des éléments nutritifs qu'ils contiennent, de ceux que le soleil fait évaporer, mais encore plus on les empêche de se fertiliser aux dépens de l'atmosphère en s'incorporant les agents contribuant, ainsi que je l'ai fait observer fréquemment, pour une très-large part à la nutrition des plantes cultivées ; plus aussi on donne aisance aux racines vivaces d'épuiser et d'occuper la couche de terre végétale.

J'invoquerai, pour affirmer cette théorie, l'exemple des Flamands. Pourquoi mettent-ils la plus grande diligence soit à *déchaumer* soit à labourer le plus profondément possible leurs terres aussitôt que la récolte en à été retirée ? Ne suis-je pas fondé à prétendre que leur empressement à cet égard est dû à ce qu'ils ont remarqué une différence très-grande entre les terres cultivées hâtivement et celles labourées en dernier lieu ; c'est-à-dire que les récoltes sont presque toujours plus abondantes dans le premier cas que dans le second.

Examinons maintenant les raisons que font valoir les partisans des labours tardifs. En ajournant les labours et les *déchaumages*, disent-ils, on permet aux chevaux de se remettre des fatigues qu'ils ont endurées pendant deux mois, et on prolonge en même temps la durée du pâturage existant sur les chaumes.

Ces raisons ne me semblent pas suffisantes pour contrebalancer celles sur lesquelles les Flamands s'appuyent pour motiver l'activité qu'ils déploient en tout temps dans la remise en culture de leurs terres.

En effet, n'entretiennent-ils à l'hectare une quantité de kilogrammes de viande plus forte que dans la Somme? Ne sont-ils pas moins riches que dans notre département en friches, en jachères et en terrains vagues? Et peut-on se refuser à leur rendre cette justice, qu'ils retirent de leur personnel animal plus de bénéfices que les Picards en général, et qu'ils entretiennent ce personnel en meilleur état de chair, soit en été soit en hiver? Dès-lors n'est-il pas permis de conclure que les agriculteurs du Nord, lesquels passent à bon droit pour être très-observateurs et les meilleurs praticiens parmi tous les hommes vivant en France de la profession agricole, trouvent qu'il est beaucoup plus avantageux de mettre le sol en position de se fertiliser à même de l'atmosphère, que de pousser à l'extrême l'exercice de la pâture sur les chaumes?

Les travaux aratoires à exécuter dans le mois d'octobre se résument donc dans la mise en pratique des mesures susceptibles de favoriser la réussite des résultats convoités tant du côté des terres en culture que du côté des bestiaux. Et les diverses considérations que j'ai mises en lumière, dans le but d'en faire mieux apprécier l'importance, démontrent clairement qu'il règne un tel enchaînement entre les diverses opérations se rattachant de près ou de loin à la profession agricole, que les cultivateurs ont toujours un grand intérêt à maintenir le fonctionnement des rouages grands et petits concourant à rendre la production de plus en plus abondante et à augmenter la somme des bénéfices.

Elles démontrent, en outre, l'indispensable nécessité de n'aborder aucune de ces opérations sans l'avoir préméditée ; car quand bien même le jugement ferait parfois fausse route dans les dispositions prises en vue de la faire aboutir à bien, le résultat obtenu vient sans cesse éclairer le cultivateur et le contraindre à devenir de plus en plus circonspect et judicieux. Aussi doit-il s'appliquer obstinément à faire intervenir son intelligence dans la direction suprême de cette industrie difficile, de cette industrie à laquelle on peut appliquer avec raison cette maxime évangélique : Beaucoup sont appelés à l'exercer, mais peu sont élus, peu sont assez habiles pour accomplir convenablement toutes les tâches incombant au cultivateur.

Je vais citer, à l'appui de cette doctrine, des faits tirés de la négligence apportée par la plupart des cultivateurs dans des travaux qu'il est d'usage d'accomplir vers la fin d'octobre. Ainsi on enferme les pommes de terre et betteraves dans des caves ou silos, sans se préoccuper le moins du monde si ces réservoirs sont exempts d'humidité et sont assez hermétiquement clos pour empêcher l'accès des eaux pluviales et de la chaleur.

Or, on doit savoir que l'eau, l'air et la chaleur, sont les agents qui engendrent la fermentation, puis la pourriture des matières organiques. Cependant il y aurait lieu de croire que l'on ignore dans les campagnes leur action désorganisatrice sur les racines et tubercules notamment, quand on voit apporter si peu de soins dans la rentrée de ces légumes récoltés le plus souvent par temps humide et dans le rejointoiement et l'assainissement des murailles ou du sol contre lesquels ils reposent.

Je puis également adresser des reproches du même genre aux cultivateurs négligeant de faire élaguer leurs pommiers aussitôt qu'ils sont déchargés de leurs fruits et de faire disparaître les excroissances surgissant de la base de la tige, de cette tige et des grosses branches mères ; à ceux qui s'abstiennent de dégarnir leurs racines de la couche superficielle du gazon qui les recouvre et de profiter de cette circonstance pour leur fournir de nouveaux éléments nutritifs en répandant sur ces racines deux ou trois hectolitres de purin pendant le cours de l'hiver, alors que la fosse à fumier contient des eaux chargées de matières organiques en surabondance.

Ces soins secondaires ont leur importance, de même ceux consistant à déposer les pommes en tas au milieu d'un herbage, à entourer ces pommes de claies pour les protéger contre l'avidité des bestiaux, et à les exposer de la sorte à l'air libre afin qu'elles ne fermentent pas, et qu'elles se parent et s'entretiennent à l'aide de l'humidité régnant dans l'atmosphère en cette saison.

En retranchant des pommiers immédiatement après l'enlèvement de leurs fruits, et chaque fois que l'abandance de ces fruits paralyse pendant un an ou deux leurs facultés productrices, les branches mortes et goumandes et en leur procurant d'autre part les moyens de réparer leur épuisement, on favorise de cette manière la végétation des organes fructifères appelés à donner deux ans après une nouvelle récolte, à la condition, toutefois, qu'ils reçoivent un concours actif de la part des engrais et des agents atmosphériques.

Ces travaux présentent, comme on le voit, beaucoup d'intérêt; car comment est-il possible d'engraisser des bestiaux et de prévenir certaines maladies, si les aliments qui contribuent le plus à leur faire prendre de la graisse et à entretenir une consistance moyenne dans leurs déjections, sont avariés.

Et le cultivateur n'a-t-il pas besoin, pour soutenir son activité, ses forces musculaires et celles des domestiques qu'il nourrit, de se désaltérer avec une boisson agréable et reconfortante? N'a-t-on pas appris, malheureusement trop souvent, que le cidre aigre altére étonnamment les voies digestives et occasionne des affections incurables?

Je ne me dissimule pas que tout ce que je mets en lumière, soit au sujet de travaux importants, soit au sujet de ceux qui ne sont relativement qu'accessoires, est parfaitement connu des cultivateurs. Je suis même très-convaincu que le plus grand nombre d'entr'eux se rallie à mes opinions.

Mais comme je sais très-bien aussi qu'ils persistant dans leurs négligences, c'est parce qu'ils se laissent

dominer par leurs habitudes, par une apathie, une indifférence inexcusables, et surtout très-préjudiciables à
leurs intérêts, je crois très-nécessaire de les mettre sans
cesse en présence des diverses besognes qu'ils ont à faire
pendant le cours de l'année et de les amener, par mes
rappels continuels, à mieux comprendre ces intérêts,
à s'affranchir enfin de la domination qu'ils subissent,
quoiqu'ils en reconnaissent avec moi les inconvénients.

Aussi, auraient-ils grande raison de profiter des loisirs
qu'ils retrouvent en octobre, quant à l'exercice de leur
activité physique, pour embrasser toutes les tâches qu'ils
ont successivement à accomplir suivant les époques de
l'année, suivant les circonstances climatériques et celles
ressortant de la valeur élevée, atteinte depuis longtemps
par certaines denrées qu'ils produisent.

Les habitudes d'ordre et d'activité intellectuelle, le
perfectionnement du jugement, ne sont pas difficiles à
obtenir. Il n'est besoin pour cela que de vouloir et de
s'attacher énergiquement à appliquer chez soi les procédés dont on reconnaît la supériorité sur les siens. On
peut, en outre, quand on a le caractère trop mou, appeler
à son aide des mobiles bien puissants sur la terre,
l'intérêt et la vanité. Ces deux travers quand ils sont
excessifs sont méprisables, cependant ce sont les leviers
les plus puissants auxquels on puisse recourir pour
s'affranchir des habitudes que je condamne.

Ces deux travers ont du moins pour excuse de rendre
celui qui les possède utile à lui-même et à son prochain,
car il le rend progressif, et l'impulsion qu'il en reçoit
se communique par contre-coup à ceux qui sont à
même de remarquer les résultats avantageux qu'ils procurent lorsqu'on limite leur domination.

NOVEMBRE.

La sollicitude du cultivateur doit se porter tout particulièrement, dès le commencement de novembre, vers les bestiaux garnissant les étables afin que les bénéfices à réaliser par lui de ce côté deviennent de plus en plus importants et réduisent également de plus en plus le prix de revient des fumiers donnés par ces bestiaux.

Je ferai observer à cet égard aux agriculteurs convaincus de la possibilité d'atteindre ces deux résultats, comme du concours puissant que les animaux apportent dans la fertilisation d'une culture quelconque, que le moyen de parvenir à ces fins, c'est d'écouler le plus vite possible, sur les marchés, ceux qui leur semblent ne devoir donner en échange de leur nourriture que peu ou point de profit.

Je leur ferai, en outre, observer que le prix élevé des animaux domestiques, en général, a rendu depuis quelques années leur reproduction tellement avantageuse, que je n'hésite pas à avancer que ceux d'entre eux qui s'abstiennent de profiter de cette circonstance, méconnaissent ainsi les principes les plus élémentaires de leur profession et perdent une occasion très-propice de se mettre sur la voie d'une aisance progressive.

A plus forte raison méconnaissent-ils ces principes quand, au lieu de les engraisser, ils livrent à la reproduction des sujets dépourvus des qualités et des aptitudes constituant, d'une part, leur valeur venale, et de l'autre les bénéfices qu'on en retire.

Il importe beaucoup, dès-lors, d'arrêter, dès le commencement de novembre, le genre de spéculation dont on rendra ses bestiaux l'objet, et de n'en conserver qu'une quantité proportionnée à celle des légumes et fourrages

que l'on a récoltés , de manière à ce que l'on puisse
engraisser convenablement ceux dont on peut se débarrasser avec plus de profit que chez le boucher, et de manière à entretenir constamment en parfait état de chair
ceux que l'on garde en vue de vendre leurs produits
ou de reproduire leur espèce.

Lorsqu'on est fixé sur ces différentes spéculations, ce
qu'il importe non moins essentiellement de pratiquer
à l'égard de tous les animaux indistinctement , c'est
d'expérimenter, dans de prudentes limites et de raisonner les moyens préconisés par les agriculteurs de progrès, comme étant très-avantageux, les uns parce qu'ils
conduisent plus vite aux résultats que l'on désire atteindre , les autres parce qu'ils offrent une économie très-
supérieure à ceux employés généralement. Ainsi je
trouve qu'il est très-intéressant de bien savoir, par
exemple : 1° si les fourrages et pailles hachés , puis
mélangés avec des légumes coupés menus, nourrissent
mieux et d'une manière plus économique que lorsqu'on
les donne sans leur avoir donné cette préparation ;
2° s'il n'est pas plus avantageux de leur faire consommer le grain qu'on leur accorde sous forme de farine
grossière qu'à l'état brut; 3° si les hachis sont plus
sains, plus appétissants et plus nutritifs lorsqu'ils sont
criblés que lorsqu'ils ne le sont pas ; 4° si en mélangeant
ces hachis avec des légumes coupés menus et saupoudrés d'un peu de sel, on n'évite pas les inconvénients
résultant de leur usage isolé ; 5° si enfin les éléments
divers renfermés dans ces nourritures, ou trop sèches
ou trop humides, ne neutralisent pas mutuellement
l'influence nuisible exercée d'une part sur la santé des
bestiaux par la surabondauce de l'eau de végétation
existant dans les betteraves, et de l'autre par l'excès de
dureté et de sécheresse des pailles et foins.

Ces expériences auraient pour résultats de faire re-

marquer, en ce qui concerne seulement les pailles hachées
mélangées avec les légumes, que l'humidité excédante
dans les légumes est très-propre, ainsi que le sel, à
ramollir et dissoudre les éléments alibiles contenus par
les fourrages, qu'elle provoque la fermentation dans ces
mélanges, que cette fermentation à son tour fait sortir
les substances nutritives assimilables, qu'enfin il y a
économie et avantage à faire ces manipulations, pourvu
que l'on ne laisse pas cette espèce de composts à l'usage
des bestiaux fermenter à l'excès par cette raison, qu'ils
entretiennent en meilleur état de chair, et avec un tiers
de nourriture en moins, les animaux domestiques.

Les agriculteurs peu au fait de ces procédés devraient,
par conséquent, les expérimenter concurremment avec
ceux qu'ils emploient autant dans le but d'être fixés sur
leur efficacité, que dans celui de reconnaître combien ils
ont tort de se laisser dominer sans cesse par la préven-
tion, chaque fois qu'on leur a signalé, comme étant
avantageux, un procédé qui ne leur était pas familier.

Mais ce qui les engage notamment à faire des expériences comparatives sur les moyens de nourrir
économiquement et d'engraisser promptement leurs
bestiaux, c'est cette considération : que la source des
bénéfices réalisés sur les terres labourables n'est féconde
qu'autant qu'on avive fortement en premier lieu la source
de la production des matières donnant naissance aux
produits du sol, et qu'autant que ces matières premières
coûtent de moins en moins cher, en conséquence de la
réalisation d'autres bénéfices préalablement obtenus de
la part des animaux domestiques.

J'admets qu'il est plus difficile d'aviver la seconde
source que la première, attendu que l'économie domestique exige des connaissances plus étendues et des soins
plus multipliés et plus minutieux que la culture des
terres labourables. Mais comme aussi il ressort de la

pratique que ces terres ne donnent des récoltes de plus en plus abondantes qu'en raison de l'augmentation progressive de la quantité des fumiers donnés par les bestiaux, on doit également admettre avec moi qu'il devient de plus en plus impérieusement nécessaire, en présence de l'accroissement des charges que subissent les cultivateurs, de s'enquérir des moyens de rendre de plus en plus fructueuses les spéculations si variées auxquelles se prêtent les animaux domestiques.

Quoi de plus propre, en effet, que les circonstances actuelles pour déterminer les cultivateurs à explorer ce nouveau champ d'études ? Le prix exorbitant des bestiaux en général, puis celui des denrées alimentaires qu'on en retire, a atteint une valeur double de celle d'il y a vingt ans ; les charges dont on se plaint n'ont pas augmenté dans la même proportion, de même le prix des nourritures avec lesquelles on alimente ces bestiaux. Dès-lors, si au lieu de persévérer dans leurs habitudes, les agriculteurs avaient profité de ces circonstances, il est hors de doute que le malaise affectant le plus grand nombre d'entr'eux n'existerait pas aujourd'hui ; car s'ils s'étaient mis en mesure, aussitôt que le prix des produits donnés par les bestiaux ont pris de plus en plus de valeur, d'accroître chaque année le nombre de ces bestiaux sur leur faire-valoir, ils se seraient trouvés d'abord dans l'obligation de faire dominer sur leurs terres graduellement les récoltes que l'on appelle améliorantes par cette raison qu'elles retournent sous forme de déjections, mais de déjections enrichies des fluides fécondants répandus dans l'atmosphère ; ensuite ils auraient compris la nécessité de s'apprendre à tirer le meilleur parti possible de ces récoltes en les faisant consommer par des bestiaux aptes à leur remettre en échange le maximum des produits qu'ils sont susceptibles de donner.

Je crois inutile de spécifier les spéculations qui me paraissent les plus avantageuses actuellement, attendu qu'elles sont subordonnées aux circonstances du moment où elles ont lieu ; et que, d'ailleurs, les cultivateurs sont à même de connaître celles qui leur procurent les plus gros bénéfices. Mais comme ils ne me semblent pas aussi pénétrés des connaissances qu'il importe de posséder quand on entretient un grand nombre de bestiaux, ni des conséquences favorables au point de vue de leur aisance, résultant de l'application persévérante, à l'égard de ces bestiaux des soins de toute nature qu'ils exigent, je leur poserai, afin de leur faire mieux saisir la portée des conseils que je leur donne, en les excitant sans cesse à en améliorer la qualité et à en augmenter de plus en plus ce nombre, cette proposition complexe : puisque l'expérience a dû les convaincre bien des fois que le rendement du sol était en raison de sa fertilité, et que le moyen d'équilibrer ou plutôt de faire dépasser la somme des charges dont il tend à être de plus en plus grevé par celle des bénéfices, c'était de faire progresser ce rendement, sans pour cela accroître dans une porportion égale le prix de revient des récoltes constituant ce rendement, ce moyen consiste conséquemment à prendre les mesures les plus propres à conduire à l'obtention de bénéfices nets de plus en plus importants de la part des animaux domestiques.

Or, quelles sont ces mesures, sinon celle-ci : s'apprendre à nourrir et soigner de mieux en mieux le bétail afin qu'il laisse également de plus en plus de bénéfices ; sauvegarder la santé de ce bétail par des soins préventifs et la surveiller sans cesse ; ne jamais ajourner les soins particuliers reconnus nécessaires à certains animaux domestiques et vendre aussitôt qu'ils sont gras ou en parfait état de chair, quand on ne peut mieux faire, ceux incapables de payer d'une manière avantageuse la nourriture qui leur est accordée, si leur séjour à la ferme dépassait la période de temps qu'ils ont mise pour devenir vendables.

Mais, objecteront-ils, sans doute, nous reconnaissons parfaitement le puissant intérêt attaché à l'application de ces mesures ; ce qui s'oppose à leur mise en pratique c'est d'une part la difficulté de trouver actuellement des domestiques spéciaux disposés à soigner aussi convenablement les bestiaux, c'est de l'autre la répulsion des cultivatrices de notre époque à exercer une surveillance assidue dans l'intérieur de leur cour. Et puis on court plus de risques du côté des bestiaux que du côté des terres labourables.

Quelque fondée que soit cette objection, comme il n'est pas possible de faire progresser la production du sol sans faire progresser celle des engrais, je persiste à prétendre que l'on doit s'attacher avec persévérance à remédier aux inconvénients renfermés dans cette objection, d'abord en formant des auxiliaires aptes à soigner les bestiaux, ensuite en conservant en mémoire les avantages résultant de l'entretien d'un bétail nombreux. Or, ces avantages sont ceux-ci : plus les animaux domestiques sont nombreux dans une exploitation, plus aussi est considérable la quantité des fumiers qu'ils produisent, et plus ces fumiers accroissent le rendement des terres sur lesquelles on les épand.

D'un autre côté, si ces bestiaux donnent des bénéfices suivant l'état de chair ou de graisse qu'on leur a fait atteindre, et si cet état ne peut leur être procuré qu'à l'aide d'une grande quantité de légumes et de fourrages, la culture de ces plantes, sur une vaste échelle, a pour résultat de permettre à l'agriculteur habile de détruire en peu d'années, sur ses terres en labour, les herbes adventices, de défoncer et de fumer fortement ces terres. En outre, les terrains occupés par les prairies artificielles permanentes, telles que les luzernes et sainfoins, deviennent bientôt très-fertiles sans qu'il lui en coûte, attendu qu'elles puisent la majeure partie de la nourriture dont elles ont besoin dans le grand réservoir de l'atmosphère.

Comme je suis persuadé que les praticiens, même les plus obstinés à persévérer dans leur routine, ne contesteront pas la validité des déductions qui précèdent, ne suis-je pas, par cela même, en droit de leur adresser ce reproche : plutôt que de vous effrayer des obstacles s'opposant à votre marche en avant, vous devriez vous attacher constamment à mettre en œuvre les moyens de les faire disparaître, et, en d'autres termes, à faire contracter à vos enfants, pendant leurs vacances, des habitudes en rapport avec les nécessités que vous impose votre profession ; puis à accorder désormais aux spéculations si variées dont les bestiaux sont susceptibles, la même sollicitude que vous accordez à celles dont vos jachères sont l'objet. En modifiant de la sorte vos propres habitudes et celles de votre famille, vous parviendrez bientôt à augmenter sensiblement votre bien-être matériel, votre aisance, car elles vous conduiront vers une culture de plus en plus intensive, et l'expérience que vous acquerrerez tous, par suite, rendra cette culture également de plus en plus lucrative.

Maintenant que j'ai mis en lumière les causes les plus déterminantes des récoltes intensives, il me paraît à propos de parler d'une pratique culturale ayant pour effet de contribuer aussi à rendre certaines récoltes plus abondantes.

Déjà je disais à son égard, le mois dernier, que les cultivateurs devaient, aussitôt après leurs semailles d'automne, labourer profondément leurs terres destinées aux ensemencements de mars ; que leur expérience avait dû leur faire remarquer que, la plupart du temps, les terres labourées avant les gelées leur donnaient des produits

plus abondants que celles labourées après ces gelées ;
enfin qu'ils avaient tort de s'attacher autant à cette considération : qu'en labourant ces terres, avant la fin de
décembre, ils privaient leur troupeau d'un pâturage,
d'une nourriture fraîche très-utile à ce troupeau, surtout
alors qu'il n'est alimenté dans les bergeries qu'avec des
pailles sèches et peu substantielles.

Comme j'ai déjà eu occasion de faire connaître pour
quelles raisons les labours hâtifs en toute saison étaient
très-préférables à ceux exécutés peu de temps avant les
ensemencements, je me bornerai à discuter la valeur de
la considération invoquée généralement pour motiver les
retards apportés dans le labourage de la sole de mars.
Je dirai donc seulement, à son sujet, que les avantages
attribués à ces pâturages, pendant la saison d'hiver, me
paraissent très-contestables, attendu que l'humidité excessive et les molécules d'eau glacée qui les recouvrent
la plupart du temps rendent la nourriture retirée de ces
pâturages par les bestiaux, plus nuisible qu'utile à leur
santé en leur occasionnant très-souvent les graves maladies qui les déciment, telles que la cachexie et la
dyssenterie.

Mais revenons aux travaux aratoires qu'il importe
encore de faire en novembre, et admettons que les cultivateurs se rangeront à ma manière de voir sur ce qui
concerne les labours. Comment utiliseront-ils, après ces
labours, leurs domestiques et leurs chevaux ? Rien de
plus simple, car ils ont, pendant le cours de l'hiver, des
meules à engranger, beaucoup de fumier à transporter
dans les champs, de même le purin renfermé dans la
fosse à fumier et les citernes. Dès-lors, en prenant le
soin de terminer leurs labours quand la surface du sol
n'est pas endurcie par les gelées précoces, et de profiter
des moments où elle est très-résistante pour faire ces
transports, ces divers travaux leur permettent de les

coordonner d'une manière très-convenable et très-régulière.

Ils ont encore, en novembre, une mesure très-importante à prendre au point de vue de la fertilisation du sol, celle consistant à faire marner les terrains péchant par une propension excessive à se relier fortement après les pluies et à se crevasser pendant les sécheresses. Cette mesure me paraît importante et devoir être prise, autant que possible, avant l'arrivée des gelées intenses, par plusieurs raisons.

La marne, riche en éléments calcaires, corrige d'abord les défauts de ces terrains en leur procurant la perméabilité qui leur manque, en les assouplissant en quelque sorte ; ensuite elle les rend beaucoup plus fertiles en les pourvoyant de substances minérales indispensables à un grand nombre de plantes usuellement cultivées. Or, les effets de la marne sont d'autant plus prompts, que ses molécules ont été plus vite et mieux désagrégées par les gelées et, en outre, ils sont d'autant plus durables et plus efficaces, que ces molécules sont plus abondantes dans la couche arable de nature très-argileuse.

En voici la raison : plus ces molécules ont été atténuées par les gelées et réparties en grande quantité dans cette couche, plus elles favorisent d'une part l'introduction dans son sein des agents atmosphériques et le prolongement des racines, et plus de l'autre elles rendent assimilables les engrais organiques avec lesquels elles se combinent. Cependant je m'empresse de faire observer qu'il est rigoureusement nécessaire dans ce cas de proportionner la répartition des engrais organiques à celle de cet engrais minéral, si l'on tient à ne pas éprouver les déceptions de nos ancêtres, déceptions en raison desquelles ils formulèrent leur opinion touchant les effets de la marne, dans cette maxime : elle enrichit les vieillards et appauvrit leurs enfants.

Les anciens cultivateurs avaient raison en s'exprimant ainsi, car le reproche que l'on peut adresser à la marne, comme aux terrains calcaires, c'est de mettre trop vite en emploi les détritus organiques. Dès-lors, comme ils fumaient très-médiocrement leurs terres, ils les rendaient bientôt improductives. Dès-lors aussi puisqu'il est par contre hors de doute que la marne améliore d'autant mieux les terrains compactes à l'excès, qu'elle entre pour un dixième dans la constitution du sol appelé à faire croître les plantes et qu'elle est riche en éléments calcaires, on doit comprendre aisément qu'il est absolument indispensable de prendre, au fur et à mesure que l'on s'engage dans de forts marnages, des dispositions ayant pour objet d'augmenter progressivement la production des engrais organiques.

Il serait, à mon sens, très-à-propos d'ensemencer à ces fins les terres marnées en luzerne ou sainfoin en même temps qu'en avoine. On obtiendrait de la sorte de ces prairies une quantité considérable de fourrages, lesquels donneraient naissance à de riches déjections de la part des bestiaux qui les consommeraient, et, lors de leur défrichement, on pourrait labourer ces terres le plus profondément possible, sans craindre d'altérer leur richesse en éléments alibiles.

Il ne serait plus nécessaire, après leur remise en culture, afin d'entretenir d'une manière permanente leur fécondité acquise aux dépens de l'atmosphère en majeure partie et un peu de l'élément minéral particulièrement recherché par les légumineuses, que de prendre de nouvelles mesures ayant pour but de continuer l'alimentation, dans les mêmes proportions, des producteurs d'engrais organiques.

Il serait, dès-lors, nécessaire de suivre une culture toute différente de celle suivie habituellement après les défrichements de bois, culture consistant à tuer la poule aux œufs d'or, c'est-à-dire à exiger de ces terres plusieurs plantes épuisantes successivement, sans leur accorder, en vue de réparer la déperdition des éléments qu'elles leur causent, ni fumiers ni engrais commerciaux.

Est-il permis d'espérer de la part des cultivateurs des habitudes aussi rationnelles, dans des occurrences semblables, quand on les voit commettre, dans une foule de circonstances, des inconséquences du même genre? quand on les voit apporter si peu de soins dans l'exécution des travaux, les plus simples, au point même de donner lieu à penser qu'ils n'envisagent nullement les résultats qui doivent s'ensuivre? J'avoue qu'il m'est difficile de concevoir cette espérance, surtout quand je vois le plus grand nombre d'entr'eux exécuter si mal une besogne non moins intéressante qu'ils font ordinairement en novembre, celle consistant à fabriquer la boisson en usage dans notre département, le cidre.

Or, quels sont les défauts généralement constatés dans les cidres de Picardie, et quelles sont les qualités qu'ils doivent avoir ?

Ces cidres sont, pour la plupart, ou aigres à l'excès ou infectés d'une saveur plus ou moins désagréable. Dans l'un et l'autre cas ils sont préjudiciables à la santé et ils donnent la mesure de i'intelligence et de l'incurie dont ils sont l'objet au moment où on les fabrique. Evidemment leur saveur serait toute différente si les tonneaux dans lesquels on les enferme avaient été minutieusement rincés et assainis aussitôt qu'ils sont devenus vides.

Je dirai donc, au sujet de leur fabrication, que le moyen de les obtenir francs de goût, et de leur conserver le goût agréable qui les distingue pendant les trois mois suivant leur clarification, comme de déterminer la conversion du sucre renfermé dans les pommes en alcool et non pas en acide acétique, consiste : 1° à nettoyer les

tonneaux aussitôt qu'ils ne contiennent plus de cidre :
puis à faire fondre dans ces tonneaux quelques morceaux
de chaux vive introduits dans leur intérieur par la
bonde, à l'aide d'un seau d'eau bouillante, et enfin à
rouler ce tonneau dans tous les sens quand cette chaux
parait réduite en bouillie de manière à imprégner les
douves et les joints de l'eau rendue alcaline et corrosive
par son association à la chaux vive ; 2° à faire sortir le
mieux possible de ces tonneaux les résidus de chaux en
les rinçant deux fois avec de l'eau claire ; 3° à faire
sécher à l'air libre ces tonneaux en prenant le soin
d'établir un courant d'air entre le trou du robinet et
celui de la bonde en laissant ces deux issues ouvertes
pendant quelques jours ; 4° à les remplir lorsqu'ils sont
devenus très-secs à l'intérieur avec des gaz sulfureux
au moyen d'une mèche soufrée suspendue par un fil
de fer dans ces tonneaux jusqu'au moment où le gaz
s'en échappe et où l'on juge à propos de boucher hermétiquement le trou de la bonde, de manière à ce qu'il y
reste à demeure jusqu'au jour où le cidre lui est substitué.

Ces diverses pratiques, toutes très-simples, doivent
toujours avoir lieu immédiatement après que les futailles
sont abandonnées par suite du soutirage du cidre, par ces
raisons, qu'elles ne demandent pas beaucoup de temps
pour les faire suivant mes indications, qu'on n'a plus à
craindre, en débarrassant promptement ces futailles de
détritus tels que les lies de cidre, disposés à se corrompre
et à s'aigrir, de les infecter pour toujours, que les gaz
sulfureux empêchent le cidre de contracter un mauvais
goût et de fermenter sans cesse , que la chaux détruit les
principes acides que contiennent les douves ; enfin que
toutes ces pratiques préviennent dans l'intérieur de ces
futailles la moisissure et la décomposition de l'air qui
s'y est introduit.

D'un autre côté, comme le contact de l'air avec le cidre

a pour effet de le faire tourner à l'aigre et de vicier sa saveur, lorsque le gaz sulfureux remplace seul les différents gaz dont se compose l'air respirable, il forme, au-dessus du liquide versé dans un tonneau, une espèce de nuage lequel s'oppose à ce contact. Mais il importe à ces fins de laisser un petit vide entre ce liquide et la bonde et de boucher les tonneaux quand ils sont remplis suivant cette recommandation. Ce vide permet au cidre de fermenter et l'impêche de faire éclater le tonneau qui le renferme.

Quoiqu'il en soit, il importe, en outre, de le soutirer aussitôt qu'il est devenu à peu près clair et de le transverser dans d'autres tonneaux également pleins de gaz sulfureux, car on l'affranchit de la sorte de l'action pernicieuse exercée en toute saison par la lie sur cette boisson et on permet au gaz sulfureux d'exercer celle qui le distingue laquelle est de favoriser la transformation du sucre des pommes en alcool et d'entraver celle en acide acétique, qu'il est si enclin à contracter, quand il n'est pas suffisamment protégé contre l'accès de l'air externe.

Quant aux procédés employés dans la fabrication du cidre, je trouve ceux en usage très-convenables. Cependant je me permettrai de faire observer que beaucoup de cultivateurs ont tort de saturer le marc de leurs pommes égrugées avec de l'eau puisée à même des mares, car cette eau renferme nécessairement plus ou moins de matières insalubres et ayant une saveur ou insipide ou nauséabonde.

Dès-lors, en incorporant ces matières et l'eau dans laquelle elles sont dissoutes et dont elles ont vicié plus ou moins le goût, dans d'autres matières très-fermentescibles, elles doivent inévitablement réagir défavorablement sur le cidre en raison de la prédominance, dans cette eau, des éléments nuisibles qu'elle contient. Ainsi l'ammoniaque existant dans les matières fécales déposées dans les mares par les bestiaux pendant qu'ils s'y désaltèrent, la vase qui s'y trouve, les feuilles qu'y entraîne le vent et qui s'y décomposent, le purin des fumiers et les eaux stagnantes qui se déversent dans les mares à la suite des fortes averses, renferment ou des substances insalubres, ou des substances très-propres à altérer la saveur du cidre.

Mais ce qui contribue surtout à rendre le cidre amer et aigre, c'est de laisser, dans les pommes saines, quand on les égruge, celles qui sont noires, moisies et pourries; c'est aussi de mettre une quantité trop forte d'eau dans le marc. En opérant de la sorte le jus ressortant de ces pommes altère étonnamment la qualité de celui ressortant des pommes intactes.

Quant à la cause de leur moississure et pourriture, elle est déterminée par suite de leur accumulation dans des caves ou des étables pendant plusieurs semaines. Comme l'air ne se renouvelle pas dans ces lieux clos, et comme elles sont humides, elles fermentent dans ces tas; aussi se pourrissent-elles très-vite et deviennent-elles noires et moisies.

On, évite, en majeure partie, ces inconvénients en exposant les tas de pommes à l'air libre jusqu'au moment où on les broie, puis en donnant une épaisseur moyenne à ces tas. L'air les colore et l'humidité de la saison les nourrit et entrave leur fermentation, ensuite il est plus facile d'en tirer, au moment où on les transporte dans le pressoir, les pommes gâtées, que dans des endroits obscurs.

Il est encore d'autres considérations auxquelles il est très-intéressant de s'attacher avant de fabriquer le cidre, afin de l'obtenir de qualité supérieure et afin que sa fermentation et sa clarification aient lieu promptement.

Ces considérations sont celles-ci : ne fabriquer le cidre,

autant que possible , que quand le thermomètre est
au-dessus de zéro et quand le vent souffle du Sud ; puis
supputer quelle peut être la quantité du sucre existant
dans les pommes récoltées.

Ces considérations sont importantes par ces deux
raisons : la première, parce que lorsque la température
est douce et agitée par le vent, elle provoque la fermentation du jus des pommes dans les tonneaux ; et la
seconde, parce que le sucre est l'élément appelé à donner
des qualités toniques et alcooliques aux boissons quelles
qu'elles soient. Ainsi lorsqu'il prédomine dans le vin,
dans la bière ou dans le cidre, il se convertit en alcool, ·
tandis que lorsqu'il s'y trouve en trop faible quantité, il
se convertit en acide acétique. C'est donc en vue de prévenir l'acidité des boissons qu'ils fabriquent, que les
vignerons et les brasseurs ajoutent tantôt du sucre,
tantôt de l'alcool dans le vin ou dans la bière.

Cette pratique m'amène à conclure, à l'égard de la
fabrication du cidre, que l'on doit saturer d'eau le marc
des pommes suivant sa richesse en sucre et remédier à
l'insuffisance de cet élément essentiel, après les années
pluvieuses, ou lorsqu'on a besoin de faire avec peu de
pommes une grande quantité de cidre , en versant dans
les tonneaux un sirop concentré, composé avec de la
mélasse et mieux encore avec de la cassonnade, dans
une proportion de 5 à 10 % avec le cidre que l'on a en
vue de rendre alcoolique à l'aide de ce mélange.

On doit admettre d'autant plus volontiers la nécessité,
après certaines années et certaines circonstances, de
recourir à ces moyens artificiels pour rendre le cidre
plus tonique, plus fortifiant et de meilleur garde, qu'il
ne le serait, sans l'assistance de ces moyens, que l'on
sait pertinemment que les industriels faisant commerce
de boissons telles que les vins, la bière et même le cidre,
sont parvenus, grâce à certains procédés très-simples, à

rendre toutes ces boissons agréables au goût et faciles
à conserver ; que l'on sait également que les cultivateurs
sont aussi des industriels, des fabricants de denrées
alimentaires ; que, dès-lors, les exigences de leur
industrie, celles qu'ils rencontrent du côté de l'intérêt
que leur inspire leur famille, leur prescrivent d'envisager de la même manière que les fabricauts de tissus
et autres, les perfectionnements dont leur fabrication
est susceptible.

S'ils se portaient aux mêmes préoccupations, ils ne
tarderaient pas à remarquer qu'elles sont toutes de
nature à les faire aboutir à des résultats très-avantageux, à la condition, toutefois, qu'ils imiteront en tout
point les exemples précités, c'est-à-dire qu'ils s'appli-
queront d'abord à s'affranchir de la sujétion qu'ils
subissent de la part de leurs habitudes invétérées jusques-là, et qu'ils en contracteront d'autres conformes à
celles dont je m'attache à leur faire comprendre l'utilité,
chaque fois que j'en trouve l'occasion.

En modifiant leurs habitudes, grâce aux lumières
de la pratique et du raisonnement dont elle doivent être
toujours l'objet de leur part, ils aboutiraient inévitablement à ces deux avantages : celui d'étendre, à l'aide
des expériences auxquelles ils se livreraient, le cercle
de leurs connaissances dans leur industrie, et celui de
les mettre sur la voie d'une amélioration progressive de
leur aisance. Cette transformation aurait, en un mot,
pour effet de leur procurer des satisfactions morales
et matérielles, car les expériences conduisent aux découvertes, et ces découvertes satisfont les aspirations de
l'intelligence en même temps que celles ressenties par
les appétits matériels.

DÉCEMBRE.

Comme la plupart du temps la température ou trop humide ou trop froide, régnant en décembre, ne permet plus de labourer les terres destinées aux ensemencements du printemps, et comme, d'ailleurs, ces terres doivent être toutes labourées avant les intempéries, afin qu'elles se saturent des fluides fécondants répandus dans l'atmosphère, les cultivateurs soigneux profitent de cette circonstance pour concentrer toute leur sollicitude dans l'intérieur de leur cour; pour occuper, par exemple, leurs domestiques et leurs chevaux à battre leurs récoltes, à arroser leurs herbages avec les eaux surabondantes dans leur fosse à fumier, à transporter dans les champs, pendant les gelées, leurs fumiers, à recueillir et à accumuler sous un hangar, les jours où il ne gèle pas, les matières fertilisantes propres à la confection des *composts*, pour se préoccuper, en un mot, des travaux auxquels ils pourront employer leurs serviteurs et leurs bêtes de trait.

Cette dernière préoccupation est toujours permanente dans leur esprit, car ils ne perdent jamais de vue qu'en culture le temps c'est de l'argent; que plus on l'utilise plus on réalise de la sorte indirectement des bénéfices et plus on se met en position de saisir au passage les circonstances propices à l'exécution des travaux laissant la plus forte somme de profits.

Mais, ainsi que je l'ai déjà fait remarquer en novembre, la besogne la plus intéressante à soigner pendant les mois que dure l'hiver, c'est l'administration intérieure de la ferme, c'est surtout la répartition à faire, entre les diverses espèces de bestiaux que l'on a à nourrir, des pailles, fourrages et légumes récoltés.

En effet, la quantité et la qualité des produits donnés par ces bestiaux ne dépendent-elles pas de celles des aliments qu'on leur accorde et des soins qu'ils reçoivent? Le prix de revient des fumiers qu'ils remettent en échange de leur nourriture, de même celui de leurs produits, ne dépend-il pas également de l'économie et du discernement apportés dans cette répartition, comme de l'entente des besoins de toute nature qu'ils ressentent, suivant la race à laquelle ils appartiennent et suivant la faiblesse ou la vigueur de leur constitution ?

Donc le devoir du cultivateur, pendant la stabulation d'hiver de ses animaux domestiques, lui prescrit, s'il 'ient à réaliser des bénéfices réels et importants : 1° de 'e rendre un compte exact de la valeur nutritive de 'hacun des divers aliments qu'il fait consommer par ses bestiaux ; 2° de se renseigner, par des expériences comparatives, s'il est plus avantageux de leur faire subir une préparation quelconque, que de les distribuer tels qu'on les a récoltés ; 3° d'employer tous les moyens reconnus aptes à améliorer les aptitudes, les formes et la constitution des différentes races de bestiaux que l'on possède ; 4° de s'attacher d'une manière persévérante à découvrir les causes des effets et avantages résultant, au dire des agronomes les plus autorisés, de l'emploi des instruments inventés dans le but de préparer convenablement les pailles, fourrages, légumes, grains, menues pailles et tourteaux ; et pourquoi ces aliments, lorsqu'ils sont divisés et mélangés, permettent ainsi que les boissons tièdes et mucilagineuses, puis les moutures, d'entretenir en meilleur état et d'engraisser plus promptement un plus grand nombre d'animaux domestiques, avec la même quantité de substances alimentaires; 5° de rechercher enfin pourquoi les bénéfices réalisés par la vente de leurs produits sont plus considérables malgré les frais de main-d'œuvre que coûtent les nombreuses manutentions auxquelles on soumet ces nourritures avant de les leur livrer.

Comme j'ai déjà fait connaître en quoi consistaient ces manutentions et comme, d'ailleurs, les cultivateurs sont en général très au courant des procédés employés depuis trente ans pour rendre plus assimilables les nourritures de toute espèce, et qu'ils ont été à même d'apprécier les avantages que ces manutentions leur procurent, je me bornerai à les inviter à déployer la persévérance, l'activité et l'énergie qu'ils manifestent d'un autre côté, mais d'une manière trop exclusive, lorsqu'ils s'ingénient à mettre en œuvre toutes les mesures leur paraissant de nature à favoriser la réussite de leurs plantes industrielles, telles que leurs lins, leurs betteraves, leurs colzas et leurs œillettes.

Loin de désapprouver ces mesures, qui ont toutes pour objet de faire réussir, dans les limites de leur puissance, les spéculations portées sur leur jachère, je m'empresse de féliciter ceux d'entr'eux qui mettent de la sorte de l'harmonie entre leurs prétentions et les avances nécessitées par ces spéculations. Je leur ferai observer seulement que les animaux domestiques méritent une sollicitude égale sinon supérieure à celle qu'ils accordent à leur sole de jachère.

Je motiverai cette opinion par ces considérations : d'abord les bestiaux se prêtent, comme la jachère, aux spéculations les plus variées et les plus lucratives, quand on leur prodigue tous les soins qui leur sont nécessaires; ensuite leurs produits deviennent abondants à l'instar de ceux donnés par les terres labourables, suivant la qualité et la quantité des éléments alibiles avec lesquels on les alimente. Et comme ils présentent, en outre, cet avantage sur le sol en culture, de remettre en échange de la nourriture qu'ils reçoivent les matières servant à rendre ce sol productif, je conclue de là qu'il est important de leur accorder une sollicitude égale, pour ne pas dire plus grande, à celle dont la jachère est l'objet.

Les cultivateurs doivent partager cette opinion d'autant plus volontiers, qu'ils savent par expérience que plus ils retirent de profits du côté des bestiaux et plus ils en entretiennent, relativement à l'étendue de leur culture, un grand nombre, plus ils se procurent de la sorte l'aisance d'augmenter la fertilité des terres qu'ils exploitent.

Comme l'expérience a dû également leur apprendre que les engrais qu'ils donnent leur coûtent d'autant moins, que les différentes races d'animaux composant leur cheptel sont d'une belle conformation et douées des meilleures aptitudes, ils doivent de même partager à leur égard cette autre opinion : qu'il est du plus grand intérêt pour eux de ne nourrir et de ne livrer à la reproduction que les bestiaux ayant atteint dans leur catégorie les limites extrêmes de leur valeur vénale et ceux rendus aptes à payer généreusement, à l'aide de leurs produits, la nourriture qui leur est accordée.

Il doivent, ce me semble, accepter tout ce que je viens de leur exposer, d'autant mieux, qu'ils sont à même de remarquer, par l'accroissement progressif depuis plusieurs années du prix des bestiaux, en général, et de celui de leurs produits, qu'ils auraient le plus grand avantage à s'engager résolument dans la voie vers laquelle je les pousse. Cette remarque devrait, par conséquent, les exciter à prendre leurs mesures pour profiter des circonstances présentes desquelles ressort cet avantage.

Quoiqu'il en soit, je crois utile de leur faire envisager, en outre, deux autres considérations très-propres également à leur faire regarder les spéculations à l'égard des bestiaux comme devant leur donner dans l'avenir des bénéfices de plus en plus considérables. Ainsi je leur dirai : comme le prix des nourritures servant à l'alimentation de leurs bestiaux est resté à peu près le même depuis trente ans, comme le prix de revient de leurs engrais est subordonné aux profits qu'ils laissent et à celui que coûte leur entretien, et comme il suit de là que les avantages attachés actuellement à l'élevage des animaux domestiques, puis à l'augmentation de leur nombre dans les fermes, sont en proportion de la plus-value qu'ont atteint leurs produits et leur valeur vénale, ces considérations les amènent à reconnaître : qu'ils se causent d'autant plus de préjudices, qu'ils s'abstiennent d'exploiter cette branche d'industrie, ou qu'ils négligent de vendre sur les marchés les animaux consommant, sans leur payer par des profits quelconques, les pailles, les légumes et les grains avec lesquels ils les nourrissent.

Or, comme je me trouve fondé à avancer que la plupart des cultivateurs ne se portent guère aux diverses préoccupations que je viens de mettre en lumière, et comme cependant on est tous les jours à même de remarquer les conséquences regrettables résultant du peu de cas qu'ils paraissent en faire, on ne doit pas être surpris si je reviens sans cesse sur la même thèse.

Je vais, à son sujet, citer des faits corroborant les arguments invoqués par moi pour faire ressortir l'importance capitale d'accorder désormais à l'économie domestique autant de sollicitude qu'à l'administration des terres labourables.

Quelles sont les causes acxquelles doivent être attribués les progrès accomplis par quelques cultivateurs et

la grande aisance qu'ils ont acquise? Cette aisance et
ces progrès n'ont-ils pas eu lieu suivant que ces cultivateurs ont tenu compte des principes touchant l'économie
domestique dont je me suis attaché, en passant la revue
de chaque mois , à faire entrevoir les conséquences
fructueuses à divers titres, suivant aussi qu'ils ont profité des circonstances présentes si favorables aux spéculations variées que cette branche de l'industrie agricole
embrasse ?

De même le malaise éprouvé par le plus grand nombre
des cultivateurs, ou l'état stationnaire dans lequel ils
végétent, ne doit-il pas être de attribué à l'indifférence
de ces derniers envers cette branche, laquelle, je le
répète , procure d'une part, quand on l'exploite avec
habileté, des bénéfices très-importants et procure de
l'autre les matières premières donnant naissance aux
bénéfices réalisés avec les produits du sol ?

Ces deux exemples me permettent, dès-lors, de conclure que l'aveuglement dans lequel persiste le plus
grand nombre des cultivateurs, surtout après les dures
leçons qu'ils reçoivent à la suite des saisons contraires
à la réussite de leurs récoltes industrielles, est inexpli-
cable, et que les pertes qu'il leur cause n'auraient pas
à beaucoup près plus tard des conséquences aussi
graves, s'ils savaient réaliser de gros profits sur leurs
bestiaux, car ces profits leur serviraient à les soulager
dans leur infortune, et comme ces producteurs d'engrais
contribueraient toujours à entretenir et à accroître la
richesse de leurs terres en labour, celles-ci finiraient par
leur donner, dans les années propices, des récoltes très-
propres à compenser leurs pertes.

Maintenant que j'ai épuisé, je crois, tous les arguments militant en faveur de l'augmentation progressive
du nombre des bestiaux dans les fermes, et que j'ai démontré pratiquement pourquoi il était préférable de ne

leur donner n'importe quelle nourriture qu'après lui avoir fait subir certaines préparations, je vais essayer d'expliquer théoriquement pourquoi il me paraît avantageux, malgré les frais de main-d'œuvre, de réduire en farines les grains, de hacher les pailles et fourrages et de stratifier ces hachis avec du sel et des légumes dans de grandes caves ou dans des espèces de silos.

En déposant dans ces caves, ou dans des compartiments rendus étanches et construits en maçonnerie, par couches composées alternativement avec des pailles et des foins hachés, puis avec des légumes divisés par le coupe-racines, l'eau de végétation, contenue en surabondance par ces légumes, est absorbée bientôt par les fourrages. La superposition de ces couches, dont les unes sont humides et les autres sèches, détermine dans ce tas, grâce à l'humidité ressortant des légumes et à l'addition, quand elle ne suffit pas, d'une quantité proportionnelle d'eau chaude dans laquelle on a fait dissoudre du sel, une fermentation très-utile en ce sens, que d'une part elle fait sortir les éléments assimilables hors de ces nourritures et qu'elle les fait rechercher davantage par les bestiaux.

La fermentation et l'arrosement avec de l'eau très-chaude de ces espèces de composts est nécessaire et avantageuse par ces deux raisons : elle facilite la trituration par la dent des bestiaux des corps durs et coriaces et elle les empêche d'irriter les organes digestifs. D'un autre côté, comme il n'est possible de les livrer à ces bestiaux qu'à l'aide de mannes et de baquets ou d'auges, on est de la sorte en position de régler comme on l'entend leur alimentation, d'éviter les gaspillages qui ont lieu lorsqu'on leur donne des fourrages en bottes.

En superposant et en alternant des nourritures aussi différentes que les hachis de pailles et de légumes, des nourritures ou trop sèches ou trop aqueuses, leurs défauts respectifs se trouvent annihilés, car les pailles absorbent à l'aide de leur cellulose mise à découvert, l'eau excédante dans les légumes, laquelle dévoie les organes internes et les affaiblit, quand on les donne seuls et en quantité, et elle rend ces pailles plus souples et plus faciles à digérer par l'estomac et les intestins.

Bien que les légumes et fourrages préparés suivant les indications qui précèdent contribuent pour beaucoup aux succès obtenus par ceux qui s'y conforment entièrement, et leur permettent de nourrir, avec la même quantité de nourriture similaires, un nombre plus considérable de bestiaux que ceux qui ne prennent pas les mêmes soins, l'expérience me fait un devoir de déclarer encore que ces succès sont plus importants quand on abreuve ces bestiaux plusieurs fois dans la journée, pendant la saison d'hiver, avec des boissons tièdes et épaissies par les nourritures substantielles dont je vais parler.

Ainsi, il importe essentiellement, à mon sens, de faire dissoudre, dans de l'eau bouillante et salée, tantôt des substances mucilagineuses telles que des tourteaux ou de la graine de lin et tantôt du son, du reflet, des moutures, des balles de céréales, des siliques de colzas et les débris des capsules contenant la graine de lin.

L'eau est un véhicule indispensable en ce sens qu'elle favorise les digestions et l'assimilation des éléments nutritifs renfermés dans tous les aliments indistinctement. Elle fait sortir ces éléments hors de ces aliments en les dissolvant à l'aide de la chaleur élevée qu'on lui fait atteindre en la faisant bouillir et à l'aide du sel, puis elle les rend plus assimilables en les diluant.

Or, leur dilution dans une mesure convenable constitue le moyen de faire progresser promptement l'état de chair ou de graisse des bestiaux, car plus le liquide exprimé des aliments par l'estomac, connu sous le nom de chyle, est abondant et chargé d'éléments substantiels, plus l'eau en facilite l'absoption par les canaux chylifères, plus les veines font affluer dans tous les organes ce qui leur est nécessaire pour se développer ou se couvrir de graisse.

Je crois être fondé à ajouter, en outre, que les boissons composées produisent chez les animaux domestiques des effets d'autant meilleurs, qu'elles leur sont données alors qu'elles sont encore chaudes, notamment en hiver, attendu qu'en cette saison la température même des étables tenues bien closes pendant les fortes gelées est loin de provoquer la transpiration et partant le transport à la peau des éléments que la nature tend à chasser hors de l'organisme par les issues appelées pores de la peau. D'où il suit que les boissons tièdes aident puissamment à ce travail nécessaire de la nature et sont plus volontiers recherchées et absorbées dans une proportion plus grande par les bestiaux que l'on veut engraisser ou dont on tient à accroître la production du lait.

Mais ce qui les rend surtout appétissantes, toniques et digestives, c'est le sel lequel est le condiment le plus utile que l'on puisse associer aux aliments quels qu'ils soient. Il est utile par ces raisons qu'il donne de la saveur à ceux qui sont insipides et qu'il neutralise l'action nuisible de ceux qui ont été récoltés dans de mauvaises conditions. De plus il entretient, en donnant du ton aux intestins, le mouvement péristaltique contribuant à l'expulsion au-dehors des résidus dont l'estomac a extrait les sucs. Enfin, comme il jouit de propriétés dissolvantes et laxatives, suivant la dose à laquelle on le fait entrer dans les aliments, ses propriétés ont pour effet, même lorsque cette dose est moyenne, de débarrasser les muqueuses de l'estomac et des intestins des matières visqueuses qui s'y attachent et qui en paralysent le fonctionnement quand elles se trouvent en surabondance dans ces organes.

Où le sel est encore souverainement utile, je dirai même indispensable, c'est dans les boissons contenant des corps gras et des balles de céréales ou des siliques de colza. Ces déchets sont excessivement indigestes ; aussi est-ce la raison pour laquelle la plupart des cultivateurs les mettent pourrir dans des fosses ou les épandent sur leurs herbages.

Quoiqu'il en soit je me permettrai d'improuver cette manière d'agir et d'avancer qu'elle leur porte un très-grand préjudice. En effet, leur pratique et les analyses chimiques ne leur ont-elles pas prouvé clairement que les parties les plus substantielles d'une plante quelconque sont celles placées à son extrémité supérieure? Donc, en donnant à leurs déchets de récoltes une pareille destination, ils suppriment de leurs étables une quantité de bétail proportionnée à celle de ces déchets répartie sur leurs herbages.

J'admets que ce genre de nourriture leur a causé des pertes en déterminant des indigestions mortelles sur leurs bestiaux. Mais ces indigestions ne sont-elles pas résultées de ce qu'ils la leur donnèrent sans l'avoir préalablement humectée avec de l'eau salée? Dès-lors, puisqu'au demeurant les expériences faites par quelques cultivateurs démontrent hautement qu'il est facile d'éviter ces dangers, et que ces déchets permettent, par rapport à leur grande richesse en éléments substantiels, d'entretenir en meilleur état et en plus grand nombre les bestiaux les plus aptes à s'en repaître, je me trouve, par cela même, autorisé à soutenir que les cultivateurs en général devraient suivre les bons exemples donnés par les premiers.

En quoi consistent ces expériences et ces exemples ? à faire cuire dans une chaudière très-grande, ou à faire traverser par un jet de vapeur dans des tonneaux hermétiquement clos, les déchets de tout genre avec lesquels on remplit ces récipients ; à faire dissoudre plus ou moins de sel et de graine de lin ou de tourteaux dans l'eau qui les sature suivant que l'on emploie isolément des balles de céréales et des siliques de colzas ou des déchets provenant du battage du lin.

Ils consistent encore dans l'emploi ꞁd'un procédé simplifiant étonnamment la main-d'œuvre, en mélangeant les balles des céréales avec les hachis de paille, de foin et de légumes et en faisant fermenter cet assemblage de nourritures diverses pendant 48 heures à l'aide d'un arrosage avec de l'eau très-chaude et salée, proportionné à l'épaisseur du tas formé par ces nourritures accumulées.

L'eau bouillante a pour effet ultérieur de provoquer dans ces nourritures, notamment en hiver, une fermentation très-nécessaire en ce sens, qu'elle en fait ressortir tous les éléments assimilables, et qu'elle les rend plus appétissants et beaucoup plus nutritifs.

Mais il me paraît à propos, avant d'en terminer avec ce qui regarde le sujet que je viens d'élucider, de produire un argument non moins propre que ceux invoqués par moi jusqu'ici pour démontrer l'opportunité d'utiliser les menus déchets des récoltes conformément aux exemples dont il vient d'être parlé.

J'ajouterai, dès-lors, que ce qui témoigne en faveur de leur grande richesse en principes nutritrifs, et ce qui corrobore les affirmations données à cet égard par quelques praticiens, ce sont ces autres faits constatés par les mêmes touchant l'état d'épuisement ou de fertilité dans lequel se trouvent leurs terres labourables quand les récoltes qu'elles ont fait croître ont été fauchées avant ou après leur maturité.

Ainsi, ils ont remarqué qu'elles avaient été dépouillées

de leurs éléments les plus substantiels, suivant que ces éléments avaient contribué à la croissance et au développement complet de tous les organes constituant ces récoltes ; suivant aussi que les tiges et les feuilles avaient perdu de leurs facultés absorbantes à l'égard des fluides répandus dans l'atmosphère.

Or, ces observations ne démontrent-elles pas de la manière la plus incontestable que l'on doit toujours, dans la profession agricole, moins se préoccuper des difficultés s'opposant à l'application de certaines mesures paraissant très-avantageuses, que de la recherche des moyens de franchir ces difficultés ? Ne démontrent-elles pas également que l'on doit toujours faire des expériences ayant pour but de découvrir si les matières paraissant à première vue d'une valeur très-médiocre ne sont pas dans le cas, en les rendant l'objet de soins spéciaux, de devenir des sources de profits?

S'ils se portaient à ces recherches, les cultivateurs reconnaîtraient bientôt que leur industrie n'est pas moins fertile en découvertes avantageuses que l'industrie commerciale, et qu'ils comprennent mal leurs intérêts en se persuadant que le concours de leurs bras, dans l'exécution de leurs travaux et dans la conduite de leur administration, leur est plus utile que celui de leur jugement.

Je suis loin de contester, cependant, qu'ils agissent sagement en présidant et en coopérant à l'exécution des ordres qu'ils donnent journellement. Seulement, je désirerais les voir méditer ces ordres plus mûrement, et les voir accorder plus de temps aux pensées spéculatives que leur profession est si propre à leur inspirer.

Comme l'activité physique qu'ils déploient ne leur laisse pas le loisir de combiner leurs opérations, d'en prévoir les conséquences, de saisir au passage les circonstances favorables à l'exécution d'un travail important, ni de prévenir les inconvénients et accidents que détermine l'oubli en temps opportun de certaines mesures, ils perdent de vue, en payant autant de leurs personnes, une maxime très-recommandable , laquelle s'exprime ainsi : *Une besogne bien ordonnée est à moitié faite.*

Ils devraient donc, à mon sens, afin de retirer des diverses branches de leur profession si complexe, et afin de se mettre en position de rendre les spéculations auxquelles elles se prêtent, beaucoup plus lucratives que par le passé, contracter l'habitude de réfléchir sur les divers ordres qu'ils donnent chaque jour à leurs auxiliaires ; j'ajouterai qu'ils devraient, en outre, contracter celle d'arrêter, dans les nombreux loisirs dont ils jouissent en hiver , le plan de la campagne devant s'ouvrir au printemps.

Ce plan, qui serait une espèce d'avant-projet des opérations culturales qu'ils se proposeraient de suivre, simplifierait beaucoup les rouages de leur administration, attendu qu'ils n'auraient plus, au moment de l'exécution de ces opérations, qu'à les subordonner aux circonstances de la saison où cette exécution est devenue nécessaire.

Puis ce plan les amènerait forcément à contracter ces autres habitudes, non moins utiles que les précédentes : celles de leur apprendre à préjuger très-vite les résultats à attendre des combinaisons différentes que la température et les incidents suscités par d'autres causes les obligeront de substituer à celles arrêtées en premier lieu ; puis celles de leur apprendre à se trouver toujours en situation de modifier sans inconvénient leurs premiers projets, de manière à profiter des avantages que pourront leur offrir certaines spéculations avantageuses qu'il ne leur était pas possible de prévoir.

Quand bien même ils ne retireraient de l'établissement

de ce programme de culture d'autres services que celui
de les obliger à se livrer aux préoccupations intéressantes dont je viens de parler, ce service serait déjà
très-important, car il aurait pour eux des conséquences
incalculables au point de vue des progrès qu'il les mettrait à même désormais de réaliser, en donnant à leur
jugement des occasions fréquentes de s'exercer et de
se perfectionner.

Il en serait de leur jugement, de cette puissance direc-
trice, comme de celle du pilote éclairant par la pratique
ses connaissances nautiques ; elle leur ferait éviter
les écueils et rechercher les courants se portant vers le
port, c'est-à-dire vers les succès et la sécurité.

Je ferai observer, cependant, qu'il est indispensable
avant de se livrer aux combinaisons que comporte un
plan d'opérations culturales, de se rendre un compte
exact des résultats donnés l'année précédente, c'est-à-
dire de faire un inventaire chaque année, suivant les
règles en usage chez les commerçants.

Cet inventaire me paraît indispensable par la raison
qu'il en ressort, quand on le consulte avant d'arrêter un
plan de spéculations nouvelles, des nseignements très-
précieux. Ainsi, il fait connaître la majeure partie des
causes auxquelles sont dus les succès et les insuccès
de celles qui furent faites, et il laisse entrevoir les
moyens à l'aide desquels on peut prévenir le retour
des opérations dommageables.

Un inventaire est, en un mot, un guide, un conseiller
qu'on interroge toujours, car on est certain d'en retirer
des renseignements nets et précis, car les chiffres qui
y figurent à chaque page sont des arguments irrécusables témoignant en faveur de l'excellence de certaines
mesures employées jusques-là, ou ils prouvent d'une
manière mathématique que l'on a tort de persévérer
dans certaines habitudes et de ne pas mettre une corré-

lation étroite entre les avances accordées au sol et les exigences dont on le rend l'objet.

En même temps qu'ils occuperaient les loisirs dont ils disposent pendant les longues soirées régnant en novembre, décembre, janvier et février, à faire ces travaux de cabinet, les cultivateurs en gros devraient tenter tous les moyens qui leur sembleraient de nature à décider leurs domestiques à utiliser également ces soirées d'une manière aussi profitable pour eux mêmes que pour leurs maitres , en criblant les grains accumulés dans les greniers. en leur faisant concasser les déchets de ces grains et des tourteaux et enfin en leur faisant diviser avec le hache-paille et le coupe-racines des fourrages et des légumes.

Si l'exécution de ces divers travaux avait lieu pendant les quatre heures dont ils disposent le soir dans les quatre mois précédant le printemps, la besogne du jour serait singulièrement allégée, et ces occupations mettraient les cultivateurs à l'abri des graves inconvénients résultant des allées et venues des domestiques en dehors de la ferme pendant le cours des veillées.

Comme je soupçonne qu'on fera valoir, pour me démontrer l'impossibilité de les amener à ces fins, cette objection : que leur esprit d'insubordination ne permet pas de compter sur une pareille condescendance de leur part et qu'ils ont témoigné dans tous les temps la plus grande aversiou pour les travaux ressortant de leurs attributions ordinaires, il me paraît utile de faire connaitre à l'aide de quels moyens persuasifs on pourrait les déterminer à utiliser leurs soirées.

Ces moyens seraient de tirer parti de leurs aspirations actuelles, lesquelles sont de gagner le plus d'argent possible ; ce serait, dès-lors, de leur offrir, par exemple, un nombre quelconque de centimes par chaque hectolitre de blé criblé, de légumes et de pailles hachées, etc.

Cette offre déciderait assurément les plus intéressés, parmi les domestiques composant le personnel des fermes, à exploiter la nouvelle source de profits qui leur serait ainsi ouverte ; puis, leur exemple finirait par entraîner les autres, car leur respect pour les vieilles traditions, une espèce de respect humain les retient seuls dans le cercle des travaux qu'ils ont l'habitude de faire ordinairement. Ce respect serait évidemment méconnu par eux aussitôt qu'ils auraient été mis à même de reconnaître les avantages que ces gages supplémentaires sont de nature à leur procurer, et qu'ils auraient remarqué que ces avantages sont de les dispenser de toucher à leurs gages principaux et d'aller en dépenser une partie, soit au cabaret, soit dans les veillées qu'ils fréquentent afin de calmer les ennuis éprouvés pendant les soirées si longues de l'hiver.

Je ne vois pas pourquoi ces domestiques resteraient plus insensibles à ces appâts que les tâcherons employés par les industriels. Ceux-ci n'obtiennent pas plus de concessions de leur part en fait d'exécution de travail supplémentaire que les cultivateurs. Elles n'ont lieu qu'en raison des moyens déterminants auxquels ils ont recours, moyens consistant, comme je viens de l'expliquer, à les payer en dehors des usages reconnus, suivant la somme des travaux qu'ils exécutent.

Maintenant que j'ai terminé la revue des travaux aratoires les plus essentiels à accomplir pendant les différents mois de l'année agricole, j'éprouve le besoin de faire connaître aux agriculteurs ayant pris la peine de prêter quelqu'attention aux explications dans lesquelles je suis entré pour leur faire remarquer l'importance de ces travaux, le but que je me suis proposé, en entreprenant, malgré mon insuffisance comme rédacteur, une étude aussi longue que celle que je viens de terminer.

J'ai voulu, en leur exposant les procédés en usage chez eux ou ceux que je leur recommandais au sujet des travaux qui me parurent les plus intéressants, les amener, à l'aide des inductions qu'ils m'ont suggérées, à raisonner de plus en plus leurs opérations aratoires quelles qu'elles soient, c'est-à-dire à faire désormais de la culture spéculative.

Or, j'ai prouvé que le moyen de donner à leur pensée une direction aussi rationnelle, comme de les mettre sur la voie des succès résultant de la mise en pratique des connaissances acquises, c'était de saisir toutes les occasions qui me furent offertes, chaque mois, de les inviter à expérimenter plutôt que de critiquer les procédés différents de ceux employés dans leurs localités.

Les expériences, en tant, qu'elles ne dépassent pas certaines limites et qu'elles sont inspirées par le désir d'obtenir la confirmation d'une théorie par les faits qu'elle annonce, sont seules propres à rendre l'agriculteur de plus en plus habile. Et, d'ailleurs, une vieille maxime, transmise d'âge en âge par les praticiens, ne dit-elle pas : qu'en culture il n'y a rien d'absolu et qu'il est sage de s'éclairer sans cesse? Le sens qu'elle renferme peut-il être autre que celui-ci : Lorsqu'on raisonne, avant de les exécuter, les travaux ayant pour conséquences ultérieures de causer de grands dommages ou de faire réaliser de gros bénéfices, comme on prend le soin de se préoccuper des circonstances au milieu desquelles on opère et des éventualités que l'on redoute, on se ménage, en tenant compte des observations de chacun à leur sujet, des chances de les voir fructifier.

Mais ce qui a dû surtout convaincre mes lecteurs que je n'ai pas eu la sotte prétention de leur faire admettre, sans examen, toutes les doctrines professées par moi à l'égard des travaux dont je les ai entretenus, c'est que je les ai toujours engagés à expérimenter mes enseignements concurremment avec ceux retirés de leur pratique.

Ne leur ai-je pas, d'ailleurs, répété à satiété, au risque de les fatiguer par mes redites , que s'ils voulaient sérieusement progresser dans une industrie aussi difficile que l'industrie agricole , ils ne pouvaient y parvenir qu'en s'entourant d'abord des lumières des autres indépendamment des leurs, en faisant appel à leur jugement, en suivant le plus fidèlement possible les procédés en usage chez les agriculteurs devenus, à l'aide de l'application incessante de leur intelligence à discerner les meilleures méthodes culturales, les artisans de la grande aisance qu'ils ont obtenue.

Amiens, imp, de E. Yvert.

CONGRÈS SCIENTIFIQUE DE FRANCE.

TRENTE-QUATRIÈME SESSION
TENUE A AMIENS LE 3 JUIN 1867.

QUESTIONS AGRICOLES
Par M. ROUSSEL.

Quels sont les meilleurs engrais à employer dans le département de la Somme, en tenant compte : 1° de la nature du sol ; 2° des plantes cultivées ; 3° du prix de revient ?

La réponse à faire à une question aussi complexe me paraît sinon insoluble, du moins très-difficile, car il serait nécessaire, pour la résoudre complètement, d'entrer dans une infinité de détails très-circonstanciés et dans l'analyse des diverses variétés de sols qui existent dans le département. Cet examen nous entraînerait trop loin et finirait assurément par fatiguer l'attention. Je crois qu'il suffit de généraliser cette question et de la circonscrire aux natures de terre différentes qui prédominent dans la Somme, les terrains argileux et les terrains calcaires. Quant aux terres qui s'écartent ou se rapprochent plus ou moins de ces deux types, nous laisserons aux cultivateurs le soin de leur appliquer, suivant les défauts particuliers qui les distinguent, et suivant des proportions en rapport avec ces défauts, les moyens curatifs que je vais essayer de développer à l'égard des argiles et des sols crayeux.

A la vérité, quoi de plus propre à intéresser les cultivateurs que de soumettre à leur appréciation, à leur expérience, les moyens 1° de satisfaire, plus économiquement que par le passé, les exigences du sol et des plantes ; 2° de réduire les frais de culture à leur plus simple expression, avantage très-recommandable aujourd'hui que les bras manquent ; 3° de transformer la nature d'un sol quelconque, en lui donnant plus de liaison et de consistance, et par cela même moins de disposition à laisser évaporer l'eau qu'il contient, ou en entravant ses tendances à se durcir et à opposer des obstacles au prolongement des racines ?

Comme il est facile de proportionner la dose des éléments divers réclamés par le sol et les plantes, je laisse de côté ces détails secondaires, et je vais me renfermer exclusivement dans l'exposé des procédés à mettre en œuvre pour préparer et seconder la végétation dans les deux classes de terre de nature si différente dont j'ai parlé.

En effet, s'agit-il de rendre perméable et longtemps meuble, un sol trop compacte, trop enclin à se durcir et à rompre les racines en se crévassant, peut-on révoquer en doute les modifications favorables qu'y causeront, d'une part, les labours et les hersages profonds par temps sec, le mélange dans la couche arable d'une dose de marne en rapport avec sa tenacité et son dénouement en principes calcaires, de l'autre, la nécessité absolue de les féconder avec des fumiers frais, afin que les pailles qu'ils renferment se décomposent lentement et y entretiennent une chaleur, une perméabilité et une fermentation utiles ? Peut-on contester que dans un terrain argileux et bieffeux, si difficile à ameublir, les labours, la marne, les cendres et les fumiers combattront victorieusement les dispositions naturelles de leurs molécules à se relier ensemble, et y constitueront avec le temps, grâce aux éléments nutritifs que les amendements et les engrais de ferme y déposeront constamment, pour peu que ces procédés rationnels y seront invariablement poursuivis, un fonds de richesse de plus en plus puissant et de facultés physiques tout autres qu'avant cette intervention ? Ces moyens artificiels ne sont-ils pas jugés, d'après les analyses chimiques et l'expérience, les moyens les plus efficaces, les plus propres à faire croître et multiplier en abondance les produits les plus variés dans ce premier type de terre végétale, considéré comme le plus favorable aux plantes, parce que l'eau s'y conserve mieux que dans la craie ?

Le drainage est un utile auxiliaire dans les terrains humides à l'excès; mais, quand le sous-sol est suffisamment perméable aux eaux, il vaut infiniment mieux dépenser le capital qu'il coûte à défoncer le sous-sol avec un instrument spécial, tel que la fouilleuse, et à gratifier la couche arable ainsi accrue des éléments qui y manquent la plupart du temps, de ceux que renferment les cendres et la marne. Les pailles et les fourrages provenant de ces terres en contiennent si peu, qu'il devient à propos de remédier à cet inconvénient en faisant des compots avec de la chaux vive, en saupoudrant la fosse au fumier de plâtre, en mettant de la cendre sous les litières afin d'absorber les urines des bestiaux, et en associant aux fourrages dont on nourrit en hiver les animaux domestiques, du sel et des tourteaux. L'art servira de la sorte à corriger sur tous les points les défauts reprochables aux engrais comme à la nourriture produits par les argiles.

Quand on se trouve en présence d'un sol péchant par l'excés contraire, par une perméabilité trop grande due à la prédominance du sable ou de la craie dans la couche arable, les instruments aratoires jouent encore, comme dans le cas précédent, un rôle non moins efficace. Le rouleau et l'extirpateur sont deux auxiliaires utiles, l'un pour diviser et faire disparaître les vides que les mottes multiplient dans le sol ameubli et l'autre pour comprimer ce sol et lui donner de la consistance. Le rouleau Croskil est le meilleur instrument que je connaisse pour les terrains de cette nature, de même le semoir pour enfouir les semences et prévenir le déchaussement auquel elles sont si souvent exposées à l'issue des gelées.

L'ameublissement de la surface d'un champ ensemencé et la division des sillons que la charrue a creusés, sont indispensables, car ils ont pour objet dans les deux cas de mélanger convenablement les engrais et de bien les répartir partout, en outre de faciliter l'absorption des rosées par les molécules très-déliées du sol et par l'humus disséminé dans ce sol. Dans les argiles, on laisse à dessein, en s'abstenant de l'emploi du rouleau, beaucoup de petites mottes de terre durcies par le soleil. Dans les terrains friables, on fait en sorte, au contraire, à l'aide de cet instrument, de réduire le sol en poussière, afin que cette poussière absorbe, à l'instar d'une éponge, l'humidité causée par les rosées.

Comme les éléments inorganiques prédominent dans les terrains calcaires, il importe de ne les fertiliser qu'avec des débris organiques; de suivre une culture toute différente de celle suivie dans les bons sols ; d'entretenir dans les étables le plus grand nombre de bestiaux possible avec les fourrages de la ferme et d'autres nourritures tirées du commerce, telles que des pulpes, des drèches, des tourteanx et des moutures. Puisqu'ils n'exigent ni marnage, ni façons aratoires multipliées à l'infini, l'économie résultant de la dispense de ces soins doit servir à acheter de quoi augmenter et enrichir les fumiers. Leur excessive activité, leur disposition à laisser échapper l'eau nécessaire à la dilution de la sève, font un devoir de les assujettir à un assolement dans lequel les prairies artificielles et les légumes entrent pour un tiers et mieux encore pour moitié relativement à l'étendue de l'exploitation.

On conçoit toute la portée de cette recommandation. N'est-il pas rationel de ménager toutes les faibles facultés d'un sol impressionnable aux vicissitudes de la température, dévorant l'humus trop vite, toujours privé d'une humidité suffisante, en ne lui donnant à produire que des récoltes qui s'alimentent plus dans l'atmosphère que dans son sein, qui l'abritent des rayons solaires et retournent complètement dans le milieu d'où elles sortent, sous forme d'engrais, mais d'engrais accrus de ceux qui seront puisés au dehors ?

Je crois utile d'expliquer les motifs qui m'engagent à faire prévaloir ce système plutôt que tout autre. Si l'on prend la sage précaution d'ensemencer en prairies artificielles permanentes, telles que luzerne et sainfoin, les terres les plus propres, les mieux défoncées, fumées et nettoyées d'herbes parasites, ces prairies dureront plus longtemps et donneront une quantité plus considérable de fourrages, sans les altérer néanmoins; elles y créeront au contraire un fonds d'humus, lequel fera obtenir, après leur défrichement, trois belles récoltes successsives sans engrais. D'un autre côté ces mêmes fourrages, lorsqu'ils auront été consommés par les bestiaux avec les pailles tirées du reste de l'exploitation conservé en culture et avec les nourritures supplémentaires que j'ai mentionnées plus haut, ne vont-ils pas procurer une masse énorme de fumiers ? N'offriront-ils pas en outre ces autres avantages, celui de supprimer graduellement les frais de culture ; celui de doubler les produits et la valeur des animaux domestiques ; de faire affluer de toutes parts des bénéfices ; de simplifier les rouages de l'administration rurale ; enfin d'exonérer de plus en plus, dans l'avenir, l'exploitation entière des influences funestes que la température tient continuellement suspendues sur les terrains médiocres ?

Les cultivateurs de l'arrondissement d'Amiens, faisant valoir des terres plus ou moins calcaires, feraient bien d'essayer les principes que j'expose, et d'utiliser à leur profit soit les substances alimentaires, soit les matières fertilisantes que l'on rencontre dans le chef-lieu. Ils devraient d'autant mieux fixer leur attention sur ces ressources auxiliaires, et sur les considérations que j'ai émises, que le voisinage d'une grande ville, populeuse et commerçante, leur fournit l'occasion d'exploiter cette situation autant dans leur propre intérêt que dans celui du consommateur. Les spéculations diverses auxquelles ces convenances réciproques donnent lieu les engagent à consulter leurs aptitudes et les circonstances locales au milieu desquelles ils sont placés. Plus tard la pratique des spéculations dont ils auront fait choix, étendra leurs connaissances spéciales, et tout naturellement, en conséquence de cette expérience, la somme des bénéfices.

Il me reste à parler du prix de revient des engrais résultant de ce système de culture.

Il me paraît aussi difficile que téméraire de lui donner une évaluation, car le prix de revient est subordonné à une infinité de circonstances si diverses, quoiqu'émanant de la même origine, qu'il est impossible de préjuger les résultats définitifs. Je vais citer deux exemples tirés d'une culture s'appuyant sur les fourrages ; ils serviront à faire ressortir la justesse de mon assertion. Supposons deux exploitations égales en étendue et en qualité : celui qui fait valoir l'une, élève des bestiaux, il suit exclusivement ce principe, de toujours vendre et de ne jamais acheter, de tirer des bénéfices par les élèves et autres produits de ses animaux, d'engraisser ceux qui consommeraient leur nourriture sans aucun profit pour lui. Ce cultivateur récolte, je suppose, absolument la même quantité de fourrages que son voisin, mais ce voisin met en chair et dispose pour la vente des bestiaux de toute espèce, il en engraisse un certain nombre ; il achète sans cesse, car il ne tient pas à reproduire, il est en un mot marchand et il pare sa marchandise. Comme la graisse ne s'obtient qu'avec des pulpes, du tourteau et des moutures, son genre de spéculation l'oblige à se procurer au dehors ces substances alimentaires et à faire beaucoup de déboursés avant de réaliser des bénéfices.

Est-il possible de décider de quel côté l'engrais reviendra à meilleur compte, puisque le prix de revient est subordonné à l'habileté, à la chance, à une foule de circonstances qu'il n'est pas permis de prévoir? On ne peut donc se borner qu'à des conjectures et à des réflexions. Du côté où l'administration est plus simple, l'intelligence moins nécessaire et les déboursés moindres, il y a lieu d'attendre plus de bénéfices que du côté où l'on court des risques sans nombre et où l'on expose autant d'avances. Cependant ne pourrait-on pas objecter avec raison que les bénéfices du premier ne sont que provisoires, resteront stationnaires, ainsi que la production de ses terres en culture, s'il est capable en outre ; tandis que ceux du second augmenteront de plus en plus, attendu que son exploitation progressera chaque jour en fertilité et accroîtra, sans ajouter à ses frais ordinaires, ses récoltes, la quantité des hectolitres et les profits réalisés sur les bestiaux. D'un côté on joue un petit jeu serré, de l'autre, un jeu large ; l'un spécule sur la simplicité et l'économie de sa méthode ; l'autre sur la fertilisation assurée inévitablement, à un moment donné, à son exploitation entière, sur la période des gros revenus que cette fertilité, accumulée de longue-main, est dans le cas de lui donner par les engrais tirés de chez lui et par ceux plus riches en azote tirés du dehors.

Il n'appartient qu'au cultivateur convaincu de l'excellence d'un pareil système de culture, de décider l'emploi qu'il fera des nourritures abondantes qu'il récoltera, et son expérience seule peut lui apprendre la manière de se faire payer ces nourritures par des animaux domestiques à des conditions de plus en plus avantageuses. Plus vite il atteindra ce résultat, moins ses engrais lui coûteront. Quand bien même les engrais reviendraient à un prix très-élevé pendant les premières années, parce que l'on obtiendrait sur les bestiaux que de médiocres bénéfices, je n'hésite pas à avancer que l'on doit persévérer néanmoins dans les prescriptions que je recommande à l'égard des petites terres. La suppression presque entière des frais sur la moitié du faire-valoir et le concours de cette moitié à fertiliser l'autre, constituent en réalité deux bénéfices, celui de sauvegarder l'économie de frais réalisés, et celui de multiplier les récoltes sans préjudicier le moins du monde à aucune partie de l'exploitation entière.

Au surplus, j'invoquerai en terminant, à l'appui des opinions que j'ai exprimées, pendant le cours de cette réponse, à une question dont l'importance justifie la longueur, ce principe absolu, reconnu par tous les agriculteurs comme impérieusement obligatoire à observer, celui de mesurer la réparation du sol à sa faiblesse et les exigences qu'on lui adresse aux ressources dont on dispose pour lui en restituer l'équivalent. On a dit dans tous les temps que la nature était une bonne mère, prodiguant ses largesses à ceux qui la rendaient l'objet de leurs soins attentifs; dès-lors, plus elle est pauvre, plus il est de notre devoir de mettre en œuvre les moyens de provoquer ses dons en lui avançant avec libéralité les amendements. les engrais et les façons aratoires qu'elle réclame.

Quels sont les meilleurs moyens pratiques à employer pour utiliser et faire rechercher par les cultivateurs les matières
fertilisantes répandues dans les grands centres de population,
et surtout celles qui restent complètement perdues ?

Indiquer les moyens les plus économiques d'utiliser les eaux de
lavage des laines, ainsi que les sels de potasse et de soude
qu'elles renferment.

Quels seraient, dans le département de la Somme, les avantages
de la culture du tabac ? Indiquer les localités qui seraient
propres à sa culture.

J'ai jugé utile de réunir ensemble ces trois questions,
attendu qu'en les traitant isolément, elles m'auraient fait
tomber dans des redites fastidieuses ; que les engrais dont
il s'agit conviennent spécialement au tabac ; enfin que la
culture de cette plante, qui s'accommode parfaitement des
terrains calcaires, est plus propre à mon sens que toute
autre à rembourser largement les avances et les transports onéreux qu'exigent les engrais tirés du commerce
et surtout ceux dont je vais m'occuper dans cet article.

Les moyens pratiques de tirer un excellent parti pour
l'agriculture des matières fertilisantes répandues dans un
grand centre de population tel qu'Amiens, environné de
toute part de terres très-médiocres pour la plupart, consistent à faire servir ces matières au genre de culture que
je signale d'abord, vu leur richesse en potasse, en soude
et en sulfate d'ammoniaque. Mais il serait nécessaire avant
tout que les petits cultivateurs disposés à cultiver du tabac
ou à suivre une culture intensive malgré la médiocrité de
leurs terres, une culture même industrielle, formassent
entr'eux une société d'actionnaires dont l'objet serait de
créér un vaste établissement, à proximité d'Amiens, dans
lequel on accumulerait les engrais de toute nature recueillis partout. Arrivées à la fabrique, les matières visqueuses
et liquides seraient absorbées ou par de la tourbe de première qualité très-sèche, ou par de la chaux et du plâtre ;

elles y recevraient, en un mot, toutes les préparations nécessaires.

L'excipient le plus convenable pour absorber les liquides,
me paraît être le terreau et, à son défaut, la tourbe de première qualité réduite à l'état de poussière, car l'un et l'autre renferment déjà de 2 à 4 0/0 d'azote et de substances
organiques. La chaux vive, les cendres blanches et les
noires, les phosphates et les sulfates de chaux sont également des absorbants de premier ordre. La chaux cependant
détruit, par l'excessive chaleur qu'elle développe en fusant,
certains gaz et principes solubles utiles aux plantes. Je motive ma préférence pour la tourbe et le terreau d'après ces
considérations : qu'ils sont l'un et l'autre des résidus de
végétaux, des engrais organiques ; que ces réduits constituent l'humus si favorable à la croissance des plantes,
quand les éléments qui les composent sont mis en rapport
avec les sels contenus par les engrais inorganiques. Conséquemment, si l'on dessèche, avec de la tourbe ou
du terreau, les matières fécales, les urines et les eaux
de savon servant à laver les toisons, on retrouve en
totalité les éléments que ces liqueurs contiennent, à l'exception de l'eau qui les rend difficiles à transporter au
loin et ajoute à leur poids.

On comprend qu'en suivant ce procédé, en écartant le
plus possible l'intervention de la chaux dans le dessèche-
ment de toutes ces matières renfermant déjà en plus ou
moins grande quantité de la potasse, de la soude et des
sels à base calcaire, les engrais ainsi préparés conviennent
aux terrains prédominant autour d'Amiens et dans lesquels
l'humus fait continuellement défaut.

Lorsqu'il s'agit de les appliquer aux argiles, aux terres
compactes, il vaut mieux dans ce cas donner la préférence
à des absorbants tels que la cendre noire, les sulfates et les
phosphates de chaux, les résidus de gaz et même la chaux
vive, attendu que ces minéraux apporteront dans les sols
tenaces, outre leurs principes fertilisants, plus de perméabilité et d'activité et des éléments qui leur manquent.

Il résulte de ces explications qu'il est facile de composer,
avec toutes les matières recueillies dans un grand centre
de population, deux espèces d'engrais complets, faciles à

transporter au loin et à épandre sur la terre ; mais pour que leur prix de revient ne sorte pas des limites raisonnables, pour qu'il puisse, avec le temps, diminuer au lieu d'augmenter, il me paraît indispensable que la fondation d'une fabrique d'engrais ait lieu par l'argent et les soins des cultivateurs, puisque leur état leur fait un devoir d'en utiliser les produits dans leur culture et que leurs observations journalières les mettent à même de déterminer exactement, en les rendant l'objet d'expériences, quels sont les moyens les plus économiques et les meilleurs pour les obtenir, tout en leur conservant sous le moindre volume des qualités fertilisantes en harmonie avec la nature du sol auquel ils les destinent.

N'y a-t-il pas lieu de préjuger qu'un établissement fondé sur de pareilles bases, sur une solidarité d'intérêts entre la production et la consommation, donnerait un jour des résultats féconds à plus d'un titre.

Cette association devrait, à l'instar des sociétés exploitant une industrie quelconque, être administrée par une commission, dont un directeur et un gérant. Le contrôle sur les actes de ces deux agents les seuls rétribués, serait exercé autant que possible par des actionnaires-agriculteurs. La nature de leur profession les rendrait très-aptes à apporter, lors des assemblées générales, des observations et des conseils utiles, soit afin de perfectionner les produits, soit afin d'étendre la vente et de simplifier les frais de préparation.

Ce qui démontre encore toute l'opportunité d'une création semblable à Amiens, ce sont les exemples que nous trouvons en Flandre et en Belgique. N'avons-nous pas entendu fréquemment répéter par les cultivateurs du Nord que la fertilité de leurs terres, laquelle nous paraît si étonnante, lorsqu'on la compare à celle des nôtres, était due à leur empressement à utiliser tout ce qui leur paraissait propre à féconder le sol ? Non contents d'employer ce qui est à leur portée, ils nous enlèvent presque tous les tourteaux fabriqués dans la Somme ; ils font venir de très-loin de la cendre et du plâtre, de la poudrette et du guano ; la préoccupation constante qui les domine, est celle de se procurer des engrais. Nous remarquons de leur part des habitudes que nous ne partageons guère ; ainsi quels soins ne mettent-ils pas dans la préparation de leurs terres, dans la destruction des herbes parasites, dans l'assainissement du sol ? Quand ils recherchent une ferme, ils ne la prennent qu'autant qu'ils possèdent un capital en espèces double de celui qui est nécessaire au matériel d'exploitation. Si ce matériel comporte une somme de 20,000 fr., par exemple, ils en conservent en réserve une autre égale qu'ils répartissent de la sorte : 10,000 fr. en avances de frais pour accroître la production, et 10,000 fr. comme fonds de roulement. Le contraire n'a-t-il pas lieu dans notre département, et ne voyons nous pas sans cesse des fermiers entreprendre avec 15,000 fr. ce qui en exige 30,000 au moins ? Constatons-nous souvent un capital quelconque réparti chez nous suivant ces principes rationels ?

Cette digression ne s'écarte pas sensiblement de mon sujet, car il en ressort cet enseignement : que nous avons mille fois tort de laisser perdre tant de matières fertilisantes dans les villes.

Je disais plus haut, en parlant de ces matières, qu'elles convenaient particulièrement au tabac, parce que le tabac, qui consomme beaucoup de potasse, de soude, d'azote, paraît assez bien se complaire dans les sols de médiocre qualité. Puisqu'il est prouvé que les produits qu'il donne ordinairement assurent des bénéfices importants au cultivateur qui en soigne la culture (elle est complètement du ressort de la moyenne culture, des familles libres d'y occuper leurs bras), elle donnerait aux petits fermiers de l'arrondissement d'Amiens le moyen de tirer un meilleur parti de leurs terres et de les fertiliser d'une manière plus profitable qu'en y semant tous les trois ans du blé, des orges et des avoines. Je ferai observer en outre, pour compléter cette assertion, que la propriété étant divisée à l'infini autour d'Amiens, comme le tabac rentre beaucoup dans la culture de l'hortillonnage, il me semble que l'autorisation d'en planter dans l'arrondissement serait de nature à améliorer étonnamment le sort des cultivateurs hésitant à acheter des engrais dans la crainte de ne pas retirer leurs déboursés de leurs terrains calcaires.

Le tabac peut rapporter brut dans ces terres de 800 à

1000 fr. de l'hectare dès les trois premières années, suivant
que l'état de fertilité et de profondeur de leur couche arable est plus ou moins avancé. Les frais de façon, de fumure
et autres peuvent être évalués à la moitié de ce chiffre.
Ces évaluations m'ont été données par un de mes fermiers des environs de St.-Pol qui plante chaque année
de 1 à 2 hectares de tabac dans des terres calcaires
situées sur les côteaux au bas desquels coule la Ternoise.
Ce fermier me disait : si je n'éprouvais autant de tracas-
series de la part de la régie et si j'avais surtout près de
moi les ressources que l'on rencontre dans une ville comme celle que vous habitez, je planterais le plus que je
pourrais de tabac, car sa culture est plus avantageuse que
tout autre, et chez moi je ne peux compter que sur mon
fumier seulement. Le tabac est très-exigeant; en le fumant en raison de ses besoins, en le mettant après des
labours profonds exécutés avant l'hiver ; en entretenant
pendant sa croissance la terre sur laquelle il végète nette
d'herbes et humide au moyen de binages fréquents et d'engrais hygrométriques, on obtient, sans frais beaucoup plus
considérables, un produit magnifique. Cette plante couvre
en quelques jours complètement le sol et lui conserve, en
l'abritant des rayons solaires, l'humidité si utile à son
développement. Les terrains calcaires, ajoutait-il, donnent
un tabac de plus belle qualité, plus pesant, plus aroma-
tique que dans les terres franches. Les sarclages nombreux, les défoncements et l'abondante fumure que l'on
prodigue, parce que l'on est bien payé, à un sol même très-
médiocre, ne tardent pas à transformer sa nature et à le
rendre après quelques années très-fertile. Il m'est arrivé
d'obtenir de 14 à 18 hectolitres de blé, 10 à 12 hectolitres
d'œillettes ou de colza par 42 ares dans un terrain qui ne
me rapportait autrefois qu'un cent d'avoine de 30 centimètres de hauteur.

Nous voyons donc, en envisageant de près toutes les
explications que j'ai données à l'égard des divers sujets
confondus dans ce même article, que les moyens pratiques
d'utiliser les matières fertilisantes sont de les faire recueillir et élaborer dans une fabrique montée par des cultiva-
teurs-actionnaires, par des cultivateurs animés sérieuse-

ment du désir de retrouver à la suite de cultures spéciales,
dans des sols médiocres, une rémunération généreuse des
avances, des risques et des façons qu'entraîne, plus que
d'autres meilleures, leur exploitation. Or quoi de plus
propre à élargir le cercle si étroit de la production, dans
de semblables conditions, que la culture intensive, la culture industrielle, que celle du tabac, quand l'une ou l'autre est à son tour largement pourvue des éléments qui en
constituent la fertilité !

Un jour viendra, il faut l'espérer, où l'on reconnaîtra
enfin le tort qu'on a eu de laisser perdre une quantité aussi
considérable de matières fertilisantes ; que la plantation
du tabac, la nature même des terrains calcaires environnant de toute part Amiens, se seraient parfaitement
trouvés de ces engrais et auraient pu, depuis longtemps,
doubler la valeur productive de la propriété dans l'arrondissement.

**Quelle serait l'influence de la culture sarclée sur la production
et le prix des céréales ?**

Le raisonnement fait comprendre bien vite que le
moyen d'accroître la production des céréales et de toutes
les plantes en général, c'est de les débarrasser des herbes
parasites qui vivent à leurs dépens. Puisque l'on sait par
expérience que ces plantes croissent spontanément dans
les sols qui leur conviennent, y réussissent même mieux
que les plantes cultivées, et en retirent plus d'éléments
nutritifs, parce qu'elles sont mieux pourvues de racines
vigoureuses et qu'elles y répandent, en raison de leur pré-
cocité plus grande que celle des céréales, presque toute
leur graine ; on doit par cela même comprendre combien

il est nécessaire de faire cesser la gravité du préjudice qu'elles causent par des binages et des sarclages.

Les cultivateurs, en petit nombre, qui se sont rendus compte du prix de revient des sarclages et des binages, évaluent ces frais de 2 à 7 fr. par 42 ares, suivant qu'ils sont pratiqués à la houe à cheval ou avec la binette pour une seule fois seulement, et ils évaluent le rendement des récoltes en paille et grain du tiers à la moitié en sus.

L'utilité des binages et leur influence sur le rendement sont recommandables à ces divers titres : 1° Le binage bien exécuté à la main espace les tiges, conserve à leurs racines toute la sève, il aère le sol et permet aux agents atmosphériques d'y exercer l'action qui les distingue ; 2° Tout en respectant les endroits dégarnis et éclaircissant ceux où la plante est en surabondance, on détruit avec la houe les germes des parasites au fur et à mesure qu'ils sortent de terre. Plusieurs façons du même genre, opérées successivement avec soin, dans la même récolte, lui apportent chaque fois une assistance bienfaisante, tandis qu'un seul sarclage avec la houe à cheval ne remédie que médiocrement aux dommages que l'on a en vue de limiter. L'efficacité des binages et l'abondance d'une récolte sont donc en raison de la multiplicité des façons d'entretien, de leur bonne exécution, de la facilité de les pratiquer, de l'habileté et du prix des ouvriers chargés de les faire.

Quoique tous les cultivateurs partagent cette manière de voir, elle reste souvent de leur part à l'état de théorie. Pour légitimer l'espèce d'indifférence qu'ils paraissent témoigner envers les binages, en ne les appliquant qu'à quelques produits industriels, ils prétextent que les ouvriers sont rares et que leurs exigences sont trop élevées. J'admets ces excuses ; cependant ne pourrait-on pas leur reprocher qu'ils ne déploient pas suffisamment d'activité et de persévérance dans la recherche des moyens de simplifier leur besogne et de se prémunir à l'avance des auxiliaires nécessaires à son exécution.

Un des moyens serait de circonscrire l'étendue des terres cultivées dans les limites les plus étroites possibles et de semer toutes les récoltes en lignes. En rétrécissant les cultures à l'aide des prairies artificielles ou des herbages, on diminuerait d'autant les frais plus ou moins considérables qu'exige toute terre labourée et ensemencée chaque année ; on réaliserait de la sorte des économies de main-d'œuvre, on se mettrait en position de la répartir ailleurs et d'y augmenter les produits.

En supprimant à l'aide des prairies le quart, le tiers ou la moitié de l'étendue des terres labourables, la semaille en lignes procurerait ces avantages : 1° L'espacement des récoltes abrège le binage et réduit au moins de moitié les frais qu'il nécessite ; 2° Il facilite l'emploi des femmes et des enfants et, pour certains sarclages, celui de la houe à cheval ; 3° Il permet la destruction complète, dans les lignes mêmes, mais à la main, des sanves, des bleuets, des chardons, de la nielle, du lizeron, des coquelicots, de la brunette, du pas d'âne, du pissenlit et du chiendent. Toutes ces plantes, ne l'oublions pas, sont difficiles à extirper et sont des parasites excessivement redoutables, ce qui le prouve, c'est que lorsque ces herbes prédominent dans un champ emblavé en céréales, ces céréales s'effilent et s'éclaircissent de plus en plus, alors que leurs racines grêles et fibreuses ont à lutter avec celles si voraces des parasites précités. En détruisant par des binages ces ennemis, on sauvegarde donc du même coup les succès présents et ceux à venir. N'est-il pas infiniment préférable de dépenser 50 fr. de l'hectare afin d'obtenir un produit supérieur de 100 fr. et surtout afin de conserver désormais exclusivement aux plantes utiles, les sucs nutritifs disséminés dans la couche de terre végétale ?

J'ai encore à faire prévaloir l'utilité des binages à un autre point de vue non moins important. La destruction des parasites permet le retour plus fréquent à la même place, des prairies artificielles permanentes. Je fonde cette opinion sur l'épuisement causé au sous-sol toujours si dépourvu d'éléments nutritifs par la plupart des herbes adventices. Ces parasites, pourvus presque tous de racines pivotantes, pénétrent profondément le sous-sol et y étendent, comme dans la couche qui le recouvre, les nombreuses ramifications qui s'échappent de leur pivot. Les céréales ne vont guère puiser de nourriture dans ce sous-sol ; conséquemment, si les parasites le respectaient de même, le peu d'éléments qu'il renferme profiterait en totalité aux luzernes, aux sainfoins et aux grains ronds.

Si l'on recherche d'un autre côté les causes de la lenteur du développement des prairies artificielles pendant les premiers mois de leur végétation, et celles qui motivent leur défrichement prématuré, on remarque encore qu'elles sont dues à l'envahissement du champ par les parasites vivaces. Le tribut onéreux qu'elles retirent du sol et le mal qu'elles produisent sans cesse, fait sentir l'impérieuse nécessité de les détruire, et de moins s'attacher aux difficultés à vaincre pour y parvenir.

Ne pourrait-on pas invoquer encore en faveur de l'utilité des binages circonscrits, dans des limites de plus en plus étroites, au moyen des prairies permanentes, ces autres considérations ? Que la propreté des terres restées en culture d'une part, et la quantité énorme de fourrrages à attendre de l'autre, feront affluer les engrais vers les plantes annuelles utiles ; que la couche de terre végétale gagnera à son tour en puissance productive et en épaisseur en proportion de l'augmentation des fumiers ; que le sous-sol s'améliorera également si on le remue avec la fouilleuse, et si on le ramène plus tard à la surface avec la charrue. On lui enlèvera de la sorte son acidité, en le saturant d'engrais et des gaz de l'atmosphère, puis en continuant après la semaille, sa transformation en terre végétale par les façons d'entretien.

N'importe à quel point de vue on se place, l'utilité des binages ressort de tous côtés d'une manière aussi manifeste que celle de préparer convenablement la terre à ensemencer. On reste convaincu qu'il n'est plus possible désormais, attendu la surélévation du prix des domestiques et des ouvriers de fermes occasionnée par leur rareté ; attendu celle des fermages excitée par les convoitises des ménagers et des petits fermiers, de nepas s'engager enfin résolument dans un système de culture intensive. Ce système ne consiste-t-il pas à amoindrir de plus en plus l'étendue des cultures, afin de mieux les nettoyer ; afin d'y récolter une plus grande quantité de fourrages, en les fertilisant deux ou trois fois plus ; afin d'obtenir, à l'aide de ces soins de tout genre mieux entendus, le maximum du produit.

S'il arrive encore, malgré cette diminution notable apportée dans l'étendue des terres labourables, que le nombre des ouvriers nécessaire ne se rencontre pas dans la commune, loin de se décontenancer, on aura raison d'en rechercher au dehors à tout prix et d'épuiser tous les moyens de remplir fidèlement un programme sur le mérite duquel il n'est plus permis de concevoir la moindre hésitation. On devra, au pis aller, faire en sorte de se rapprocher le plus possible des bases sur lesquelles se fonde son succès final.

Un cultivateur judicieux ne reste jamais à court ; plus sa situation est embarrassée, plus il s'ingénie à trouver des expédients pour en sortir ; aussi, le voyons-nous toujours tenter de nouveaux essais, afin d'aboutir bientôt à la solution qu'il cherche.

L'industrie agricole doit être assimiliée à l'industrie commerciale. Le cultivateur est un fabricant, il doit à l'exemple du manufacturier s'appliquer sans cesse à perfectionner son outillage, à produire le plus et le mieux, à pressentir et à satisfaire les demandes des consommateurs aux conditions les meilleures. En produisant un tiers en sus des autres, grâce aux binages et à une meilleure fumure, mais en ne dépensant toutefois en avances que la moitié de cette plus value, le bénéfice est inévitable. Quand on est une fois fixé sur le prix de revient d'un procédé quelconque, que l'on est pénétré de son mérite, les difficultés d'exécution ne doivent préoccuper l'esprit que pour le pousser constamment vers la solution. Aucun détail n'est dédaigné par un homme sérieux dans la profession qu'il exerce, à plus forte raison dans celle de cultivateur, qui ne repose que sur la réussite d'une infinité de combinaisons diverses.

Les plus petites causes produisent, en culture surtout, les plus grands effets, car ces causes s'étendent sur une récolte entière et sur l'alimentation publique. Une production progressive déterminée par les binages appliqués

comme en Flandre à toutes les récoltes, donnerait à vendre
aux agriculteurs un tiers et le double d'hectolitres.

J'engage tous les cultivateurs à réfléchir mûrement sur
toutes les considérations auxquelles m'a conduit mon étude
sur la culture d'entretien. Leur expérience et le malaise
qui les frappe les mettent à même d'en entrevoir toute la
portée, comme de découvrir ce qu'il importe le mieux d'employer dans leur intérêt pour en tirer bon parti.

Amiens. — Imp. CAILLAUX, place Périgord, 3.

TABLE